新型无卤阻燃聚乳酸材料

陈雅君　著

New Halogen-free
Flame-retardant
Polylactic Acid Material

化学工业出版社

·北京·

内容简介

本书系统总结了作者在阻燃聚乳酸领域长期从事的研究工作和理论成果，详细介绍了阻燃聚乳酸材料的发展和目前的研究热点、磷系阻燃剂阻燃聚乳酸体系、纳米有机改性蒙脱土阻燃聚乳酸体系、磷腈/三嗪双基分子阻燃聚乳酸体系、高性能交联阻燃聚乳酸体系和生物基阻燃剂阻燃聚乳酸体系。介绍了上述几种典型的无卤阻燃聚乳酸材料的阻燃性能、力学性能和热稳定性，总结了高性能阻燃聚乳酸材料的阻燃机理，对今后发展高性能阻燃聚乳酸材料具有重要的理论和实践参考价值。

本书适用于阻燃聚乳酸材料领域的生产技术人员、科研人员、管理人员及相关专业的大中院校师生等。

图书在版编目（CIP）数据

新型无卤阻燃聚乳酸材料/陈雅君著. —北京：化学
工业出版社，2021.8
ISBN 978-7-122-39744-7

Ⅰ.①新… Ⅱ.①陈… Ⅲ.①阻燃剂-高聚物-乳酸-
复合材料-研究 Ⅳ.①TQ314

中国版本图书馆 CIP 数据核字（2021）第 166703 号

责任编辑：高　宁　仇志刚　　　　　文字编辑：任雅航
责任校对：边　涛　　　　　　　　　装帧设计：史利平

出版发行：化学工业出版社（北京市东城区青年湖南街 13 号　邮政编码 100011）
印　　装：北京建宏印刷有限公司
710mm×1000mm　1/16　印张 18¾　字数 362 千字　2021 年 8 月北京第 1 版第 1 次印刷

购书咨询：010-64518888　　　　　　　　售后服务：010-64518899
网　　址：http://www.cip.com.cn
凡购买本书，如有缺损质量问题，本社销售中心负责调换。

定　　价：128.00 元　　　　　　　　　　版权所有　违者必究

前言

　　科学技术的进步以及目前人类生产生活对高分子材料的依赖，使化石资源过度使用从而造成的白色污染问题越发严重。研究表明，20世纪50年代以来，人类已经生产了91亿吨塑料制品，其中约70亿吨已成为塑料垃圾。在这70亿吨塑料垃圾中，9%被回收利用，12%被焚烧，而余下大约55亿吨则被填埋或者随意丢弃在自然环境中，造成了严重的持续性污染。随着外卖、快递等新业态的快速发展，目前塑料垃圾的产生速度更是远超过去。因此，保护环境，以生物可降解塑料代替产生白色污染的不可降解塑料已成为必然的趋势。聚乳酸具有机械强度高、可生物降解等优势，已被公认为替代不可降解塑料最具前景的环境友好材料之一。

　　聚乳酸目前已经广泛应用于食品包装、纤维纺织、医疗等领域。在全球禁塑令的影响下，聚乳酸的下游需求不断增长，且其应用范围逐渐从一次性可生物降解材料扩展至航天航空、电子电器、汽车等领域。但是聚乳酸属于易燃材料，极限氧指数仅为20.2%，只能达到垂直燃烧的UL 94 HB级别，且燃烧时滴落严重，无法满足电子电器、汽车等领域对材料阻燃性能的严苛要求。因此，对聚乳酸树脂进行阻燃改性具有十分重要的价值和意义，而无卤阻燃聚乳酸材料也成为近年来研究的热点。目前公开报道的关于聚乳酸阻燃改性的研究中，磷-氮膨胀型阻燃剂、纳米阻燃剂等阻燃效率高、环境友好的"绿色"阻燃剂以及高性能阻燃体系成为近年来研究者们关注的重点。

　　笔者在高性能无卤阻燃聚乳酸材料领域开展了多年的研究，相继对磷-氮膨胀阻燃聚乳酸体系、磷腈/三嗪双基分子阻燃聚乳酸体系、纳米阻燃剂复配阻燃聚乳酸体系以及在阻燃聚乳酸体系中构建微交联体系平衡聚乳酸阻燃材料阻燃性能和力学性能等方面进行了深入的研究，开发出了具有优异阻燃性能和综合性能的阻燃聚乳酸材料。

　　本书共包括6章内容，分别介绍了阻燃聚乳酸材料的发展和目前的研究热点、磷系阻燃剂阻燃聚乳酸体系、纳米有机改性蒙脱土阻燃聚乳酸体系、磷腈/三嗪双基分子阻燃聚乳酸体系、高性能交联阻燃聚乳酸体系和生物基阻燃剂阻燃聚乳酸体系。本书系统介绍了几种典型的无卤阻燃聚乳酸材料的阻燃性能、力学性能和热稳定性，总结了高性能阻燃聚乳酸材料的阻燃机理，对今后发展高性能阻燃聚乳酸材料具有重要的理论和实践参考价值，希望能为阻燃聚乳酸材料领域的生产技术人员、科研人员、管理人员、学生等提供理论和实践的帮助。

本书的相关研究工作得到了中国轻工业先进阻燃剂工程技术研究中心、北京工商大学阻燃实验室、杭州志合新材料有限公司的支持，也得到了北京工商大学硕士生毛小军、王伟、徐利锋、吴星德、何京秀、孙哲、李梦琪和郝凤昊等的协助，在此表示感谢。本书的研究工作还获得了国家自然科学基金（51503008）、北京市属高校青年拔尖人才项目（CIT&TCD201704040）和北京工商大学校级杰青优青培育计划项目（BTBUYP2021）的资助。本书的出版获得了 2021 年度北京工商大学学术专著出版资助项目的资助。

目前，本领域的研究仍在不断发展，新的技术和方法不断更新，书中的内容可能存在一定的局限和不足，恳请广大读者批评指正。

陈楷君

2021 年 6 月 22 日

目录

第 4 章

磷腈/三嗪双基分子
阻燃聚乳酸体系

————

145

第 5 章
高性能交联阻燃
聚乳酸体系

————————

214

第 6 章
生物基阻燃剂阻燃
聚乳酸体系

259

1.1 聚乳酸的简介

随着环境污染的加剧和石油基原料的短缺，可再生资源[1]引起了人们的积极关注。聚乳酸（PLA）是一种可降解热塑性聚合物，具有良好的力学性能、加工性能、高透明度、低毒性、可降解以及生物相容性好等特点，且达到了作为工程塑料的相关要求，逐渐被用来代替一些传统石油基塑料[2]。

与石油基塑料相比，PLA 在生产过程中几乎不会对环境造成污染。此外，使用后的 PLA 材料可以水解成乳酸，作为生产丙交酯等其他乳酸衍生物，甚至是 PLA 的原料[3]。但 PLA 也有很多缺点，比如低塑性、低韧性、易老化以及高度易燃等[4]，限制了其在电子电器、汽车等对阻燃性能要求较高领域中的应用。

利用乳酸制备 PLA 的化学聚合法分为直接法（直接缩聚）和间接法（开环聚合）[5]，其合成工艺流程如图 1.1 所示。直接法主要是利用乳酸脱水缩聚，形成低分子量 PLA，其本质是酯化反应。而间接法主要是利用丙交酯进行纯化、开环聚合，形成高分子量 PLA。直接法具有生产成本低、工艺流程简单等优点，但合成出的 PLA 分子量较低且易降解，限制了 PLA 的使用范围。高分子量 PLA 广泛应用于塑料、纺织和食品包装等领域[6]，目前大多数高分子量 PLA 主要通过间接法制备。

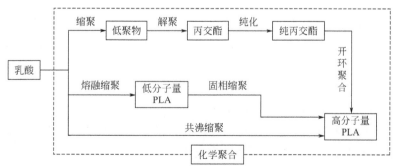

图 1.1　PLA 合成工艺流程简图

此前，一些研究人员尝试用熔融-固相缩聚法和共沸缩聚法来提高 PLA 的分子量[7]，但由于这两种方法对设备要求高、反应时间长和生产成本高，难以大规模生产。另外，还有研究表明通过辐射、微波和超声等方法可以合成出高分子量 PLA[8]。

1.1.1　聚乳酸的基本性质

PLA 树脂呈透明或浅黄色，其熔限为 $170\sim180℃$，玻璃化转变温度（T_g）在 $50\sim60℃$ 内，其密度约为 $1.25g/cm^3$，比水略重。不溶于水、甲醇、乙醇等溶剂，易水解解聚成乳酸[9]。PLA 有三种不同的立体构型，即聚左旋乳酸（PLLA）、聚右旋乳酸（PDLA）、聚消旋乳酸（PDLLA）。PLLA 和 PDLA 是两种具有光学活性的有规立构聚合物，其 T_g、T_m 分别为 $58℃$ 和 $175℃$。PDLLA 是无定形非晶态材料，其 T_g 为 $58℃$，无熔融温度[10]。与通用聚合物材料或可降解材料相比，PLA 材料具有如下优点[11]：

① 良好的可完全生物降解性、生物相容性和力学性能。

② 除具备基本塑料的通性以满足材料的一般使用要求外，PLA 制品还具有一般高分子材料无法媲美的光泽性和透明度。此外，在使用过程中，其不会对人体造成危害。

③ 较之其他塑料薄膜透气性差的问题，PLA 薄膜除能有效地隔离异味，还具有较好的透氧性和透 CO_2 性。

④ 从环保角度上讲，处理废弃的塑料制品，焚化石油基塑料（如聚乙烯、聚丙烯）时，除产生大量的热量外，还会产生 SO_2、NO_x 等有毒气体。而当焚毁 PLA 产品时，其燃烧所产生的热量仅为聚乙烯的一半，并且在燃烧过程中只生成 CO_2 和 H_2O，对环境造成危害极小。

1.1.2　聚乳酸的燃烧和热分解机理

PLA 的燃烧过程主要分为受热熔融、热分解、燃烧这三个过程。在空气中加热 PLA，当温度达到 $190℃$ 左右时，PLA 开始变成黏流态；当温度升高到 $330℃$ 左右时，开始分解，小分子脱除，分子主链从酯基处断裂，内部成炭交联，产生可燃气体和不可燃气体，材料质量不断下降，继续加热达到燃点，可燃气体和固体被点燃。热分解过程是阻燃最为关键的时刻[12]。

PLA 的热分解是一个非常复杂的过程，包括随机链段降解反应机理[13]、酯交换热降解机理[14]、水解降解机理[15] 和自由基降解机理[16]。

随机链段降解机理由 Doi 等发现，他们认为聚酯的热降解和水解都是通过随机链段降解完成的，聚合物在受热时，链段随机断裂，生成短链结构。

酯交换热降解机理由 Jamshidi 等提出，他们认为在 170～230℃ 下，熔融状态的 PLA 会发生酯交换热降解，主要是 PLA 分子内酯交换生成乳酸环状低聚物和丙交酯，并且此反应是可逆反应，生成的低聚物和丙交酯可以重新插入线型的长链 PLA 链段中，导致长链分子链段变短，分子量分布变宽。

如果 PLA 的降解过程中有水分子的存在就会发生水解降解，水分子攻击 PLA 的酯键，发生水解反应，生成带有羧基和羟基的小分子链段。有实验显示干燥后的 PLA 初始分解温度为 285℃，但未经干燥的 PLA 初始分解温度降低至 260℃。

还有学者研究发现在 250℃ 以上，PLA 会发生自由基降解，自由基降解有两种路径，一种是 PLA 链段中的酯键先从烷基氧处断裂生成氧自由基中心和碳自由基中心，随后酰氧键断裂，烷基氧断裂生成的碳自由基与酰氧键断裂生成的碳自由基终止生成小分子物质，造成降解，而没有终止的自由基会互相结合生成带有环状结构的聚合物链段，随着反应的进行，酯键不断地断裂，最终降解成丙交酯、乙醛等小分子物质。另一种是分子链中的酯键先从酰氧键开始断裂生成自由基，随后烷基氧键断裂生成自由基，最终的热降解产物也是小分子物质。

许多因素影响 PLA 的热降解行为及热稳定性。PLA 的端基不同，降解条件不同，降解机理可能就不同，降解产物也会有差异。

1.1.3　聚乳酸的应用

在全球市场上，目前荷兰科碧恩-普拉克（Corbion-Purac）公司是乳酸及其衍生物、丙交酯、PLA 最大的供应商，而美国 NatureWorks 公司是 PLA 树脂原料规模最大的供应商，其年产能达到 15 万吨级，远超其他企业[5]。目前，国内投产的 PLA 生产线并不多，其中生产规模相对较大的企业有海正生物材料公司、深圳光华伟业股份有限公司、安徽丰原生物材料股份有限公司、吉林中粮生物材料有限公司等。

PLA 具有良好的力学性能、加工性能、高透明度、低毒性、可降解以及生物相容性好等特点，广泛应用于食品包装、纤维纺织、医疗等领域[17-19]，如表 1.1 所示。此外，2008 年 1 月国家颁布的"禁塑令"，进一步推动了 PLA 产业的发展。由于 PLA 树脂来源于非石油基的生物原料，又具备良好的力学强度，因而也逐渐应用于汽车、电子电器等领域。三菱、马自达等日本公司已经率先在其自主品牌汽车上应用 PLA 内饰产品，丰田汽车计划在日本投资价值为 1900 万美元的 PLA 试产装置。为了打开市场以及保证未来的稳定化生产，丰田汽车打算改性 PLA（主要应用于内饰件），并且还使其成为日常塑料制品。国内汽车厂家如奇瑞汽车也在开发车用 PLA 产品[20]。2004 年，日本 Sony、NEC 等公司分别将 PLA 用作 DVD

和笔记本电脑的壳材，PLA 开始在电子电器领域崭露头角。然而 PLA 极易燃烧，其极限氧指数值（19%～20%）接近空气中的氧气浓度且燃烧时会产生严重熔体滴落，从而限制了其在电子电器、汽车工业等对阻燃性能要求比较高的领域的应用。因此，制备阻燃 PLA 材料具有相当广阔的应用前景。

表 1.1　PLA 的应用领域

领域	产品
包装	食品包装、手提袋和饮料容器等
纺织	枕头、床垫和服装等
医疗	组织吸附材料、手术缝合线和眼科材料等
农业	沙袋、花盆等
交通运输	汽车头部衬垫、脚垫和车门外层材料等
电子电器	光盘、电脑键盘按键和音频播放器底盘等
建筑	可膨胀泡沫、地毯砖等

1.2 聚乳酸材料的阻燃改性

随着科学技术的日新月异，低成本、高性能的石油基聚合物已广泛应用于世界各个领域，高分子已与人类生活息息相关。不过聚合物本身易燃，在空气中极易引起火灾，燃烧时产生大量的热量和烟雾，并极易助长火势导致火灾蔓延，给人类的生产、生活乃至生命造成了严重的危害，严峻的火灾形势促使全球各国纷纷颁布相关法规法令，重视和发展阻燃技术。

然而，源于石油等非可再生资源的聚合物工业在全球资源过度消耗和环境不断恶化的背景下逐渐暗淡，人们开始将视线转向可再生资源。来源于玉米、甜菜等农作物的 PLA，因具备高强度、高透明性、易于加工成型和良好的生物降解、相容性等诸多优点，已广泛应用于食品包装[21-23]、纺织[24] 等领域，基于此，人们将其定义为"能在一定程度上取代传统石油基聚合物的可生物降解材料[25]"。此外，为了进一步扩大 PLA 的应用领域，对其进行阻燃改性已成为研究热点。

1.2.1　磷系阻燃剂

作为环保型阻燃剂中的重要一员，磷系阻燃剂具有成本低、阻燃效率高和低毒低烟等优点，并且可在气相或凝聚相发挥阻燃作用[26]。磷系阻燃剂受热分解释放出 PO·、PO₂·等自由基，猝灭燃烧链式反应中产生的 HO·等活性自由基，从而终止链式反应。同时受热还会分解释放出磷酸、偏磷酸等强酸，促进高分子基体脱水成炭，最终会在基体覆盖一层富磷的玻璃态物质，隔绝内部材料与空气和热量接触。由于磷系阻燃剂在阻燃通用塑料（PE、PP、PET 等）的表现良好，许多研究人员将其加入 PLA 基体中以获得阻燃 PLA 复合材料。

磷系阻燃剂主要分为有机和无机磷系阻燃剂，其中有机磷系阻燃剂主要包括磷酸酯、磷杂菲（DOPO）、磷腈等，其中磷酸酯因其低黏度、良好的相容性且低成本而广泛应用于 PLA 的阻燃。

Chen 等[27] 通过熔融共混制备了 PLA/超分子磷酸酯（HPE）阻燃材料，研究结果表明，当添加 20%（质量分数）HPE 时，复合材料的极限氧指数（LOI）达到 35%，并通过了 UL 94 V-0 级，其热释放速率达到最低，并且形成的残炭率最多。热重-红外联用结果显示 HPE 的存在会催化 PLA 基体的分解，使其在热解过程中产生少量的可燃性气体。

Lin 等[28] 合成了新型含磷化合物 PCPP（1,2-丙二醇-2-羧乙基亚磷酸苯酯），作为阻燃剂和增塑剂加入 PLA 中。研究发现，PCPP 在 PLA 中阻燃效率较高。当添加少量（3%，质量分数）PCPP 时，PLA 基体的阻燃性能得到显著提高。LOI 超过 26%，并通过了 UL 94 V-0 级，这主要归因于在燃烧过程中 PCPP 同时发挥着凝聚相和气相阻燃的作用。

Wei 等[29] 通过熔融共混制备了 PLA/WLA-3（芳香苯基磷酸酯）复合材料。研究发现，当 PLA/WLA-3 复合材料中的含磷量为 0.9% 时，LOI 达到 26%，并通过了 UL 94 V-0 级，这主要归因于 WLA 不仅能促进 PLA 分解产生熔滴带走热量，而且还能生成气态磷自由基，发挥气相阻燃作用。

Wang 等[30] 通过扩链反应将含磷基团（磷酸乙酯基）引入 PLA 主链中，将其作为填料（PPLA）加入 PLA 基体中。研究结果表明，PPLA 的加入赋予了复合材料良好的阻燃特性，PLA/18%PPLA 复合材料的 LOI 高达 35%，通过了 UL 94 V-0 级。PPLA 的存在不仅延长了点燃时间（TTI），而且还降低了最大热释放速率（pk-HRR）。

DOPO 主要是通过与聚合物共聚将阻燃基团引入主链中而获得优异的阻燃性能，已广泛用于阻燃环氧树脂。Yuan 等[31] 将 HQ-DOPO（9,10-二羟基-9-氧-10-磷菲-10-氧化物）成功地接入 PLA 主链中，将其与 PLA 树脂熔融共混以获得阻燃 PLA 复合材料。当 PLA/HQ-DOPO 中含磷量为 2%（质量分数）时，材料的 LOI 由纯 PLA 的 19% 提高到 33%，并通过了 UL 94 V-0 级。

Jiang 等[32] 采用传统的 Atherton-Todd 和 Kabachnik-Fields 方法合成了四种包含磷杂菲和磷腈基团的膨胀型阻燃剂（图 1.2），通过傅里叶变换红外（FTIR）光谱、核磁共振（NMR）光谱和元素分析表征上述化合物的化学结构，另外重点研究了 5 号阻燃剂对 PLA 的阻燃效果。当添加量为 5％（质量分数）时，复合材料的 LOI 高达 30％，显示高效的阻燃效果，这主要归功于其内部磷和氮的含量较高。

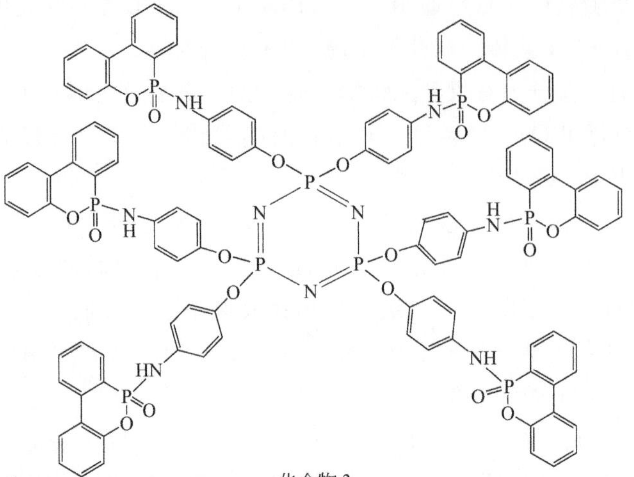

化合物 3

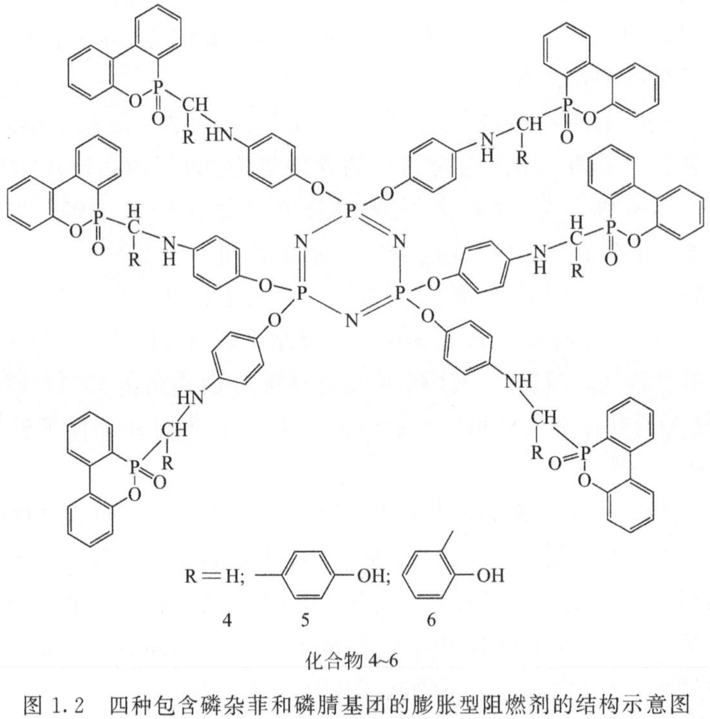

$R = H;$ ~~~~ OH; ~~~~ OH

4 ~~~~ 5 ~~~~ 6

化合物 4~6

图 1.2 四种包含磷杂菲和磷腈基团的膨胀型阻燃剂的结构示意图

磷腈类化合物的阻燃效率较高，不过由于价格十分昂贵，目前应用受到限制。Tao 等[33] 合成了新型磷系阻燃剂环三磷腈合季戊四醇（PCPP），并制备了 PLA/

PCPP 阻燃复合材料。研究发现，当添加 20％（质量分数）PCPP 时，复合材料的 LOI 增加到 28.2％，垂直燃烧到 UL 94 V-0 级，且 pk-HRR 出现显著降低。傅里叶变换红外光谱显示形成的致密炭层含有 P—O—C 结构，该结构的出现抑制了燃烧的蔓延，从而增强了复合材料的阻燃性能。

无机磷系阻燃剂包括红磷（RP）、次磷酸盐等，研究人员普遍采用熔融共混将其加入 PLA 基体中。

Chang 等[34] 通过氢氧化铝（ATH）的化学沉淀和三聚氰胺甲醛（MF）的原位聚合制备了双层微胶囊红磷（DMRP），并将其加入 PLA 基体中。实验结果显示，RP、ATH、MF 的最佳质量分数比为 72.25％∶12.75％∶15％。DMRP 的引入显著改善了 PLA 基体的燃烧性能，当 DMRP 的添加量为 25％时，复合材料的 LOI 从 20.5％提高到 29.3％，并通过 UL 94 V-0 级。

Tang 等[35] 通过添加次磷酸铝（AHP）来改善 PLA 基体的阻燃性能，研究表明，添加 20％ AHP，复合材料的 LOI 达到 28.5％，并通过 UL 94 V-0 测试，燃烧过程中 pk-HRR、总热释放量（THR）显著下降，这主要归功于 AHP 的加入促进形成致密的保护炭层。此外，与纯 PLA 相比，PLA/20％AHP 复合材料的残炭率显著增加，无论是在氮气还是空气气氛下。

Liu 等[36] 通过共同沉淀法合成了新型 α 磷酸锆有机阻燃剂（F-ZrP），并制备了 PLA/F-ZrP 纳米复合材料。研究表明，当添加量为 10％时，PLA/F-ZrP 复合材料的 LOI 变为 26.5％，通过 UL 94 V-0 级，且复合材料的热释放速率（HRR）、THR 明显降低。虽然其残炭率降低，但是 F-ZrP 的加入提高了成炭质量，促使复合材料形成光滑而致密的炭层表面。

1.2.2　磷-氮系阻燃剂

通常，加入单一组分的氮系阻燃剂后，复合材料的阻燃性能较低。而研究发现，磷、氮元素同时存在会发生明显的协同效应，故将磷-氮系阻燃剂加入 PLA 基体中会表现出更加优异的阻燃性能。

Li 等[37] 通过调整聚磷酸铵（APP）与苎麻和 PLA 共混的顺序成功制备了苎麻纤维增强 PLA/APP 阻燃材料。实验结果表明，苎麻、PLA 先分别与 APP 共混后再共混所得的复合材料阻燃效果最好，此时 APP 的总量为 10.5％（质量分数），LOI 达到 35.6％，并通过 UL 94 V-0 级，热失重分析（TGA）显示，高温时 APP 能有效促进成炭，从而提高了体系的阻燃性能。

Shukor 等[38] 研究了 APP 的含量与碱处理对洋麻填充 PLA 的可燃性、热和力学性能的影响。研究发现，制备得到的复合材料 LOI 较高，意味着 APP 高效地改善了 PLA 基体的阻燃性能。并且复合材料的残炭率随 APP 添加量的增加而增多。不过，由于 APP 与洋麻和 PLA 基体相容性较差，从而降低了复合材料的力学性能。碱处理之后的复合体系的热稳定性有所增强，相比而言，浓度为 6% 的 NaOH 处理洋麻纤维改善了复合材料的力学性能。

目前，用于阻燃 PLA 的磷-氮系阻燃剂属 APP 较多，不过其自身也存在一些缺陷。首先，APP 与 PLA 基体相容性较差，并且需要添加较多的 APP 才能达到较高的阻燃效率，从而降低 PLA 的力学、电和绝缘性能，尤其是拉伸、冲击强度出现急剧下降；其次，APP 极易吸潮且分子量较低，因而抗迁移性、热稳定性较差，最终会恶化基体的综合性能。为此，国内外学者探索了多种途径来对 APP 进行修饰。

Chen 等[39] 通过超声波技术实现 APP 的微胶囊化（MCAPP），将其加入苎麻增强聚左旋乳酸（PLLA）中，实验结果表明，MCAPP 的加入赋予了苎麻增强 PLLA 的阻燃特性，当添加（质量分数）10.5% MCAPP 和 30% 苎麻（经 MCAPP 的乙醇溶液浸泡）时，复合材料的 LOI 达到 37.2%，并通过 UL 94 V-0 级。

Wang 等[40] 采用聚乙烯醇（PVA）包覆制备了微胶囊 APP（MCAPP），并通过熔融共混制备了 PLA/淀粉/IFR 膨胀阻燃复合体系，其中 IFR（膨胀型阻燃剂）中 MCAPP、MA 质量比为 2：1。实验结果表明，MCAPP 的加入还限制了 APP 与淀粉发生反应，当 IFR、淀粉的添加量分别为 20%、10% 时，复合材料的 LOI 从纯 PLA 的 20% 提高到 41%。同时还通过了 UL 94 V-0 级，并且材料的 pk-HRR 和 THR 也发生显著下降，这主要是由于 IFR 的加入显著提高了残炭率，导致 PLA 在热解过程中产生较少的可燃性气体，并抑制了内外部材料的热量交换。

Zhang 等[41] 用尿素、甲醛对木质素（UL）进行了改性，成功制备了 PLA/APP/UL 阻燃复合材料。实验结果表明，与单独加入 APP 或 UL 相比，APP 与改性的木质素联合表现出更加优异的热稳定性和阻燃性能，当阻燃剂总量为 23% 时（其中 APP：UL=4：1），复合材料的 LOI 高达 34.5%，并通过垂直燃烧 UL 94 V-0 级。此外，材料的 pk-HRR、THR 都出现显著降低。

1.2.3　硅系阻燃剂

硅系阻燃剂，不管作为聚合物添加剂，还是与聚合物组成共混物，都具有明显的阻燃作用。研究发现，添加少量的含硅化合物不仅能提高材料的热稳定性，而且还能改善其阻燃性能，其阻燃机理被认为是其本质结构增强了炭层的阻隔性能。和磷系阻燃剂类似，硅系阻燃剂也主要分为无机硅阻燃剂（如二氧化硅、层状硅酸盐等）和有机硅阻燃剂（硅烷、硅氧烷、硅树脂等）。硅系阻燃剂具有降低燃烧强度、燃烧时产烟量低、抑制火焰传播等优点，不过价格通常比较昂贵，常作为协效剂使用。

Qian 等[42] 通过在介孔二氧化硅（SBA-15）表面接枝异丙醇铝制备得到介孔阻燃剂（Al-SBA-15），将其加入 PLA 树脂中。研究发现，当 Al-SBA-15 添加量（质量分数）为 0.5% 时，复合材料的 LOI 就达到 30%。此外，还通过 UL 94 V-0 级，同时 Al-SBA-15 的引入不仅大幅度降低了复合材料的 pk-HRR，而且还有效地抑制了烟的生成。质谱分析显示，Al-SBA-15 的存在阻碍了挥发性气体的释放。

Li 等[43] 将有机改性蒙脱土（OMMT）作为协效剂加入 PLA/IFR 复合材料中，实验结果表明，当加入 20% IFR 时，材料的 LOI 达到 28.7%，只能达到 UL 94 V-2 级，OMMT 的加入进一步提高了复合材料的阻燃性能；当 IFR、OMMT 的添加量分别为 15%、5% 时，材料的 LOI 达到 27.5%。此外，通过了 UL 94 V-0 级，并且产生的残炭率也显著多于 PLA/20% IFR，这主要归因于燃烧时 IFR 与 OMMT 发生协效作用，显著增强了保护炭层的质量。

Wang 等[44] 通过熔融共混制备了 PLA/IFR/笼形多面体低聚倍半硅氧烷（POSS）复合材料。研究发现，POSS 的存在不仅有利于材料的力学性能，而且还发挥着增强填充的作用。另外，材料的阻燃性能也得到了增强，当 PLA 基体中加入 22.5% IFR 和 7.5% POSS 时，复合材料的 LOI 高达 40%。此外，垂直燃烧测试时，复合材料通过了 UL 94 V-0 级，同时材料的热稳定性也得到显著提高。

Song 等[45] 将叔丁基倍半硅氧烷三硅醇（TPOSS）作为协效剂，加入 PLA/IFR 体系中，该 IFR 中磷酸季戊四醇（PEPA）、三聚氰胺聚磷酸盐（MPP）的质量比为 4:1。实验结果表明，TPOSS 的加入进一步增强了复合材料的热稳定性和阻燃性能，当 IFR、TPOSS 的添加量分别为 20%、5% 时，复合材料的 LOI 达到 36%。同时，复合材料通过 UL 94 V-0 级，这主要归因于 POSS 的存在增强了炭层抵抗热氧化的能力。

Liao 等[46] 合成了新型含磷-氮-硅元素的高分子阻燃剂（PNSFR），并将其加入 PLA 树脂中。研究显示，PNSFR 具有良好的热稳定性，它的存在影响了 PLA 基体的结晶，增强了复合材料的阻燃性能和动态力学性能。当添加量为 20% 时，材料的 LOI 从纯 PLA 的 20% 提高到 25%。此外，复合材料通过了 UL 94 V-0 级，且燃烧时形成致密连续的炭层。

1.2.4 膨胀型阻燃剂

膨胀型阻燃剂（IFR）主体成分为磷、氮，主要是通过凝聚相发挥阻燃作用的。IFR 主要包含三部分[47]：炭源如季戊四醇（PER），会与无机酸发生反应成炭；酸源如聚磷酸铵（APP），在加热过程中产生聚磷酸或偏磷酸诱导炭源脱水形成炭渣）；气源如三聚氰胺（MA），受热时释放易挥发惰性气体氨气使炭层发生膨胀，最终在聚合物表面形成了一层蓬松多孔的碳质保护层。根据三源组成阻燃剂的途径不同，将其分为混合型和单一型膨胀型阻燃剂。

1.2.4.1 混合型膨胀型阻燃剂

Shabanian 等[48] 合成了含芳香和脂肪基团的成炭剂（PA），并制备了 PLA/APP/PA 阻燃复合材料。研究表明，当 APP 与 PA 的添加量（质量分数）分别为 10％、5％时，材料的点燃时间显著延迟，不过 pk-HRR 略微降低。

Wang 等[49] 将 β-环糊精（β-CD）和聚丙二醇（PPG）形成的络合物聚类轮烷（PPR）作为绿色炭源，加入 PLA/APP/MA 复合体系中。研究显示，相比于 β-CD，PPR 表现出更好的成炭能力，并且还形成了更密集的石墨网络。此外，复合体系的热稳定性达到最佳，并且阻燃效率也得到显著提高，当 PLA、APP、MA、PPG 的质量分数比为 80％∶10％∶5％∶5％时，复合材料的 LOI 达到 34％。同时，垂直燃烧测试，通过了 UL 94 V-0 级。

Ke 等[50] 合成了一种新型超支化聚胺成炭剂（HPCA），并制备了 PLA/APP/HPCA 阻燃复合材料。研究发现，HPCA 表现出良好的成炭能力，在 700℃ 时残炭率达到 57.8％；当阻燃剂的总量为 30％，APP 与 HPCA 的配比为 3∶2 时，复合材料的 LOI 达到 36.5％。同时，通过了垂直燃烧 UL 94 V-0 级。此外，燃烧过程中材料的 pk-HRR、THR 等显著降低，同时产生的残炭率高于理论值，这主要归功于 APP 与 HPCA 之间的协同效应，显著增强了 PLA 基体的热稳定性并促进更多的炭形成。

Wang 等[51] 采用微蜂窝发泡技术制备了 PLA/阻燃剂（FR）/淀粉（St）膨胀阻燃复合材料，其中 FR 中氮、磷元素的含量分别为 21％、23％，发泡剂为压缩 CO_2，淀粉则作为天然的成炭剂。研究发现，CO_2 发泡前，当 FR、St 的添加量分别为 25％、3％时，材料的 LOI 提高到 40.8％，并通过 UL 94 V-0 级。发泡后燃烧时产生的泡孔更加细小而致密，不过，复合材料的 LOI 却出现显著降低，这主要由于随着试样体积的膨胀，PLA 基体中相界面缺陷增多。

1.2.4.2 三源一体的单组分膨胀型阻燃剂

Zhan 等[52] 合成了一种螺旋状磷氮化合物 SPDPM（图 1.3），与 PLA 熔融共混，制备了膨胀阻燃 PLA 复合材料。实验结果表明，在燃烧过程中，SPDPM 发挥着酸源、炭源和气源一体作用，显著提高了 PLA 基体的阻燃性能。当加入 25％ SPDPM 时，复合材料的 LOI 高达 38％，垂直燃烧达到 UL 94 V-0 级，且材料的热释放容量（HRC）和 pk-HRR 大幅度降低，这主要归因于 SPDPM 的加入不仅形成了膨胀炭层，而且还改变了 PLA 基体的热解途径，有效地抑制了酯键的断裂。

Xuan 等[53] 以 PER 和 POCl$_3$ 为原料合成了两种磷-氮膨胀型阻燃剂 IFR1、IFR2（图 1.4），分别将其添加到 PLA 树脂中。实验结果表明，由于其化学结构有些不同，相比而言，IFR1 含有更多的成炭基团，因而表现出更加优异的阻

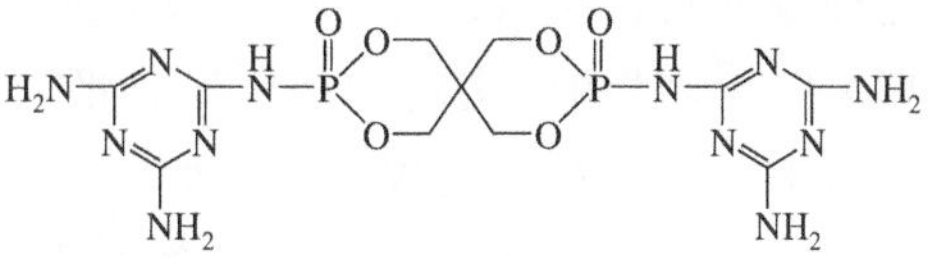

图 1.3　SPDPM 的结构示意图

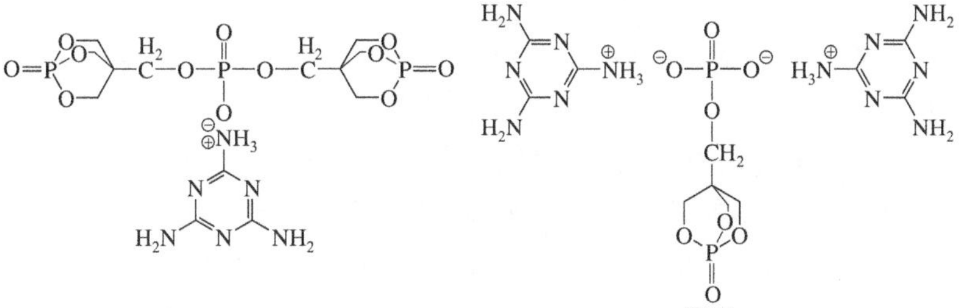

燃性能。加入 20% IFR1 后，复合材料的 LOI 从纯 PLA 的 20％增长到 36％。同时，通过了 UL 94 V-0 级，而加入等量的 IFR2 时，复合材料的 LOI 达到 30％，只达到了 UL 94 V-1 级。这意味着阻燃 PLA 引入炭源所发挥出的效果会优于引入气源。

图 1.4　膨胀型阻燃剂 IFR1、IFR2 的结构示意图

1.2.5　无机及纳米粉体阻燃剂

随着纳米技术的日趋成熟，人们将其与无机阻燃剂有机结合，以期实现更加优异的阻燃性能，其主要包括氢氧化铝（ATH）、可膨胀石墨（EG）、碳纳米管等。

在无机阻燃剂中，ATH 的用量很大，它不仅可以阻燃，而且还能降低发烟量，且价格低廉，原料易得，因而受到世界各国普遍重视。Woo 等[54] 研究了 ATH 对洋麻增强 PLA 复合材料的阻燃性能、动态力学和拉伸性能的影响，研究表明，随着 ATH 添加量的增大，复合材料的 LOI 逐渐升高，当 ATH、洋麻的含量（质量分数）分别为 30％、40％时，LOI 达到 39.7％。此外，复合材料的储能模量和拉伸模量显著升高，而拉伸强度和损耗角正切值（tanδ）下降。

Murariu 等[55] 研究了 EG 对 PLA 树脂的热稳定性、阻燃性能和力学性能的影响。实验结果表明，随着 EG 含量的增加，复合材料的杨氏模量和储能模量也随即增大，表现出较高的刚性；引入 EG 后复合材料的热稳定性并没有出现恶化，此外，复合材料的阻燃性能得到提高，pk-HRR 出现显著下降，并通过了 UL 94 HB 级。

Bourbigot 等[56] 采用反应挤出合成了 PLA，并通过固相 NMR 对其结构进行了表征，研究发现，挤出合成的 PLA 具有的性能与采用传统方法合成的相似。此

外通过反应挤出制备了 PLA/多壁碳纳米管（MWNT）纳米复合材料，不过尽管 MWNT 在基体中已实现了纳米级分散，但复合材料的阻燃性能只得到稍微增强，这主要归因于燃烧时形成的炭层强度不够而出现裂纹，最终几乎遭到破坏。

Hapuarachchi 等[57] 通过熔融共混制备了 PLA/Sep（海泡石）、PLA/MWNT 以及 PLA/Sep/MWNT 复合材料，微量结果表明，随着 Sep、MWNT 含量的增加，复合材料的热释放量逐渐降低，当 Sep、MWNT 的添加量都为 10% 时，材料的热释放量达到最低，大约降低了 60%，同时产生的残炭率也最多。

1.2.6　协效阻燃体系

为降低阻燃剂的用量，并提高阻燃效率，通常将两种或多种阻燃剂进行复配，同时还能减缓添加阻燃剂对基体其他性能的损害。

Zhu 等[58] 将 EG 作为协效剂，与 APP 一并添加到 PLA 树脂中。研究表明，当阻燃剂的总量为 15% 时（APP 与 EG 质量比为 1:3），复合材料的 LOI 高达 36.5%，并通过了 UL 94 V-0 级；此外 800℃时复合材料的残炭率是纯 PLA 的两倍，并且 pk-HRR 比纯 PLA 低 38.3%，这主要归功于 APP 与 EG 之间发生协同效应，促进了更加稳定且致密的残炭层形成。

Wang 等[59] 通过熔融共混制备了 PLA/IFR/层状锌铝双金属氢氧化物（Zn-Al-LDH）纳米复合材料，其中由 APP、PER、三聚氰胺氰尿酸盐（MCA）以质量比为 2:2:1 组成膨胀型阻燃剂。研究发现，Zn-Al-LDH 在 PLA 基体里分散良好；Zn-Al-LDH 的加入进一步增强了复合材料的阻燃性能，当 IFR、Zn-Al-LDH 添加量分别为 23%、2% 时，复合材料的 pk-HRR 和 THR 显著降低，残炭率为 58.5%。

Shan 等[60] 制备了 PLA/HPCP/LDH-SDS 阻燃复合材料，其中 HPCP 为六苯氧基环三磷腈，LDH-SDS 为带十二烷基苯磺酸钠的层状双金属氢氧化物，分 Ni-Fe、Ni-Al 和 Ni-Cr 三种双金属。LDH-SDS 的加入进一步改善了复合材料的热稳定性和阻燃性能，当 HPCP、LDH-SDS 的添加量分别为 8%、2% 时，复合材料的 LOI 均为 29%，并都通过了 UL 94 V-0 级。热失重和残炭分析显示上述三种 LDH-SDS 对于提高复合材料的热稳定性和阻燃性能发挥不同的作用。

Gong 等[61] 证实了白炭黑（SiO_2）和 Ni_2O_3 之间的组合催化显著提高了残炭率并增强了残炭结构，观察脆断面发现 SiO_2 和 Ni_2O_3 均匀分散于 PLA 基体中；与纯 PLA 相比，当 SiO_2、Ni_2O_3 的添加量均为 5% 时，复合材料的 LOI 达到 26%，pk-HRR 和 THR 分别下降了 45%、31%，同时，残炭率显著增多，这主要归因于 SiO_2 与 Ni_2O_3 产生协同效应，显著增强了 PLA 复合材料的熔融黏度，有利于形成更致密的炭层。

Fukushima 等[62] 将两种不同的纳米填料（EG 和 OMMT）添加到 PLA 树脂中，研究了它们对 PLA 基体的热学和力学性能及阻燃性能的影响。研究表明，加入两种纳米填料显著提高了 PLA 的刚性、热稳定性和阻燃性能，并且 EG 和 OMMT 在其中扮演的角色不尽相同。结果发现，复合材料隔热性的增强主要是由于 OMMT 的加入，而热学和力学性能的提高则取决于两种纳米填料在 PLA 基体中的良好分散和联合增强效应。这意味着 EG 与 OMMT 在 PLA 基体里发生良好的协效作用。

为扩大"绿色塑料"PLA 的应用范围，亟须对其进行阻燃改性研究。考虑到阻燃效率和对环境、社会等相关的影响，今后 PLA 阻燃改性势必朝着环保、无毒、高效、多功能化、纳米化、多组分协效阻燃体系等方向发展。目前，对于 PLA 阻燃改性，研究最多的是膨胀型阻燃剂和纳米粉体，通过不同阻燃剂的复配提高阻燃效率，也取得了一定的成果。不过相应阻燃机理方面的研究还比较浅显，需要深入研究其阻燃机理，进而开发高效的阻燃体系。

1.3 聚乳酸阻燃的研究热点

1.3.1 高性能阻燃聚乳酸

当前对阻燃聚乳酸体系的研究均已较为成熟，其阻燃体系大体可分为金属氧化物类阻燃剂[63,64]、含磷类阻燃剂[65-67]、2D 填料类（如石墨烯，黏土等）[68,69]、1D 填料（如碳纳米管）[70,71] 及超支化聚合物等[72,73]。阻燃体系的引入有效地抑制了 PLA 的可燃性，然而其将同时充当 PLA 复合体系内的填料，进而大幅度降低复合材料的力学性能。因此，如何同时提高 PLA 的阻燃性能与力学性能也成为当前研究的重点。

依据近年来有关提高阻燃 PLA 综合性能的相关文献，文中将提高阻燃 PLA 的力学方法大致分为四类，分别为增韧剂增强、纤维增强、"高效"阻燃剂以及交联结构阻燃 PLA。

1.3.1.1 增韧剂增强

增韧剂，通常是指可增加胶黏剂膜层柔韧性的物质，通过降低材料的脆性，从而提高材料的承载强度进而提升材料的力学性能。常见的增韧剂如聚氨酯弹性体及聚乙二醇等。

（1）聚氨酯弹性体

热塑性聚氨酯弹性体（thermoplastic polyurethane elastomer，TPU）[74,75]，

又称热塑性聚氨酯橡胶。其大分子链由极性的氨酯或聚脲链段和脂肪族聚酯或聚醚链段（软段）交替构成，软、硬链段间的不相容性及聚氨酯分子的强极性使得分子间相互作用形成结晶区并产生微相分离，因而其具备常温高弹性，并可充当力学性能补强成分。

TPU 常用于各种塑料增韧，如环氧树脂、聚丙烯、聚碳酸酯/ABS 合金等[76-78]。近年来，研究者们发现将 TPU 与阻燃剂结合，从而有效地提升阻燃 PLA 的力学性能，Sun 等[79] 将三聚氰胺聚磷酸盐（melamine polyphosphate，MPP）和 ZnPi（二乙基磷酸锌）结合后加入 PLA 体系内，研究结果表明其 LOI 可以达到 30.1%并通过 UL 94 V-0 级别，但同时其力学性能大幅度下降，而后添加 TPU，阻燃 PLA 复合材料的冲击强度相比未添加 TPU 复合体系提升三倍。此外，为进一步提高 PU 的效果，Li[80] 通过原位聚合合成了交联聚氨酯（crosslinked polyurethane，CPU），将其与生物含磷阻燃剂（PA-HDA）结合而后制备了 PLA 复合材料，CPU 的加入使得阻燃 PLA 的断裂伸长率及缺口冲击强度与纯 PLA 相比提升了 26.6 倍及 2.8 倍。同时 PA-HDA 的加入使得 PLA 复合材料轻松通过 UL 94 V-0 级别，LOI 值提升至 26%。

聚氨酯弹性体在较少量的添加程度上能有效地提高阻燃 PLA 的力学性能，并且方式简单有效，是作为提升 PLA 综合性能的一种良好手段。

（2）聚乙二醇

聚乙二醇（polyethylene glycol，PEG）是市场上常见的增韧剂，通常不同分子量的聚乙二醇作为增韧剂的效果也各不相同。目前，广泛应用的是 PEG-6000，其与不同阻燃剂成分添加至 PLA 基体内时，能有效提升 PLA 的力学性能，学者们[81,82] 对此进行了研究。通过对比研究发现，尽管所添加的阻燃成分均有所不同，但 PEG-6000 的添加量在 10%～15%时，能使阻燃 PLA 复合材料从脆性断裂转变为韧性断裂，进而大幅度提升其力学性能。同时，PEG-400[83]、PEG-2000/PEG-4000[84]、PEG-20000[85] 也与不同的阻燃剂混合而后加入 PLA 体系内，在相同阻燃剂时，PEG 分子量越大，PLA 复合材料性能越好，如 10% PEG-2000/PLA 复合材料仍处于脆性断裂，而 PEG-4000/PLA 复合材料可达韧性断裂。对比 PEG-400 与 PEG-20000 时，研究结果表明，相同比例下，并非分子量越大，其对阻燃 PLA 力学性能贡献越高。此外，部分研究人员对 PEG 进行改性并进一步提升其力学性能增强效果。Cheng 等[72] 通过二氧化物、伯胺和单环氧化合物的本体聚合，合成了聚乙二醇的超支化聚合物（HBP6），结果表明 HBP6 能有效提高 PLA 复合材料的冲击强度和断裂伸长率。

通过上述分析不难发现，在为阻燃 PLA 体系选取不同分子量的 PEG 进行增韧时，并非分子量越高，PLA 复合材料性能越好，需依据切实情况进行尝试，从而选取最契合阻燃体系的 PEG。且对 PEG 进行改性进而提升其力学性能、增强效果也不失为一种新颖的选择。

（3）其他增韧剂

除上述常见增韧体系外，其他一些填料也可起到增韧的效果。Li 等[86] 通过将柔性不饱和聚酯（biobased unsaturated polyester，BPU）与 PLA 进行共混以提高 PLA 的韧性以及基体的熔体黏度，较高的熔体黏度有利于膨胀型阻燃剂发挥其作用，从而获取具有优异韧性和阻燃性能的 PLA 复合材料。Suparanon 等[87] 采用聚琥珀酸丁二醇酯（polybutylene succinate，PBS）作为增韧剂、磷酸三苯酯（triphenyl phosphate，TPP）和蒙脱石（montmorillonite，MMT）作为阻燃剂同时加入 PLA 基体内，研究发现，随着 PBS 含量的增加，PLA 复合材料的断裂伸长率、冲击韧性均显著提升，并且研究发现 PBS 与阻燃剂间有协同作用，从而能进一步提升 PLA 复合体系的抗冲击性能。

增韧剂，或具备增韧效果成分的添加剂能有效提升阻燃 PLA 的力学性能，然而并不是任何一种增韧剂都可应用于当前所有的阻燃 PLA 体系，在选取时，应依据所制备阻燃体系的成分，因地制宜地选择合适的增韧剂进而达到力学性能与阻燃性能的共同提升。

1.3.1.2 纤维增强

纤维，通常指连续或不连续的细丝所组成的物质，将其与聚合物进行共混后，受力时，纤维的长度被充分利用，进而能有效地提升复合材料的力学性能。传统的纤维增强通常使用的多是玻璃纤维、碳纤维、聚丙烯纤维等化学纤维[88]，与其相比，天然植物纤维具备价格低廉、可降解回收以及可再生等优势，这使得天然植物纤维广泛应用于当前领域。天然植物纤维又可大概细分为麻纤维、木纤维、竹纤维以及茎秆类纤维等。

（1）麻纤维

麻纤维的纤维长度在天然植物纤维内属最长，因而其具备"高强低伸"的特性，其初始模量和抗弯强度比涤纶也略高一筹。麻纤维增强目前应用已较为广泛。为了研究亚麻处理后的 PLA 与 PP（聚丙烯）在加入阻燃剂后力学性能与阻燃性能的区别，Pornwannachai 等[89] 做了一个小小的对比实验。他在市场上买来不同的阻燃剂，而后将其分别加入经亚麻纤维处理后的 PLA 复合基体以及 PP 基体内，研究结果表明，亚麻/PLA 体系的综合阻燃性能优于亚麻/PP 体系，这是因为在亚麻/PP 体系中，阻燃剂主要作用于亚麻纤维，而在亚麻/PLA 中，阻燃剂同时作用于亚麻和 PLA。而力学性能结果则恰恰相反，亚麻/PLA 体系的综合力学性能低于亚麻/PP 体系，这可能是因为阻燃剂在加入的过程中与 PLA 发生反应，从而进一步降低了复合体系的力学性能。

将亚麻纤维直接通过物理共混的方式加入阻燃 PLA 体系内是一种简单而有效的方法。Bocz 等[90] 将亚麻织物与 PLA 放入高速混炼机内混合一段时间后，将其置于双螺杆挤出机进行样品制备。实验结果表明，这种织物纤维的存在一方面能够在燃烧时充当炭稳定框架，进而有效地提升阻燃性能，另一方面，纤维的存在也能大幅度提升阻燃聚合物的力学性能。值得一提的是，亚麻织物在使用前进行过碱处理可使麻纤维截面溶胀趋圆，中间空洞偏小，纤维壁增厚，进而有效提高亚麻纤维的结构与性能，而 Shukor 的研究发现，6% NaOH 处理红麻纤维 PLA 复合材料的力学性能优于其他比例处理后的体系，这为亚麻纤维碱处理提供了一个有效的参考。

为进一步提升亚麻纤维在 PLA 体系内的效果，Battegazzore 等[91] 以及 Pornwannachai 等[92] 首先通过层层自组装技术对亚麻织物进行阻燃处理，而后将处理后的织物与 PLA 片交替放置，再进行压板处理得到阻燃 PLA 复合体系，其具体过程如图 1.5 所示。与其他方式相比，此方法具有两方面优势，首先，阻燃剂处理的是亚麻织物纤维，而亚麻织物纤维是通过压片的方式包裹在 PLA 基体内部，进而可大幅度提高阻燃剂的使用效率；其次，通过压板的方式制备 PLA 复合材料，可在不影响阻燃性能的前提下进一步提升 PLA 复合材料的力学性能。

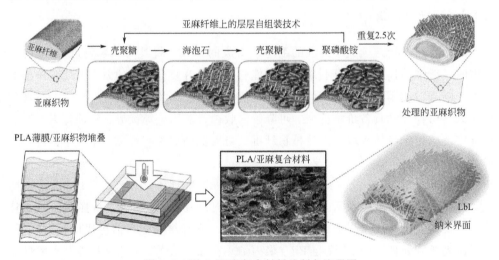

图 1.5　PLA/亚麻复合材料的制备流程图

（2）木纤维

木质素作为一种常用的纤维，其不仅可增强力学性能，本身也可作为炭源进而提升 PLA 的阻燃性能。Cayla 等[93] 以废木质素为炭源，并搭配不同组比例的 APP 以熔融挤压法制备 PLA 复合材料，研究表明，当添加 5% 木质素以及 5% APP 时，PLA 复合体系的断裂伸长率提升达 88.6%，且具备良好的阻燃性能。与之相比，Maqsood 等[94] 在该基础上又添加了聚醚砜作为增塑剂，进而进一步提升 PLA 的力学性能。此外，木质素也可进行部分改性，以提升其综合性能。Song 等[95] 将木质素作为无卤阻燃聚合物的炭源，而后在木质素内掺入硅和氮元素进而提高其热稳定性和炭化性能。通过二亚乙基三氨基丙基三乙氧基硅烷对麦草碱木质素进行硅、氮改性，改性后的结构如图 1.6 所示。而后结合聚磷酸铵（APP）并应用于 PLA 基体内。研究结果表明，PLA/APP/改性木质素具有较好的阻燃性能及力学性能，符合当前可持续发展观，是一种具备优良前途的产品。

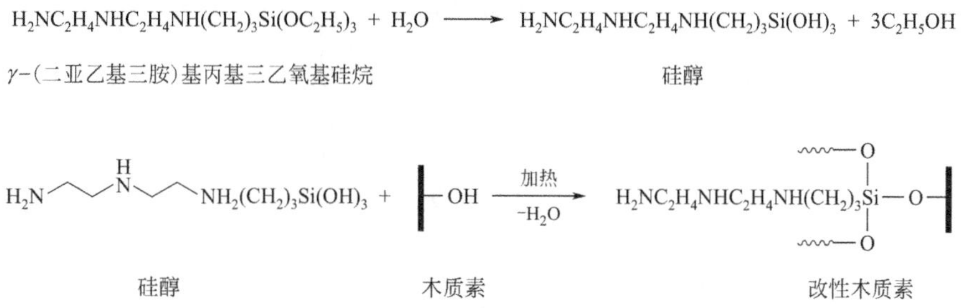

$$H_2NC_2H_4NHC_2H_4NH(CH_2)_3Si(OC_2H_5)_3 + H_2O \longrightarrow H_2NC_2H_4NHC_2H_4NH(CH_2)_3Si(OH)_3 + 3C_2H_5OH$$

γ-(二亚乙基三胺)基丙基三乙氧基硅烷   硅醇

硅醇   木质素   改性木质素

图 1.6 木质素改性流程图

（3）其他纤维以及改性纤维

除亚麻纤维以及木质素之外，其他的纤维也均有所研究，如 Wang[96] 等对再生竹筷子纤维和纳米黏土使用偶联剂进行表面改性，进而接枝在 PLA 侧链上，以增强其与 PLA 的相容性，改善力学性能，阻燃成分为 APP 以及膨胀石墨（expanded graphite，EG）。研究结果表明，PLA 复合材料可达 UL 94 V-0 级，并且经过纤维改性后，界面附着力得到有效增强，且复合材料的拉伸强度及冲击强度与纯 PLA 相比分别提高了 14.5% 和 5.5%。Zhu[97] 使用从竹粉中提取的微晶纤维素（microcrystalline cellulose，MCC）作为膨胀体系的生物基炭源，并通过接枝聚合法与甲基丙烯酸（methacrylic acid，MA）进行接枝制备了 MA-MCC，其制备过程如图 1.7 所示。测试结果显示，3% MA-MCC 和 7% APP 的 PLA 复合材料的 LOI 可达 26.8%，并通过 UL 94 V-0 级，且 PLA 复合材料的无缺口冲击强度提高到 8.16kJ/m^2（纯 PLA：7.71kJ/m^2），杨氏模量提高到 1612.8MPa（纯 PLA：1245MPa）。

当前，除正常纤维添加外，为提高纤维的性能，部分研究者对其进行改性，而后应用于 PLA 体系，如 Hu 等[98] 合成了一种新型木质素基含磷阻燃剂（LMD），并与异氰尿酸甘油酯（TGIC）结合应用于 PLA 体系。Fox 等[99] 制备了 POSS-改性的纤维素纤维（nanofibrillated cellulose，NFC），并将其与 APP 结合应用于 PLA 体系内。改性后的纤维均能有效地提高与 PLA 间的界面相容性，从而使 PLA 复合材料的阻燃性能及力学性能均保持优异。除此之外，茎秆类纤维[100] 以及人造纤维[101] 的改性也均有所报道。

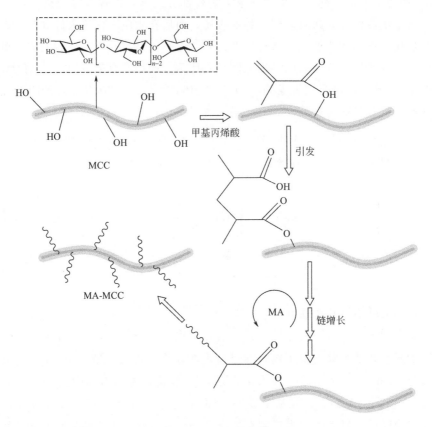

图 1.7　MA-MCC 的制备过程

1.3.1.3　合成 "高效" 阻燃剂

通常，阻燃剂在加入基体内时会充当填料的作用，填料将影响材料的整体界面间作用力进而降低材料的力学性能。因此，研究者深入研究了部分能充当阻燃成分并尽可能降低对材料整体界面力影响的新型阻燃剂，即 "高效" 阻燃剂。依据当前绝大多数对此的研究，将类似的阻燃体系大致分为三大类：①成核类阻燃剂；②具有微胶囊或核壳结构的阻燃剂；③纳米填料类阻燃剂。

（1）成核类阻燃剂

对于 PLA 而言，阻燃型 PLA 当前的研究已较为完整，然而较差的结晶能力大幅度限制了 PLA 的应用。当前针对 PLA 结晶性能方面的研究也较为深入：通常加入成核剂来提升其结晶性能，如立体络合物（stereocomplex，SC）[102,103]、无机化合物[104,105] 以及有机化合物[106,107] 等，然而其中 SC 的成本过高，无机成核剂与 PLA 相容性较差，因而当前主要采用的是有机成核剂，良好的相容性以及较高的结晶速率使得其广受研究者的喜爱。因本书主要涉及阻燃方向，故而单对 PLA 成核的研究不再赘述。下文将详细描述当前部分能有效提升 PLA 结晶性能的阻燃剂。

Geng 等[108] 以 AB-LDH 为成核剂，醋酸锌为催化剂，PLA 为基体制备了 PLA/AB-LDH 复合材料，其中 AB-LDH 为 Geng 等自制阻燃剂，其制备流程如图 1.8 所示。AB-LDH 的加入有效地促进了 PLA 形成 α-晶型结构，研究表明，加入 AB-LDH 后，其起异相成核的作用，进而使得 PLA 复合材料结晶率从 8.51%（纯 PLA）提升至 19.52%，且 PLA/AB-LDH 的冲击强度以及拉伸强度提升至 46.15% 和 12.83%，同时整体也具备不错的阻燃性能。这种层状氢氧化物也为新型阻燃剂的制备提供了一种较为独特的思路。此外，类似可充当成核剂的阻燃剂依次还有多面体辛苯基硅氧烷（polyhedral octaphenyl silsesquioxane，OPS）[109]、哌嗪-磷酰胺衍生物（piperazine-phosphamide derivative，PPDO）[110]、新型磷氮硅阻燃剂（PNSFR）[111] 以及呋喃磷酰胺衍生物（furan-phosphamide derivative，POCFA）[112]，其结构式分别如图 1.9～图 1.12 所示。其中，OPS 特殊之处在于，其在 PLA 内为微米级别，球晶尺寸相较于纯 PLA 球晶更小，进而可生成次一级的 α-晶型结构。PPDO 优势在于，仅需 3%（质量分数）的添加量便可赋予 PLA 材料整体优良的阻燃性能及力学性能，并且能保持 PLA 成型制品的透明程度。

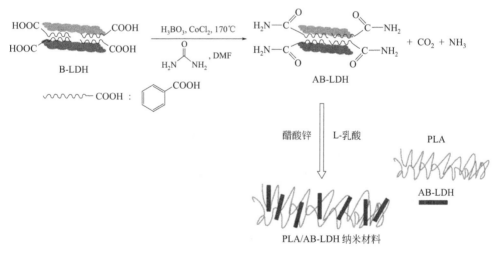

图 1.8　PLA/AB-LDH 的制备工艺

（2）具有微胶囊或核壳结构的阻燃剂

单独添加某种添加剂，仅仅赋予材料单方面性能，并且可能会导致材料另一方面性能的降低。基于此，研究人员考虑将多种添加成分共同加入，从而达到同时提升材料综合性能的效果。核壳结构工艺是通过外加壳层来改变填料的表面性能，从而提高高分子复合材料综合性能的有效方法之一。

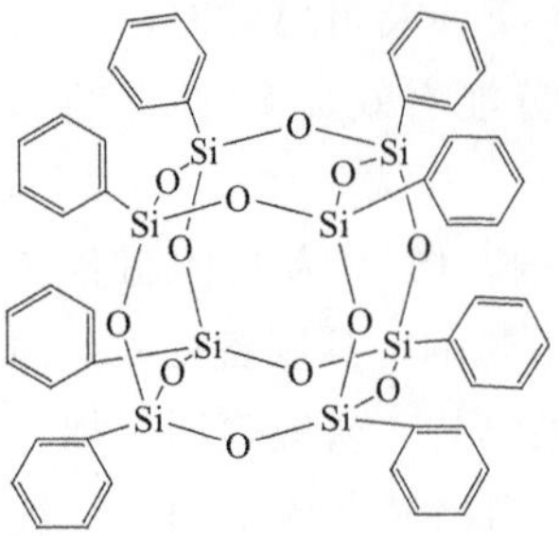

图 1.9 OPS 结构式 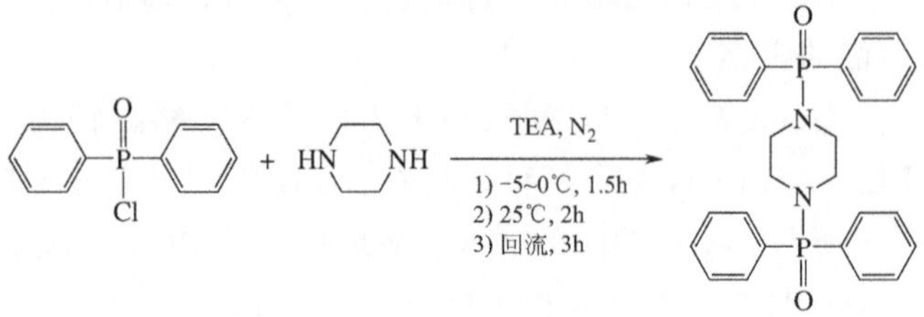   图 1.10 PPDO 的制备工艺

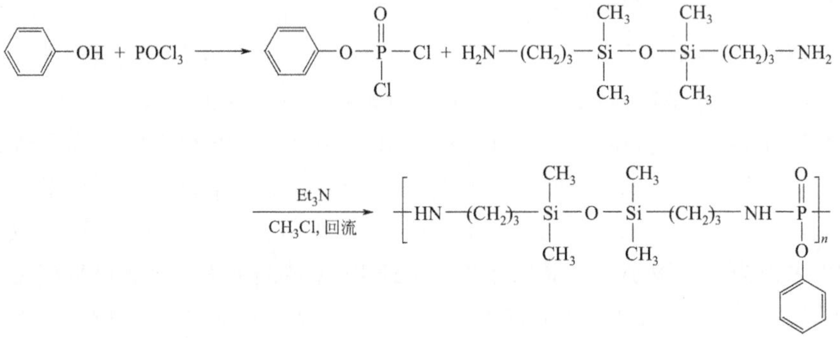

图 1.11 PNSFR 的合成路线

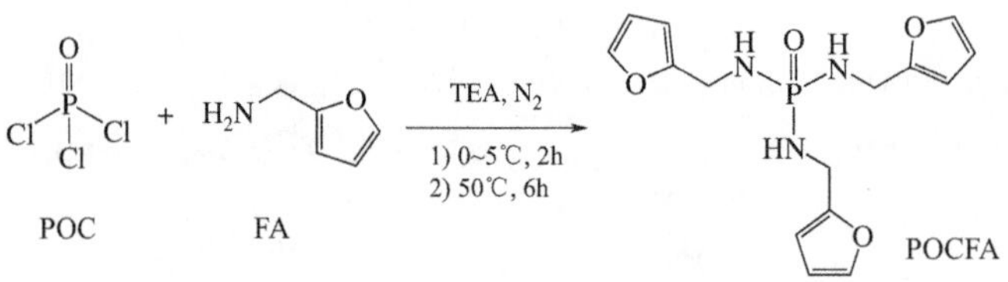

图 1.12 POCFA 的合成路线

　　膨胀阻燃体系通常需要具备三要素[113]，分别是酸源、气源以及炭源，而 APP 作为最常见并且效果优良的酸源之一，且其链端基富含丰富的氨基基团，因而深受研究者们青睐。Zhang 等[114] 制备了一种以聚氨酯（PU）包裹的 APP 微胶囊（MCAPP），制备工艺如图 1.13 所示。研究表明，添加 15%（质量分数）的 MCAPP 便可赋予 PLA 基体 UL 94 V-0 级以及 LOI 达到 28.3%，并且断裂伸长率提升达 40.8%。Ran 等[115] 在 APP 上分别包覆了聚硅氧烷（Si）以及聚硼硅氧烷（BSi），制备了两种微胶囊 APP，并对其性能进行对比，制备工艺如图 1.14 所示。研究表明，仅含 5%（质量分数）BSi-APP 便可使 PLA 复合材料的拉伸强度、断裂伸长率等均优于纯相，并且能赋予 PLA UL 94 V-0 级以及 LOI 达 26.7%。这表明包覆不同的物料能使 APP 类核壳结构阻燃剂具备更优良的性能，进而使得较低的比例能达到良好的效果。

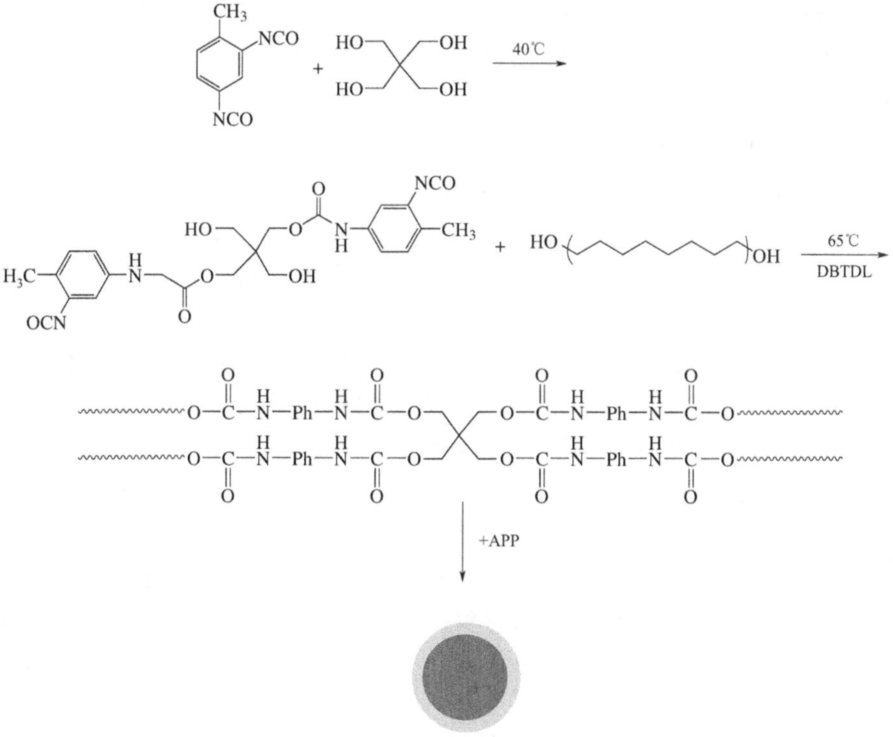

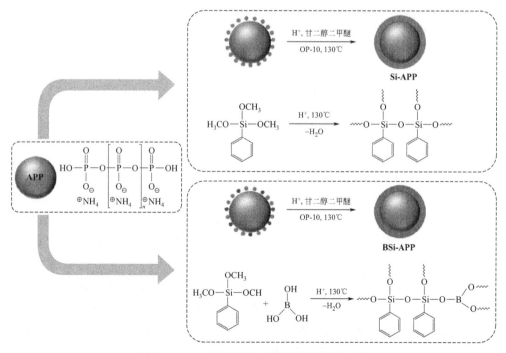

图 1.13　MCAPP 的制备工艺

图 1.14　Si-APP 及 BSi-APP 微胶囊制备过程

以上两种包覆，尽管效果有些区别，但两者均只在 APP 外包覆一层物质以提高性能，并未进行多层包覆。关于多层 APP 包覆，Jing 等[116] 做了较多的研究。

他首先合成了一种新型生物基聚电解质阻燃剂（bio-based polyelectrolyte，BPE），而后在 APP 上层层包覆 BPE 以及支化聚亚乙基亚胺（branched polyethyl-eneimine，BPEI），以形成一种具有核壳结构的新型生物基杂化体（BBH），BPE 结构式如图 1.15 所示。研究表明，10%（质量分数）的 BBH 可以有效地改善 PLA 的阻燃性能，并提高 PLA 复合材料的断裂伸长率，然而其力学性能的改善效果并不明显。因此，Jing 等[117] 在此基础上，又添加了一层氧化石墨烯（GO）制备了多功能阻燃剂（GOH），其层层自组装制备过程如图 1.16 所示。通过加入 GO，10%（质量分数）GOH 便可使 PLA 复合材料相比于纯 PLA 的断裂伸长率提高 6 倍左右，冲击强度提升达 86.7%，同时也能赋予 PLA 复合材料良好的阻燃性能。这表明 GO 的引入能进一步提升 PLA 复合材料的韧性进而提升其力学性能。此外，Xiong 等[118] 也研究了 APP 多层包覆的核壳结构，其特点在于所包覆物质均为绿色生物基材料，分别为壳聚糖（chitosan，CS）以及植酸盐（phytic acid salt，PA-Na），这种绿色生物基阻燃剂同时提供了一种可持续发展方向的思路。

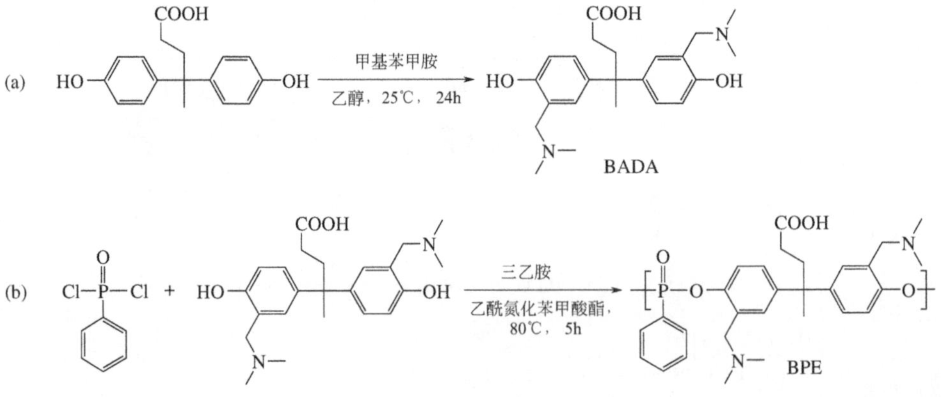

图 1.15　BPE 的合成路线

除上述以 APP 为核心的核壳结构外，Zhang 等[119] 设计合成了以二氧化硅（SiO_2）为核、以钼酸铵（ammonium molybdate，AM）为壳的纳米管，并与单纯的 SiO_2 纳米管进行对比，AM 的引入能提高 Si@AM 与 PLA 间的界面相容性，进而提升力学性能，并且不会影响 SiO_2 纳米管赋予 PLA 的阻燃性能及抑烟性能。其制备流程如图 1.17 所示。核壳结构的存在能进一步提升 PLA 的综合性能，而这并不仅仅局限于阻燃性能以及力学性能，也可以是疏水性、耐腐蚀性等，这为构筑多功能阻燃 PLA 提供了一个更全面的思路。

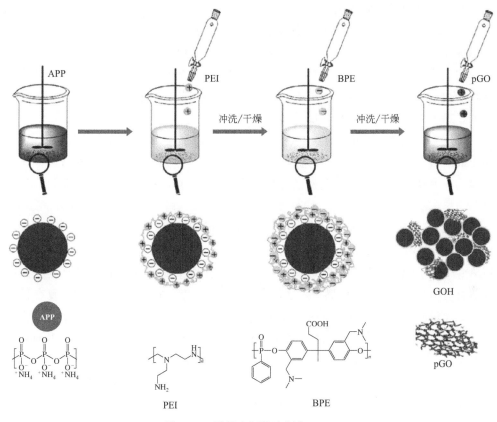

图 1.16 层层自组装法制备 GOH

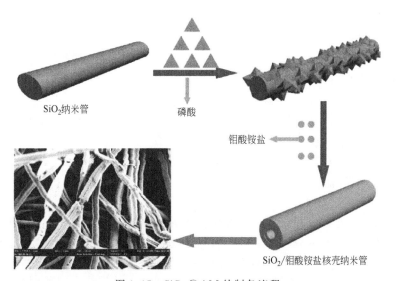

图 1.17 SiO₂@AM 的制备流程

（3）纳米填料类阻燃剂

在之前的研究[120] 中发现将纳米粒子（纳米氧化锌，nano-ZnO）应用于阻燃
PLA 时，能大幅度提升 PLA 的阻燃性能，然而同时也严重影响了 PLA 的力学性
能。这表明并非所有的纳米填料均适用于提升 PLA 的综合性能，聚合物纳米复合
材料的力学性能很大程度上取决于各种因素，包括纳米填料与 PLA 之间的界面结
合力，纳米填料的改性、尺寸以及其形貌等因素。

Guo 等[121] 使用聚磷酸三聚氰胺（melamine polyphosphate，MPP）、黏土
（cloisite 30B，C-30B）与 PLA 共混并制备了环保型阻燃 PLA 纳米复合材料，良好的
界面结合力提升了 PLA 复合材料的力学性能，值得一提的是，该研究中还对比了 3D
打印与热压法制备的样品的实验结果。间苯二酚双（磷酸二苯酯）［resorcinol bis
(diphenyl phosphate)，RDP］是一种常见的无卤磷酸酯阻燃剂，研究发现，通过其包
覆纳米凹凸棒石（attapulgite，ATP)[122]，或将其与纳米 ZIF-8@GO[123] 共混后制备
PLA 纳米复合材料均具备优良的效果。然而仅仅两篇文献并不能说明 RDP 是一种比
较适宜与纳米粒子复配的阻燃剂，这仍需进一步的研究。此外，类似的纳米复合材料
复合如无机阻燃剂植酸钙镁（calcium magnesium phytate，CaMg-Ph）与酸处理后的
碳纳米管结合[124]，CaMg-Ph 结构式如图 1.8 所示；以及磷基有机添加剂（phosphor-
us-based organic additive，PDA）原位表面改性后的羟基磷灰石（hydroxylapatite，
HA）纳米颗粒[125]，PDA 结构式如图 1.19 所示，原位表面改性机理如图 1.20 所示。
其所制备的 PLA 纳米复合材料均具有优良的阻燃性能以及力学性能。

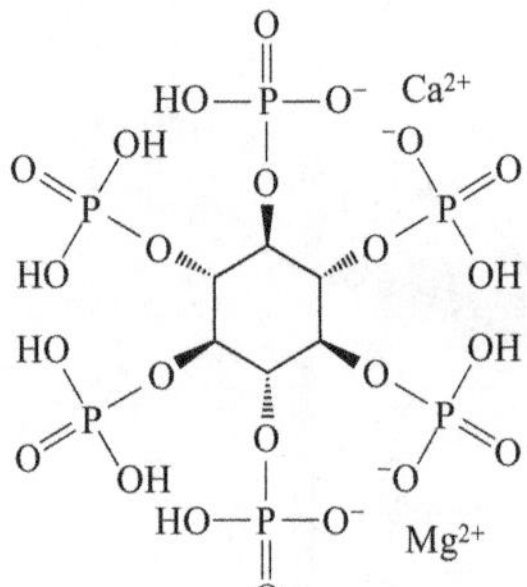

图 1.18　CaMg-Ph 结构式

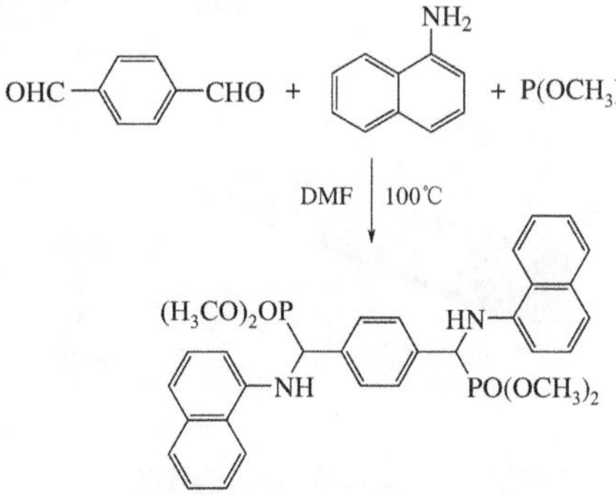

图 1.19　PDA 的合成

除上述体系外，也存在部分具备高性能的阻燃剂，其能同时达到提升 PLA 的
力学性能及阻燃性能的效果。苯基二氯膦与哌嗪缩合反应制备的含磷、含氮聚磷酰
胺（polyphosphoramide，PPP)[124]，10-(2,5-二羟基苯基)-9,10-二氢-9-氧杂-10-
膦菲-10-氧化物（DOPO-HQ）功能化氧化石墨烯（GO）（FCO-HQ)[125] 以及以
植酸衍生的二酚酸合成的多功能生物衍生聚磷酸酯（polyphosphate，PPD)[126]。

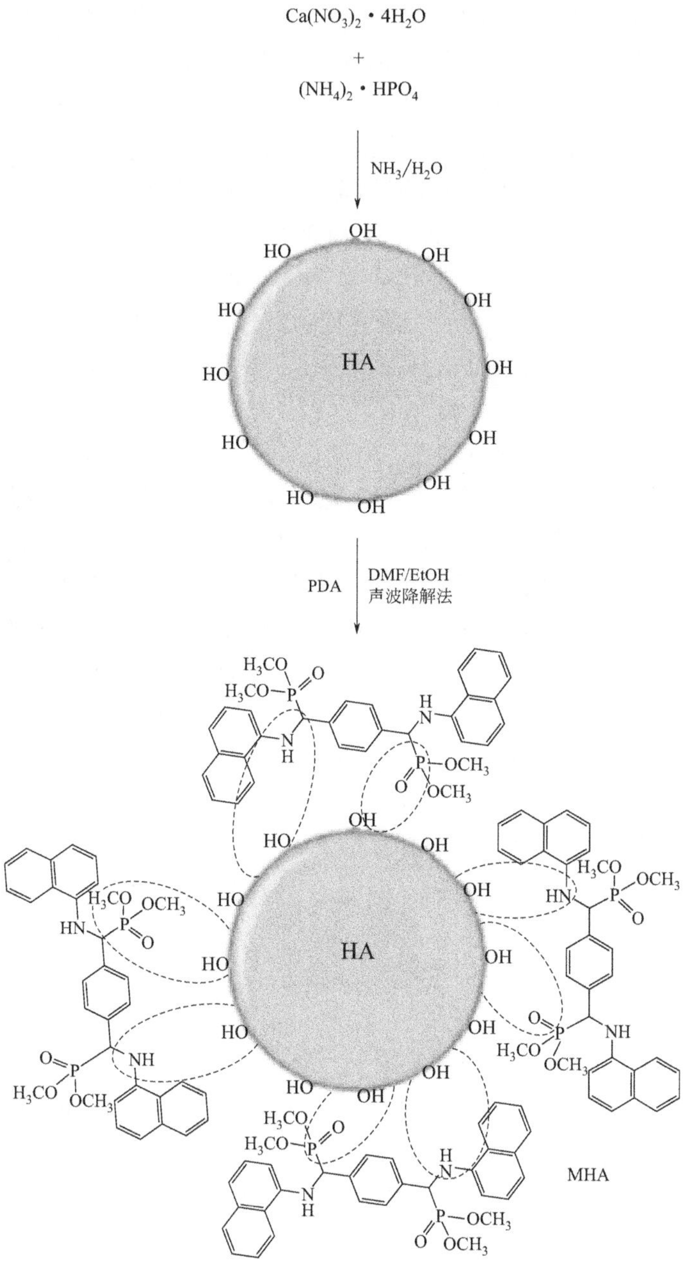

图 1.20 MHA 的制备流程

1.3.1.4 微交联阻燃聚乳酸

在橡胶基体内构建交联结构能有效改善橡胶的韧性，提高其强度。当前常见的环氧树脂、酚醛树脂及脲醛树脂，其成型制品均具备交联结构。此外，也有很多常见的交联剂，如过氧化二异丙苯（dicumyl peroxide，DCP）、过氧化苯甲酰（benzoyl peroxide，BPO）以及过氧化氢二异丙苯（diisopropyl hydrogen peroxide，DBHP）等，目前也已有一些文献[127,128] 涉及 DCP 或 BPO 应用于 PLA 基体的研究，然而其研究仅仅局限于力学性能，并未涉及阻燃性能。

当前应用于阻燃 PLA 体系的交联结构的形成大多是基于化学交联方式。化学交联也具有各种途径，如添加交联剂/扩链剂，Xu 等[129] 采用异氰尿酸三缩水甘油酯（triglycidyl isocyanurate，TGIC）作为微交联剂，并与一种含 P/N 结构的阻燃剂结合加入 PLA 基体内。研究结果表明，仅仅添加 0.1% 的 TGIC 便可使得阻燃 PLA 材料的力学性能近似于纯 PLA 样品。同时，也通过 TGIC 作为交联剂可将其他物质接枝于 PLA 基体上。如 Hu 等[98] 首先制备了一种木质素基含磷阻燃剂（LMD），而后将这种阻燃剂与木粉、TGIC 以及 PLA 共混，以获取阻燃 PLA 材料。在 TGIC 的作用下，将木粉、LMD 与 PLA 结合，以生成这种交联体系从而赋予 PLA 优良的阻燃性能及力学性能，其结合机理如图 1.21 所示。除 TGIC 外，部分研究者也研发了某些新型扩链剂，如 Luo 等[130] 采用亚磷酸基团与聚氨基环氧硅氧烷［poly（amino-epoxy）silsesquioxane，PSQ］反应合成了亚磷酸功能型倍半硅氧烷（phosphite functional polysilsesquioxane，PPSQ）扩链剂或交联剂，其与 PLA 结合机理如图 1.22 所示，研究表明，2%（质量分数）的 PPSQ 便可使 PLA 的拉伸强度和冲击强度提高 17.2% 和 89.4%。

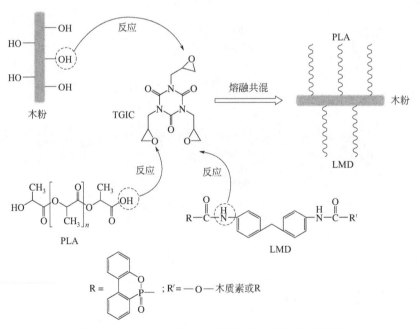

图 1.21　TGIC、LMD 及木粉与 PLA 的结合机理图

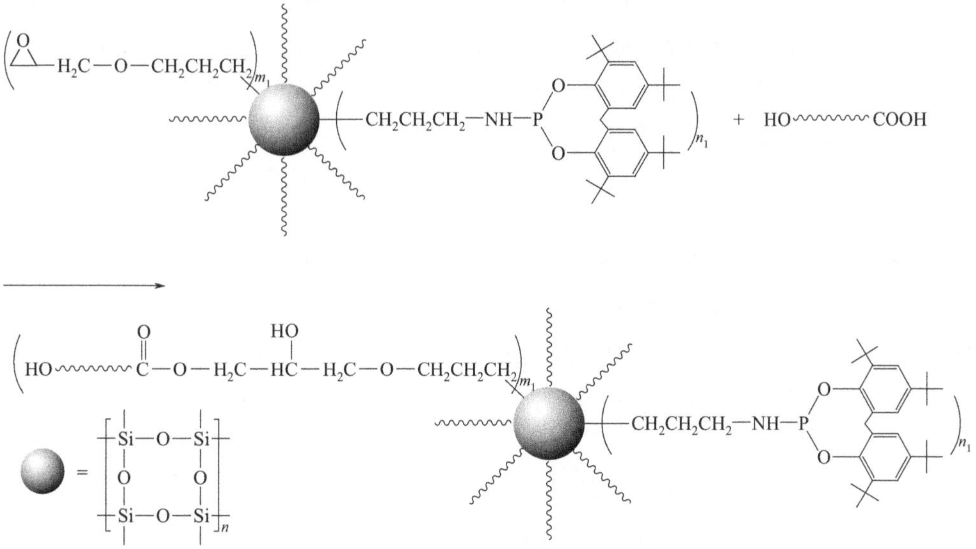

图 1.22 PPSQ 与 PLA 扩链/交联机理图

值得一提的是，基于 PLA 上含有丰富的羟基及羧基基团，而这些基团可与其他成分进行接枝从而达到预期效果，这也为部分交联体系的构建提供了新的思路。Wen 等[131] 首先采用 H_2O_2 羟基化以及磷阻燃剂化学接枝的方法完成纳米炭黑（nanosized carbon black，CB）功能化，功能化后的炭黑复合材料（CB-*g*-DOPO）具有大量的活性羟基（CH-OH）；而后对 PLA 进行接枝处理，在 DCP 的作用下，马来酸酐（maleic anhydride，MA）与 PLA 结合形成低分子量的 PLA-MA 材料；而后，通过 PLA-MA 与 CB-*g*-DOPO 之间的缩聚反应形成交联结构网络，从而赋予 PLA 基体优异的综合性能。缩聚反应如图 1.23 所示。

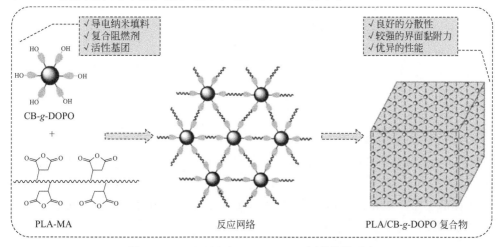

图 1.23 PLA-MA 与 CB-*g*-DOPO 间的缩聚反应

　　上述几种方法均是通过化学交联手段以完成在 PLA 基体内交联网络的构建，同样，也可通过物理交联的方法来完成此目的，物理交联间作用力通常为氢键或极性键，其主要方式是通过热、光等辐射完成。尽管当前在此方向的研究不少，然而应用于阻燃 PLA 基体内的研究仍寥寥无几。Wang 等[132] 合成了一种以氨基为末端基团，并且分子结构中含有磷和氮的高效阻燃剂（DOPO-NH$_2$）。而后将其加入 PLA 基体内，其端基的氨基能与 PLA 形成具有氢键结构的交联结构，具体示意图如图 1.24 所示。研究表明，加入 5％DOPO-NH$_2$ 能使 PLA 通过 UL 94 V-0 级别以及 LOI 提升至 26％，且氢键的存在有效抑制了力学性能的降低。此外 Wang 等[133] 采用电子束交联的方法，以 PLA 和有机改性蒙脱土（organically modified montmorillonite，OMMT）为原料，在三聚氰酸三烯丙酯（triallyl cyanurate，TAC）的存在下，通过电子光束使其交联。研究结果表明，在电子光束处于较低的辐照剂量时（30kV 或 50kV）时，所制备的 PLA-OMMT-TAC 复合材料能达到良好的拉伸强度与断裂伸长率的平衡，并且其力学性能及热稳定性均优于纯 PLA。其在电子光束照射下的交联机理如图 1.25 所示。这也为未来应用于阻燃 PLA 的交联体系提供了一种新的思路。

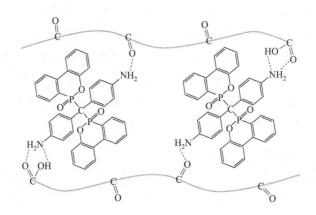

图 1.24　PLA 与 DOPO-NH$_2$ 间的氢键作用力

　　交联结构的存在能有效地提升 PLA 的综合性能，但并非所有交联结构体系的构建均能有效地达到 PLA 力学性能与阻燃性能的同步提升，对于此，仍需进一步的研究并构造适宜并通用于阻燃 PLA 的交联体系。这也可能并不仅适用于阻燃 PLA 体系，也可适用于类似的其他阻燃聚酯体系。这对阻燃领域而言也将是一个很大的进步。

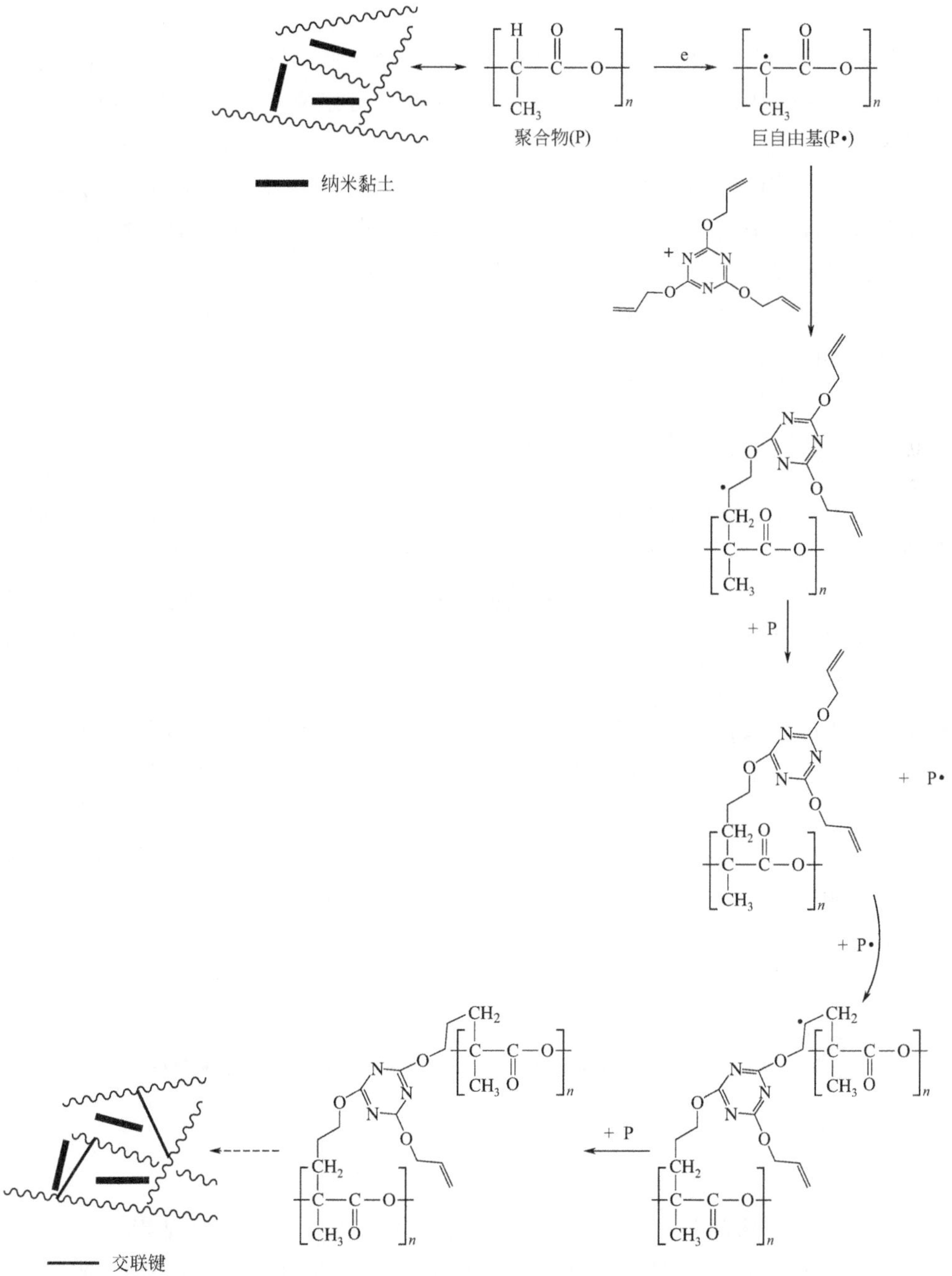

纳米黏土

聚合物(P)　　巨自由基(P·)

交联键

图 1.25　PLA 与 OMMT 及 TAC 的交联机理

1.3.2　生物基阻燃剂阻燃聚乳酸

近些年来，由于生物基阻燃剂具有无卤、高效、低毒等特点，广泛应用于阻燃 PLA。生物基阻燃剂一般由炭源、酸源和气源三部分组成[134]，主要通过保护聚合物基体和减少烟雾释放达到高效阻燃。传统炭源季戊四醇（PER）的成炭能力较弱且不可再生，从可持续发展的角度来看，部分生物质如纤维素、木质素、壳聚糖、环糊精以及淀粉是天然的炭源[135]，研究者发现它们在提高 PLA 阻燃性能的同时还能保持其环保性，因此可作为绿色炭源替代 PER。本节综述了近五年含纤维素、木质素、壳聚糖、植酸、环糊精以及淀粉等生物基阻燃剂制备的 PLA 复合材料的阻燃性能和阻燃机理。

1.3.2.1　含纤维素的阻燃 PLA 体系

纤维素（化学结构如图 1.26 所示）是一种细胞壁成分，简单来说纤维素是由葡萄糖分子以 β-1,4-糖苷键连接而成的直链大分子，分子式为 $(C_6H_{10}O_5)_n$，在自然界中分布广泛，主要存在于高等植物的细胞壁以及细菌、藻类和真菌中[136]。纤维素的热降解过程大致可以分为以下 4 个阶段。第一阶段在低温条件下发生物理脱水，脱去纤维素中的结晶水；第二阶段大约在 150℃ 发生化学脱水，生成水和脱水纤维素，水的生成有利于加快糖苷键水解，起到促进纤维素降解的作用；随着温度的升高，第三阶段从 240℃ 开始发生热分解和炭化反应，生成液体产物焦油和含炭中间产物，与此同时脱水纤维素进一步反应生成一氧化碳、二氧化碳、水蒸气；第四阶段在 400℃ 以上发生碳的芳构化和交联，形成焦渣。值得注意的是，在高温条件下反应倾向生成焦油而抑制焦炭生成，但丰富的改性技术有利于提高纤维素在高温下的阻燃性能。

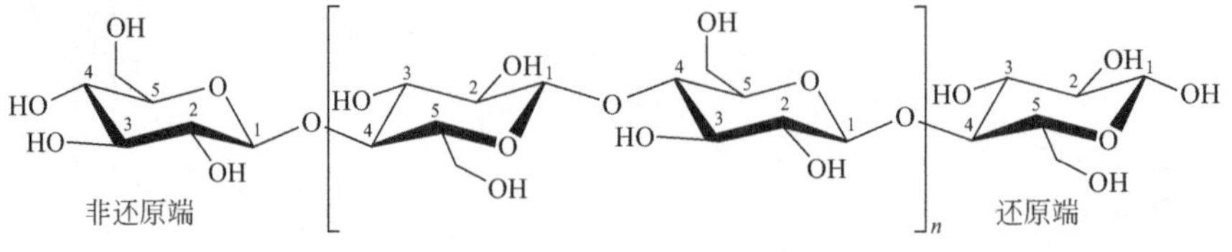

图 1.26　纤维素的化学结构式

Guo 等[101] 将间苯二酚双（二苯基磷酸酯）（RDP）吸附到纤维素纤维（CF）上，设计出了一种环境友好的表面含磷的纤维素（CF-RDP）用于阻燃 PLA。研究发现，当 CF-RDP 的含量为 8.0% 时，复合材料的极限氧指数提高至 28.0%，垂直燃烧达到 UL 94 V-0 级别，热释放速率峰值（pk-HRR）由纯 PLA 的 702kW/m^2

降低至 $592kW/m^2$，同时材料的整体力学性能（包括冲击强度）得到了明显提高。此外，他们还发现 RDP 和 CF 同时存在时比单独存在时阻燃效果更好（图 1.27），这是因为它们可以产生协同作用，CF-RDP 在燃烧中会发生脱水反应，脱水过程中伴随着水的释放和热的吸收，有利于降低复合材料体系的温度和可燃性气体的浓度。

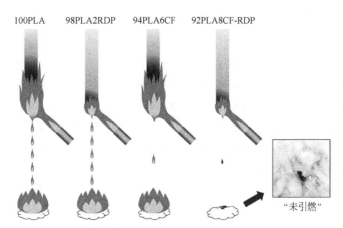

图 1.27　含 CF-RDP 的 PLA 复合材料 UL 94 垂直燃烧实验的示意图

　　纤维素经过无机酸水解可具有低聚合度和一定结晶度，叫作微晶纤维素（MCC）。此外，纤维素还可水解形成纳米微晶纤维素[137]（NCC），MCC 和 NCC 的物理性质有明显不同，NCC 具有高结晶度等特点。近些年来，MCC 和 NCC 也被用于阻燃 PLA。Costes 等[138] 探究了 NCC 和 MCC 对 PLA 的阻燃效果，结果表明，与纯 PLA 相比，含 20％ MCC 或 NCC 的 PLA 复合材料的 pk-HRR 分别降低了 8％ 和 34％，这是由于 NCC 的纳米尺寸结构与 PLA 基体间存在较强的界面作用，提高了成炭能力从而保护基体。Costes 等还研究了磷酸化的 MCC（MCC-P）和磷酸化的 NCC（NCC-P）分别与植酸铝（Al-Phyt）复配对 PLA 阻燃性能的影响。研究发现，与纯 PLA 相比，PLA/10％ Al-Phyt/10％ MCC-P 和 PLA/10％ Al-Phyt/10％ NCC-P 的 pk-HRR 分别降低了 33％ 和 38％，残炭率由纯 PLA 的 0％ 分别提高至 11％ 和 8％。这是因为铝和磷之间具有协同效应，在燃烧过程中，复合材料的表面会迅速形成稳定的炭层，有利于减少热量释放。

　　除 MCC 以外，纳米纤维素（NC）也被用于改善 PLA 的燃烧性能。与传统纤维素相比，NC 更易形成均匀的微观结构，具有比表面积高、拉伸强度大、热稳定性好等优点[139]，是现代最具有发展潜力的绿色材料之一，它包括纤维素纳米纤维（CNF）、纳米晶纤维素（CNC）等。

　　Feng 等[140] 通过在 CNF 表面化学接枝磷-氮基化合物，设计了一种新型核壳纳米纤维阻燃体系（PN-FR@CNF）。研究发现，PN-FR@CNF 的热稳定性较低，燃烧结束时 CNF 表面生成了较为完整的炭层（图 1.28）。研究发现，与纯 PLA 相比，PLA/10% PN-FR@CNF 的残炭率由 0.9% 提高至 5.7%，pk-HRR 降低了 31%。此外，由于 CNF 在 PLA 基体间分散均匀且界面相容性好，复合材料的拉伸强度和弹性模量分别提高 24% 和 12%。Yin 等[141] 设计了一种新型的绿色杂化阻燃体系，以 CNF 作为表面改性剂，在球磨过程中通过氢键相互作用缠绕在 APP 上，将制得的 APP@CNF 加入 PLA 中，采用熔融共混法制备复合材料。结果表明，与纯 PLA 相比，仅添加 5.0% APP@CNF 的 PLA 复合材料的极限氧指数提高至 27.5%，达到 UL 94 V-0 级别，且冲击强度增加了 54%。其阻燃性能和力学性能的增加是由于 APP 与 CNF 之间的协同作用以及 APP@CNF 在 PLA 基体中的分散性得到改善。研究者发现 CNF 还可通过硅烷化、酰胺化、酯化、醚化、聚合等表面改性技术来改善阻燃性能。含有大量天然羟基结构的纤维素具有潜在良好的成炭性能，但热稳定性不好，无法满足 PLA 的加工要求。因此该阻燃体系仍处于基础研究阶段，尚未工业化。

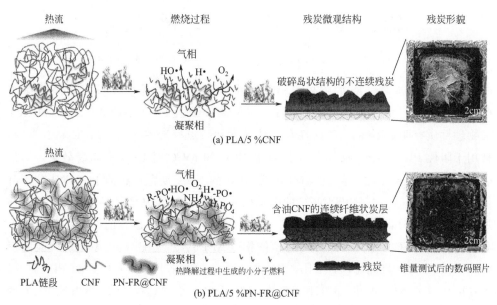

图 1.28 含 CNF 的 PLA 复合材料的阻燃机理

1.3.2.2 含木质素的阻燃 PLA 体系

木质素（化学结构如图 1.29 所示）存在于植物细胞壁中，与纤维素、半纤维素一起构成植物的基本骨架，是一种多羟基芳香族化合物，满足作为阻燃剂炭源的要求[142]。木质素在燃烧过程中会发生旧键断裂和新键形成，其热解过程可大致划分为以下 3 个阶段。第一阶段为自由水挥发；第二阶段大约从 120℃ 开始，苯环周围弱价键发生断裂以及挥发组分间重新组合；第三阶段当温度达到 800℃时，发生苯环裂解、挥发以及聚合成多核芳烃化合物，随着温度的进一步升高，新的芳烃化合物进行缩聚炭化过程[143]。这表明木质素在高温下的成炭能力较强，普通燃烧过程中几乎不成炭。然而，其结构中含多种官能团，如甲氧基、醇羟基、酚羟基、苯、醛、羰基等，为进一步的化学修饰提供了丰富的活性位点，有利于提高其阻燃性能。

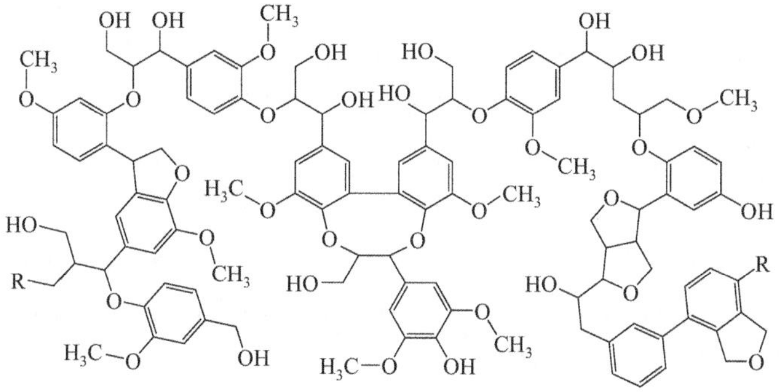

图 1.29　木质素的化学结构

Costes 等[144] 研究了牛皮纸木质素（kraft lignin）和有机溶剂型木质素（organosolv lignins）在 PLA 中的阻燃效果，与传统木质素相比，它们具有分子量大小适中、反应活性基团丰富的优点。研究发现，牛皮纸木质素和有机溶剂型木质素通过在材料表面形成炭层，改善其复合材料的燃烧性能，仅添加 20％牛皮纸木质素或 20％有机溶剂型木质素的 PLA 复合材料的 pk-HRR 分别降低了 21％和 33％，THR 分别降低了 23％和 30％。他们还探究了改性木质素对阻燃 PLA 的影响，通过磷/氮接枝两步法对牛皮纸木质素进行改性，制备出功能化木质素（牛皮纸木质素-$PONH_4$）。结果表明，PLA/20％牛皮纸木质素-$PONH_4$ 相比于 PLA/20％牛皮纸木质素，其 pk-HRR 降低了 25％，垂直燃烧达到 UL 94 V-0 级别。这一方面是因为牛皮纸木质素-$PONH_4$ 中的含磷基团在燃烧过程中发生裂解促进致密炭层的生成，从而减少基材热量的释放；另一方面，氮元素通过转化成氨气（NH_3）稀释可燃性气体的浓度，进一步提高了材料的阻燃性能。Gordobil 等[145] 对牛皮纸木质素（KL）乙酰化，制备出改性木质素（acetylated kraft lignin，AKL），并将其与 PLA 熔融共混，制备复合材料并探究其热性能。研究发现木质素中含稳定的芳香结构，能使 PLA 复合材料的热稳定性显著提高，与纯 PLA 相比，仅含 0.5％木质素（KL 或 AKL）的 PLA 复合材料最大热分解速率温度（T_{max}）分别提高了16.2％、15.9％。

除了仅添加改性木质素外，研究人员发现由木质素与聚磷酸铵（APP）复配的阻燃剂对 PLA 也有较好的阻燃作用。Cayla 等[93] 与 Maqsood 等[146] 将 APP 与

KL 复配后与 PLA 熔融共混，通过热压成型制备复合材料。Maqsood 等发现与纯 PLA（极限氧指数为 20.1%）相比，PLA/20% APP/5%KL 复合材料的极限氧指数提高至 37.8%，pk-HRR 和 THR 分别降低了 50% 和 20%，燃烧后生成了具有一定厚度且分布均匀的炭层。这一方面是由于 APP 受热分解生成磷酸和氨气，磷酸作为酸催化剂与木质素反应生成磷酸酯，磷酸酯受热分解释放 CO_2，不易燃的 CO_2 在气相中可以稀释可燃性气体的浓度，延缓燃烧程度；另一方面木质素脱水生成炭层，在凝聚相中通过隔绝热和氧气保护聚物。Zhang 等[147] 将不同种类有机改性蒙脱土（DK1、DK2、DK4）分别与微胶囊化聚磷酸铵（MCAPP）-Lignin 体系复配，研究发现，PLA/21%MCAPP-Lignin/2%DK2 材料的阻燃效果最好，极限氧指数由 21.0%（纯 PLA）提升至 35.5%，pk-HRR 和 THR 分别降低了 80% 和 60%。Song 等[95] 利用硅烷偶联剂制备改性木质素，将改性后的木质素（CLignin）与 APP 复配，在 PLA 中加入 APP/CLignin，研究发现 APP 和 CLignin 之间具有协同作用，提高了材料在高温下的热稳定性。实验通过改变 APP 与 CLignin 的添加量进行阻燃效果调控，结果表明，当 APP 与 CLignin 的含量分别为 18.4% 和 4.6% 时，PLA 复合材料的阻燃效果最好，与纯 PLA 相比，pk-HRR 和 THR 分别降低了 52% 和 50%。这是因为在木质素中引入硅元素提高了在燃烧过程中生成的膨胀炭层的强度，从而减少了可燃气体和热量的传递，有效阻止了材料的进一步燃烧，同时该复合材料具有较高的拉伸强度和断裂伸长率。Zhang 等[41] 通过曼尼希（Mannich）反应得到脲基改性木质素（UM-Lignin），如图 1.30 所示，并将 UM-Lignin 与 APP 复配，制备阻燃 PLA 复合材料。研究发现，PLA/18.4%APP/4.6%Lignin 和 PLA/18.4%APP/4.6%UM-Lignin 的 pk-HRR 分别由 $416kW/m^2$（纯 PLA）降低至 $150kW/m^2$ 和 $105kW/m^2$，表明改性木质素与 APP 复配能显著提高 PLA 的阻燃性能。

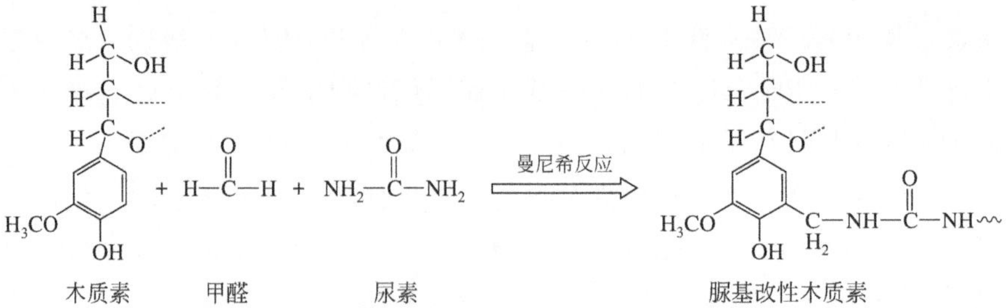

图 1.30 脲基改性木质素（UM-Lignin）的合成

由于木质素具有独特的芳香族结构和较高的炭化能力，木质素及其衍生物在 PLA 中存在巨大的阻燃潜力。目前关于木质素在 PLA 中的报道大多是探究其对 PLA 阻燃性能和热性能的影响，但也有研究发现木质素基阻燃剂能同时提高 PLA

的阻燃性能、力学性能和防紫外线能力[148]，这为未来开发功能性阻燃 PLA 复合材料的研究提供了新的思路。

1.3.2.3　含壳聚糖的阻燃 PLA 体系

壳聚糖（CS），化学结构如图 1.31 所示，由甲壳素脱乙酰基制备而成，具有可再生、生物相容性好的优点。CS 是一种带正电荷的天然氨基多糖[149]，能直接作为阻燃 PLA 复合材料的成炭剂[150]，在高温下会发生开环反应，在基体中自凝聚形成芳香环交联结构，即在凝聚相中生成炭层，有利于抑制基体中的热量交换。与此同时，CS 中的氨基在热分解过程中以 NH_3 的形式释放到气相，一方面能够稀释可燃气体的浓度，另一方面促进形成膨胀炭层，炭层比普通炭层具有更好的保护基体作用。通常情况下，将 CS 与酸源（如 APP）构成膨胀阻燃体系，酸源在热分解过程中生成的产物能促进壳聚糖脱水和炭化。此外，由于其结构中具有较多活性基团，还可对其进行改性，优化其阻燃性能。

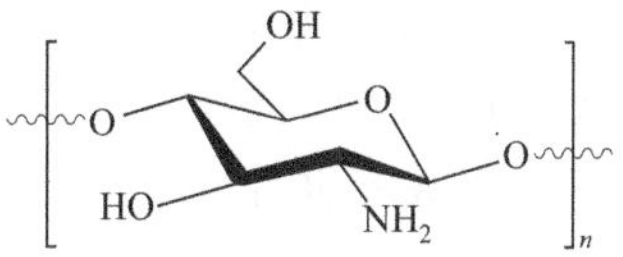

CS 在 PLA 中具有优异的阻燃性能，研究人员尝试将 CS 和无卤阻燃剂通过共混的方式加入基体中，以提高材料的阻燃性能。APP 在 PLA 中具有良好的阻燃作用[114]，Chen 等[150] 将 CS 与 APP 按照质量比为 2∶5 的比例，通过熔融共混加入

图 1.31　壳聚糖的化学结构

PLA 中，制备得到 PLA-C2A5，与纯 PLA（极限氧指数为 20.0%）相比，C2A5 含量为 7% 的 PLA 材料，极限氧指数为 33%，pk-HRR 降低了 17%，这是由于 CS 与 APP 间产生协同作用，在凝聚相中促进了焦炭的形成。

层层自组装（LBL）技术已广泛用于微球的制备[116]。Xiong 等[118] 采用 LBL 技术（图 1.32）在水中将阳离子 CS 和阴离子植酸钠（PA-Na）连续沉积在 APP 上，制备了一种核壳型生物基阻燃剂（APP@CS@PA-Na），并将其与 PLA 熔融共混制备复合材料。研究发现，与未加入 PA-Na 相比，PLA/10%APP@CS@PA-Na 的极限氧指数由 29.0%（PLA/10%APP@CS）提高至 30.5%，pk-HRR 降低了 18.7%。Zhang 等[151] 以 APP 为核心，阳离子 CS 与阴离子藻酸（AA）为外壳，通过 LBL 技术制备出核壳型阻燃剂 APP@CS@AA-nBL（BL 代表双层，n 代表双层层数，1BL 由一对 CS@AA 构成），将其与 PLA 熔融共混制备阻燃材料。与纯 PLA 相比，复合材料的 pk-HRR 有明显下降，当层数仅为 3BL 时，材料的极限氧指数上升到 30.6%，残炭率由 1.5%（纯 PLA）提高至 13.2%。这是因为 CS 和 AA 可以作为炭源与 APP 构成 IFR 系统，由于 CS 和 AA 均具有多羟基结构，APP 在热分解过程中释放的磷酸和聚磷酸盐促进了 CS 和 AA 的脱水和炭化，炭层变得致密连续，有效防止可燃气体逸出和抑制热氧交换，从而提高了材料的阻燃性能。

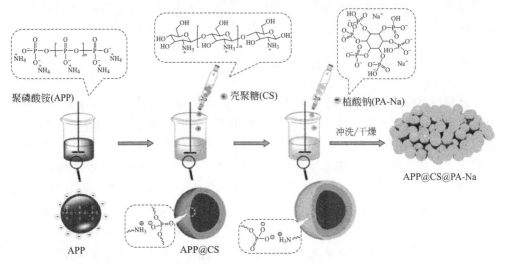

图 1.32　LBL 技术制备核壳型生物基阻燃剂（APP@CS@PA-Na）

除上述阻燃体系外，研究人员也尝试对 CS 进行改性[152]。Hu 等[153] 已经证明了 CS 的磷酸化是可行的，但是得到的磷酸化壳聚糖（CS-P）的热稳定性较差，限制了它在聚合物中的进一步应用。Shi 等[154] 在此基础上用氯化钴对 CS-P 进一步改性，合成了一种新型的磷酸化壳聚糖钴配合物（CS-P-Co），通过熔融共混法制备 PLA/CS-P-Co 复合材料。研究结果显示，与纯 PLA 相比，仅添加 4.0%CS-P-Co 时，复合材料的 pk-HRR 和 THR 分别下降了 23% 和 20%，这是因为 CS-P-Co 在燃烧过程中的催化作用使生成的炭层逐渐石墨化，它比普通炭层具有更高的热稳定性和更好的热质阻隔作用，抑制了热和可燃气体的传播。

目前关于 CS 阻燃 PLA 的报道较少，但由于 CS 具有良好的成炭性和环保性，含 CS 的阻燃 PLA 体系的研究在未来会有很好的发展前景。

1.3.2.4　含植酸的阻燃 PLA 体系

植酸（PA）化学结构如图 1.33 所示，由 6 个磷酸基团组成，含 P 量高达 28%，主要储存于油类、谷类等种子中，是一种天然植物酸[155]。从阻燃角度来看，阻燃剂含磷量越高，其阻燃性能越好。此外，PA 还具有无毒、可再生和可降解等优点，是一种具有较高潜力的绿色阻燃剂，氮气氛围下 PA 在升温过程中会发生脱水、热分解以及炭化，且残炭率较高，可用于阻燃 PLA。然而，通常情况下 PA 被用作膨胀阻燃体系中的酸源，受热分解时会生成偏磷酸等酸性物质，可作为脱水剂催化炭

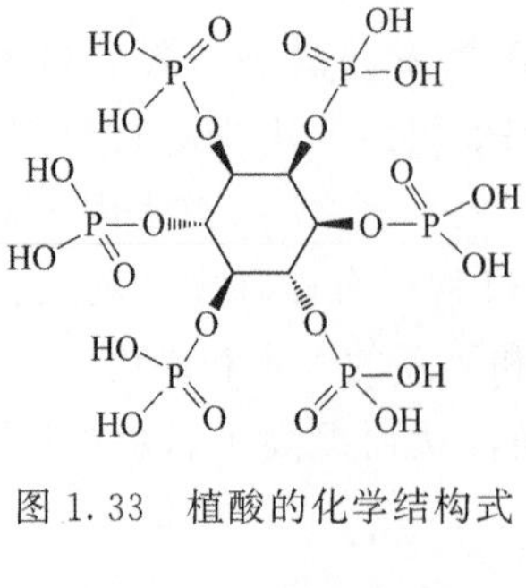

图 1.33　植酸的化学结构式

源脱水和炭化，进一步提高体系的阻燃性能。

Cheng 等[156] 采用湿法固化法用 PA 对 PLA 非织造布进行改性，探究 PA 溶液浓度（100g/L 和 250g/L）对织物阻燃性能的影响。与未改性的 PLA 相比，PLA-100 和 PLA-250 的 pk-HRR 分别降低 29% 和 40%，这是由于 PA 磷含量较高，在燃烧时促进炭层的形成，从而降低传热效率，在气相中有效地抑制了挥发性物质的生成，阻止织物进一步燃烧。Costes 等[63] 在 PLA 中分别加入不同金属植酸盐（Na-Phyt、Fe-Phyt、Al-Phyt），采用熔融共混法制备复合材料，与纯 PLA 相比，PLA/20% Al-Phyt 的 pk-HRR 降低最多高达 44%，THR 降低了 20%，说明 Al-Phyt 能显著改善 PLA 的燃烧性能，但 Al-Phyt 的加入会导致 PLA 在加工过程中发生热降解行为。因此，他们尝试将 PLA/20% Al-Phyt 中的 5% Al-Phyt 换成相同质量分数的 Na-Phyt，发现 PLA 的力学性能得到改善，同时复合材料的 pk-HRR 和 THR 分别降低了 45% 和 19%。Yang 等[124] 利用 PA 通过化学方法合成了植酸钙镁（CaMg-Ph），将 CaMg-Ph 和改性碳纳米管（CNT）复配应用于 PLA 中，与纯 PLA 相比，PLA/20%CaMg-Ph 的 pk-HRR 降低了 33%，拉伸强度降低了 9%，而 PLA/19%CaMg-Ph/1%CNT 的 pk-HRR 降低了 35%，拉伸强度降低了 5%，表明 CNT 的加入能改善 PLA/CaMg-Ph 材料的力学性能。

植酸及其衍生物单独使用时阻燃能力有限，研究者尝试设计具有纳米结构的 PA 基阻燃剂，以获得更优异的阻燃性能。Feng 等[157] 首次通过绿色电化学方法，利用 PA 对石墨烯进行表面改性，制备植酸铁功能化石墨烯（f-GNS），并加入 PLA 中，研究发现 f-GNS 的协同机制使材料具有优异的阻燃性能（图 1.34），与纯 PLA 相比，当含量仅为 3.0% 时，PLA/f-GNS 纳米复合材料的 pk-HRR 和 THR 分别降低了 40% 和 16%。Rosely 等[158] 用 PA 对氮化硼纳米片（BNNSs）进行改性，得到一种纳米结构生物基阻燃剂（f-BNNSs），加入 PLA 中得到 PLA/f-BNNSs 纳米复合材料。研究发现，f-BNNSs 的羟基与 PLA 的羧基间存在较强的界面作用，能使材料的热稳定性显著提高，且 f-BNNSs 的存在有利于促进复合材料在燃烧时形成高性能炭层。与纯 PLA 相比，含 20% f-BNNSs 的 PLA 纳米复合材料的 pk-HRR 及 THR 分别降低了 28.7% 和 19.4%，极限氧指数由 18.5%（纯 PLA）提升至 27.5%。

PA 还能和生物基高分子复配，制备阻燃性能优异的全生物基阻燃剂。Jin 等[159] 将 PA 与酪蛋白通过化学方法合成了一种生物基聚电解质（PC），利用 PC 对 APP 进行微胶囊化处理，得到核壳型阻燃剂（PC@APP，如图 1.35 所示）并应用于 PLA 中。结果表明，与纯 PLA 相比，PLA/5%PC@APP 的极限氧指数提高 31%，pk-HRR 降低 20%，此外材料的断裂伸长率由 6.9%（纯 PLA）提高至 14.4%（PLA/5%PC@APP）。高含磷量是 PA 阻燃 PLA 的优势，但 PA 价格昂贵，从成本角度考虑，目前不适合在工业中大量使用。

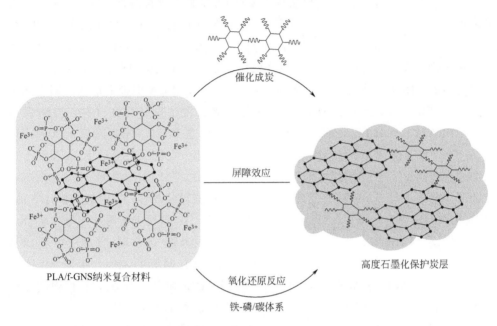

图 1.34 植酸铁功能化石墨烯阻燃 PLA 纳米复合材料的机理图

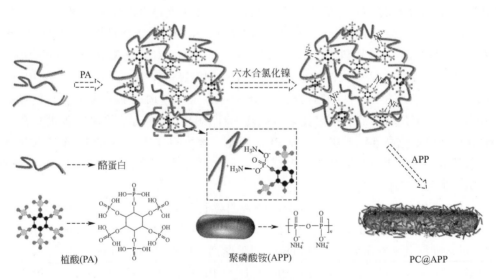

图 1.35 PC@APP 的制备流程图

1.3.2.5　含环糊精的阻燃 PLA 体系

环糊精（CD）是一种由淀粉酶作用形成的环状低聚糖，含大量羟基结构，其成炭过程包括开环，随后发生与纤维素类似的化学演变，失去葡萄糖结构和羟基，形成羰基、芳香等结构[160]。常见的 CD 主要分为三类：α-CD、β-CD、γ-CD。其中 β-CD（化学结构如图 1.36 所示）因具有优异的成炭性、热稳定性且成本较低，广泛应用于阻燃 PLA、聚丙烯（PP）等聚合物。其热解过程大致可分为以下三个阶段：第一阶段在 40℃左右发生

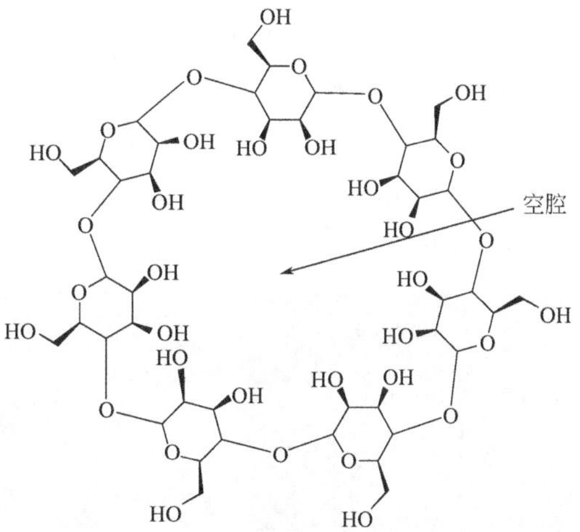

图 1.36　β-环糊精的化学结构

物理脱水，脱除 β-CD 中的结晶水；第二阶段在 260℃开始发生热分解和炭化反应，生成二氧化碳气体和残炭；第三阶段当温度达到 400℃时，残炭发生缓慢的热降解。β-CD 中除了可用于炭化的多羟基结构外，还含有较多活泼的伯羟基和仲羟基，可通过酯化、交联以及化学改性等方法对其进行修饰以提高其阻燃性能[161]。

Wang 等[49] 将以 β-CD 为主体的包结物聚对苯二甲酸丙二醇（PPR）与 APP/三聚氰胺（MA）体系复配，用于阻燃 PLA，与 PLA1（含 10% APP/5% MA/5% β-CD）相比，PLA2（含 10% APP/5% MA/5% PPR）的 pk-HRR 和 THR 分别降低了 20% 和 13%。研究发现，PPR 的炭化效果好、炭化率高，且包结物 PPR 与阻燃体系间的协同作用促进了发泡气体的生成，因此达到较好的阻燃效果。Teoh 等[162] 将 β-CD 与磷酸基阻燃剂异丙基磷酸三芳酯（FR）共混，用于阻燃 PLA 与聚甲基丙烯酸甲酯的混合物（PLA/PMMA）。研究发现，燃烧时 β-CD 与 FR 产生协同作用，能加速致密炭层的形成从而提高阻燃能力，与 PLA/20%PMMA/20%CD（极限氧指数为 23.9%）相比，PLA/20%PMMA/10%FR/10%CD 的极限氧指数升高至 29.3%，垂直燃烧达到 UL 94 V-0 级别。用含磷化合物对 CD 进行改性，有利于含磷化合物直接转化成磷酸，使其具有较好的成炭能力，与其他阻燃剂（比如 APP）共同作用时，阻燃性能会得到提高。Zhang 等[163] 用二氯苯膦酸（BPOD）对 β-CD 进行改性，通过界面缩聚制备磷脂化 β-CD（PCD），并与 APP 复配一起用于阻燃 PLA。实验结果证明，当 APP 和 PCD 的质量分数比为 25%：5% 时，阻燃效果最好，与纯 PLA（极限氧指数

为 19.7%）相比，PLA/30%APP-PCD（5∶1）的极限氧指数上升至 42.6%，残炭率从 1.2%提高到 71.5%，且 pk-HRR 和 THR 分别降低了 56%和 84%，这是由于材料在燃烧过程中能形成光滑致密的炭层（图 1.37）。Ansari 等[164] 通过接枝共聚法用 β-CD 对 $Fe_3O_4@SiO_2$ 进行改性，制得 β-CD@Fe_3O_4 并加入 PLA 中制备纳米复合材料，β-CD@Fe_3O_4 中的羟基与 PLA 链段上的羰基能结合形成大量的氢键，研究发现，材料的阻燃性能随着基体中 β-CD@Fe_3O_4 含量的增加而增加，与纯 PLA 相比，当添加量为 8%时，残炭率从 0.7%提高至 3.8%，材料的 pk-HRR 降低了 44%。

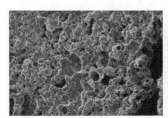 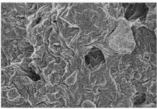 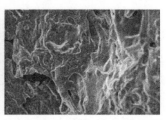

(a) PLA/30%APP-PCD（1:1）　　(b) PLA/30%APP-PCD（5:1）　　(c) PLA/10%APP-PCD（5:1）

图 1.37　阻燃 PLA 复合材料的残炭 SEM 照片

β-CD 由于含有较多活泼的羟基以及特殊的环状空腔结构，在医疗、食品以及环境等领域应用广泛。但在用于阻燃剂时，由于其添加量多、与基体相容性差等问题，在阻燃 PLA 领域的应用仍处于起步阶段。

1.3.2.6　含淀粉的阻燃 PLA 体系

淀粉由直链淀粉和支链淀粉组成（图 1.38），具有可降解、可再生、低成本的优点，被认为是一种很有前途的可持续材料[165]。其热降解可以大致分为以下 3 个阶段：①主要发生物理脱水，当温度达到 150℃左右，淀粉中的结晶水完全消失；②在 300℃左右发生淀粉热分解和化学脱水，一方面羟基间发生缩合反应形成醚键并脱水，另一方面葡萄糖环中相邻羟基也会化学脱水，生成碳碳双键或发生环断裂，持续升温，分子链发生断裂，形成多种芳香结构；③在 500℃发生炭化反应并形成大的芳香共轭环[166]。在阻燃 PLA 体系中可充当炭源，燃烧时会释放二氧化碳和一氧化碳，与酸源复配时，酸源能够促进淀粉的脱水和炭化，形成的炭层能够抑制可燃气体逸出和热氧交换。

Wang 等[51] 将玉米淀粉（ST）与无卤阻燃剂 FR 复配，探究其对 PLA 复合泡沫材料阻燃性能的影响。研究结果显示，与纯 PLA（极限氧指数为 19%）相比，PLA/20%FR 和 PLA/20%FR/3%ST 的极限氧指数分别提高至 31.8%和 38.5%，垂直燃烧都达到 UL 94 V-0 级别，说明 ST 的引入能进一步提高材料的阻燃性能。

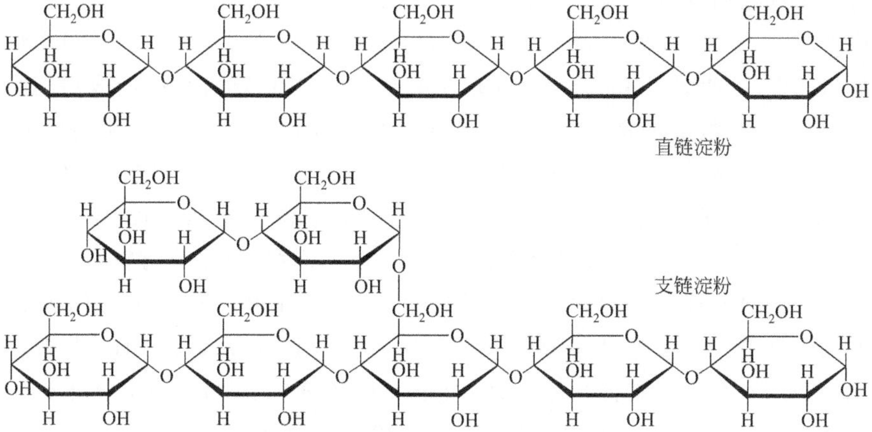

图 1.38 直链淀粉与支链淀粉的化学结构

此外，还发现 ST 与 FR 存在协同作用，促进了焦炭的形成，从而减少基体间热量传递，使材料在燃烧时的滴落行为得到改善。Maqsood 等[167] 将 ST 作为炭源，与酸源 APP 复配构成 IFR 体系，用于阻燃 PLA。研究发现，与 PLA/20％APP（极限氧指数为 31.9％）相比，PLA/20％APP/7％ST 的极限氧指数提高至 37.3％，pk-HRR 和 THR 分别降低了 43％和 37％，且残炭率从 23％提高到 43％。这是由于 APP 在燃烧过程中释放的磷酸和聚磷酸盐促进了 ST 的脱水和炭化，使材料表面生成了致密且均匀的炭层，不仅减缓了材料的初始分解速率，生成的炭层还可以隔绝热和氧气，从而抑制材料进一步燃烧。Maqsood 等[168] 对 ST 进行氧化处理，制备出氧化淀粉（OS），并与 APP 复配一起用于阻燃 PLA 纤维。结果表明，PLA/10％APP/7％OS 的阻燃效果最好，与纯 PLA 相比，其 pk-HRR 和 THR 分别降低了 52％和 29％，有效燃烧热（EHC）降低了 59％，且残炭率高达 33.5％。这是由于 APP 能够促进 OS 脱水进而形成热稳定性更好的炭层，炭层在凝聚相中能够抑制热量的传播。另一方面，OS 受热分解释放不易燃的气体，在气相中能够稀释氧气的浓度，从而提高 PLA 纤维的阻燃性能。

1.3.2.7 其他生物基阻燃剂阻燃 PLA

双酚酸（DPA）是一种从生物质中提取的绿色化合物，Jing 等[169] 以植物源双酚酸（DPA）、笼状磷酸酯（PEPA）和苯膦酰二氯（PPDC）为原料，通过反应得到中间产物 DPM，并合成了一种生物基聚膦酸盐（BPPT，如图 1.39 所示），用于阻燃 PLA。研究表明，当 PLA 中仅添加 4％BPPT 时，极限氧指数由 20.0％（纯 PLA）提升至 33.7％，垂直燃烧达到 UL 94 V-0 级别，说明 BPPT 在 PLA 中具有优异的阻燃性能。聚电解质[170]制备简单、快速，在设计一些新型生物基阻燃剂方面得到了广泛的关注。Jing 等[116]以双酚酸（DPA）为原料，通过设计合成中间产物 BADA（2,2′-二甲氨基甲基-4,4′-双酚酸），制备出一种新型生物基聚电解质（BPE），如图 1.40 所示。研究发现合成的 BPE 具有良好的成炭能力，且与 PLA 基体有较好的相容性。在此基础上，他们通过 LBL 技术将阴离子 BPE 和阳离子聚乙烯亚胺（PEI）沉积在 APP 表面，制备出一种新型核壳杂化结构阻燃剂（BBH），与纯 PLA 相比，含 10% BBH 的 PLA 材料的 pk-HRR 和 THR 分别降低了 28% 和 18%，极限氧指数为 27.5%，此外，发现该复合材料的断裂伸长率由 8%（纯 PLA）提升至 28.3%，实验结果证明 BBH 可以同时优化 PLA 的阻燃性能和力学性能。Jing 等[171]同样采用 LBL 技术（图 1.16）将 BBH 与改性氧化石墨烯（pGO）结合，制备一种多功能生物基阻燃剂（GOH）用于阻燃 PLA。对 APP 和 GOH 的显微结构进行分析，发现 APP 是一种表面光滑、形状不规则的粒子，而 GOH 颗粒的表面相对粗糙。pGO 由于存在丰富的氨基，能够与 PLA 基体形成氢键，从而增强 GOH 与 PLA 的界面作用，提高 PLA 的韧性。实验结果表明，与纯 PLA 相比，仅添加 10%GOH 的 PLA 复合材料的 pk-HRR 和 THR 分别降低了 28% 和 16%，与 PLA/10% BBH 有类似的阻燃效果，但 PLA/10%GOH 材料的断裂伸长率为 52.4%，远高于纯 PLA（8%）和 PLA/10% BBH（28.3%）。除上述分析之外，其他生物基阻燃剂如蛋白质[172]、单宁酸[173]、衣康酸[86]等也被应用于阻燃 PLA。

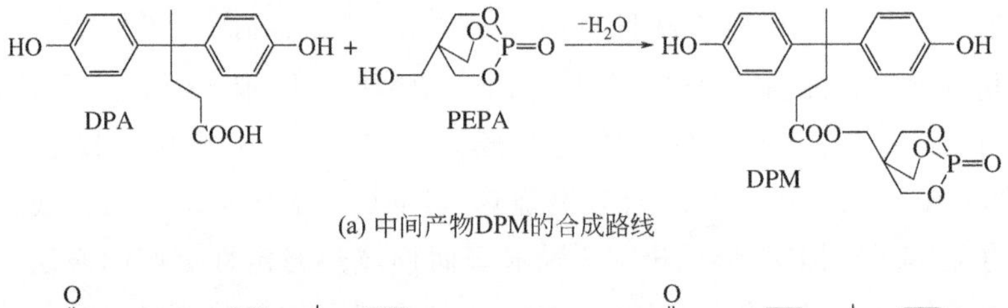

(a) 中间产物DPM的合成路线

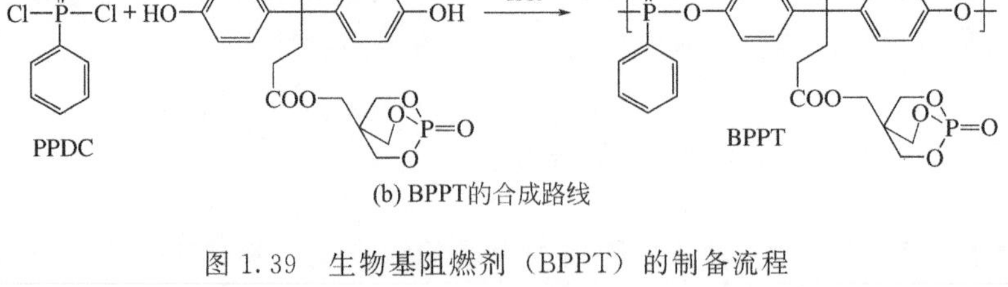

(b) BPPT的合成路线

图 1.39　生物基阻燃剂（BPPT）的制备流程

开发生物基阻燃剂是绿色阻燃 PLA 领域的研究热点，但目前生物基阻燃剂阻燃 PLA 的相关报道多为科学基础研究，主要朝着开发绿色阻燃剂的方向发展，鲜有工业化生产和应用的报道。天然含多羟基结构的生物基阻燃剂往往耐热性不好，

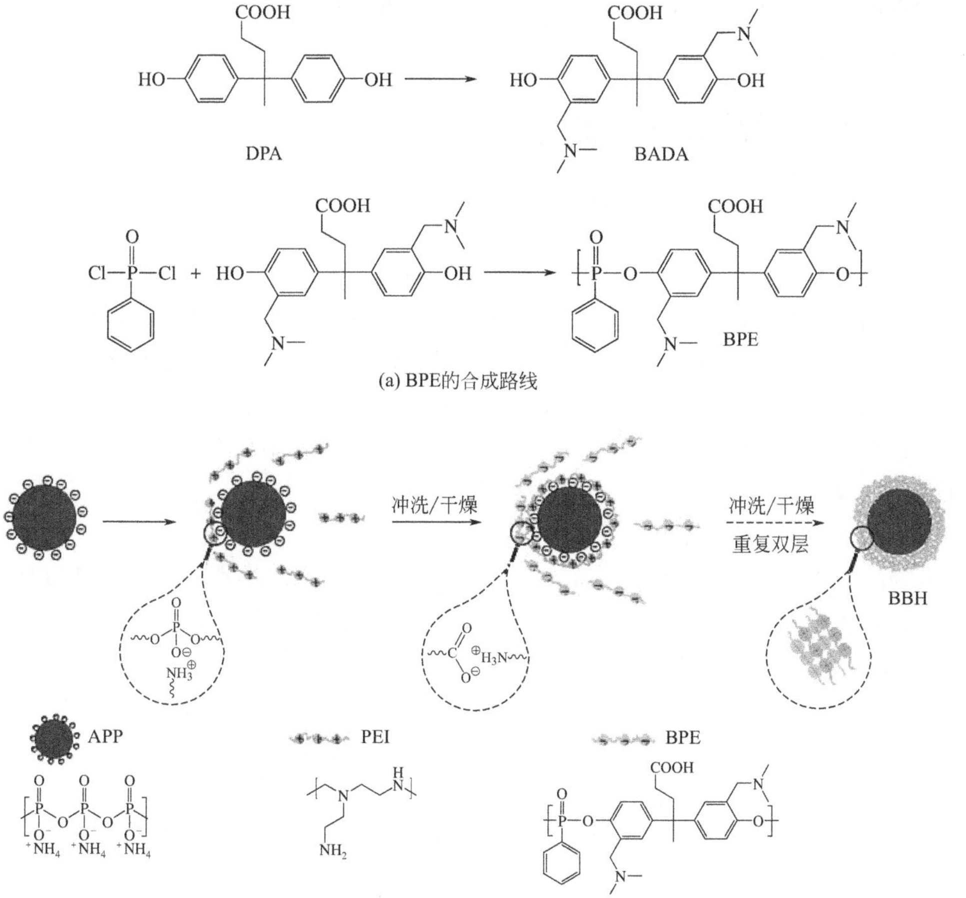

(a) BPE的合成路线

(b) BBH的制备示意图

图 1.40　新型核壳杂化结构阻燃剂（BBH）的制备流程图

无法满足 PLA 材料的加工要求。尽管使用含多种组分共混复配的生物基阻燃剂用于阻燃 PLA，对 PLA 的阻燃性能有所提高，但通常情况下会降低基体的力学性能，限制了 PLA 复合材料在实际应用领域中的发展。另外，部分生物基阻燃剂的制备过程繁琐，产率低且价格昂贵，难以大规模生产。未来用于阻燃 PLA 的生物基阻燃剂的发展趋势会倾向于以下两方面。一方面通过化学、物理或化学与物理相结合的方法对生物基阻燃剂进行修饰改性（如在结构中引入含磷、氮或硅等阻燃基团或使其尺寸降至微米、纳米级），有利于进一步提高阻燃性能。且开发制备技术简单、环保以及高效的改性方法，对降低生产成本、扩大生产规模、制备阻燃性能优异的 PLA 复合材料同样重要。另一方面设计具有新型结构（比如具有核壳杂化结构的 APP@CS@ PA-Na、BBH 等）的高性能生物基阻燃剂，有效提高阻燃效率、力学性能的同时还能开发其他性能，这为未来开发多功能阻燃 PLA 复合材料的研究提供了新的思路。随着人们对绿色阻燃复合材料的重视，生物基阻燃剂将具有更大的发展空间，同时阻燃 PLA 的研究必定朝着高效、多功能、绿色以及工业化等方向发展。

1.3.3 纳米阻燃剂阻燃聚乳酸

1.3.3.1 添加 MOF 类纳米阻燃剂的阻燃聚乳酸

金属有机框架材料（metal organic frameworks，MOFs）是由有机配体和金属离子之间通过配位键结合而成的纳米多孔材料[174]。与普通纳米粒子相比，MOFs 材料具有高比表面积和高孔隙率，近年来在气体存储、催化等领域的应用备受关注[175]。近年来，MOFs 材料逐渐被应用于阻燃领域，有许多科研工作者探索其在阻燃高分子材料方向的应用。相关研究表明，MOFs 材料中含有的金属离子在高分子材料燃烧时有助于催化炭化，在一定程度上可以抑制烟气的释放，以下内容是对其在阻燃 PLA 领域应用的进展。

Shi 等[176] 合成了纳米金属有机骨架（ZIF-8）颗粒，并通过溶液共混和薄膜浇铸法制备了聚乳酸/ZIF-8 纳米复合膜。当 ZIF-8 添加量为 1%（质量分数）时，聚乳酸/ZIF-8 纳米复合膜的极限氧指数为 26.0%，达到 UL 94 V-2 级，相较于纯 PLA 的极限氧指数 20.5%、UL 94 NR 级（无级别）有较大提升，证明 ZIF-8 对 PLA 有较好的阻燃效果。此外，岑鑫浩等[177] 用壳聚糖、ZIF-8 负载氧化石墨烯（ZG）为阻燃剂，采用溶液共混的方法制备了 PLA 复合薄膜，其研究结果表明，ZG 具有相容剂的作用，可以明显提高壳聚糖与 PLA 基体的相容性，促进壳聚糖在 PLA 基体中的分散。对 PLA 复合薄膜进行阻燃测试，其 LOI 值最大达到 25.2%，与其所制备的纯 PLA 薄膜相比，提高了 22.9%，自熄时间明显缩短，达到 UL 94V-2 级，而单独加入壳聚糖的 PLA 复合薄膜的极限氧指数为 23.0%，可见加入 ZG 后阻燃效果明显提高。其通过对 PLA 复合薄膜残炭进行分析，得出 ZG 对炭层的质量有较大改善，残炭孔洞的数量和尺寸明显减少，归因于 ZIF-8 的燃烧产物中所含的 ZnO 等催化 PLA、GO、壳聚糖的燃烧产物相互交联，促进形成致密的炭层，阻止热量和氧气的交换，从而达到比较好的阻燃效果。这证明 ZIF-8 可以和其他具有阻燃效果的材料一起使用，从而使 PLA 具备更好的阻燃效果。王明等[178] 以 PLA 为基体，用壳聚糖盐（CHP）和 ZIF-8 负载氧化石墨烯（ZIF-8@GO，ZG）为阻燃剂，采用溶液共混法制备 PLA 复合材料，控制阻燃剂的添加量，PLA 复合材料极限氧指数最大值可达到 26%，并且达到 UL 94 V-2 级，而单独加入壳聚糖盐的 PLA 复合材料极限氧指数仅为 24%，由此可见 ZG 的加入显著提高了 PLA 的阻燃效果。Zhang 等[179] 将苯基次膦酸（PPA）接枝到 GO 上，形成 GO-g-PPA，然后将 ZIF-8 负载到 GO-g-PPA 的表面，合成了 GO-g-

PPA/ZIF-8（GPZ）三元杂化纳米阻燃材料，并通过溶液共混的方法将 GPZ 纳米阻燃剂与 PLA 共混，制备了 PLA/GPZ 复合材料（图 1.41 为 ZIF-8 结构示意图[180]，图 1.42 为 GPZ 纳米阻燃剂合成示意图）。其研究结果表明当 GPZ 在 PLA 复合材料中占 2%（质量分数）时，其极限氧指数达到 27%，在垂直燃烧测试中自熄时间较短，热释放速率峰值明显降低，从而证明 GPZ 对 PLA 具有较好的阻燃效果。综上所述，添加了 ZIF-8 纳米阻燃剂的 PLA 复合材料表现出优异的阻燃性能。

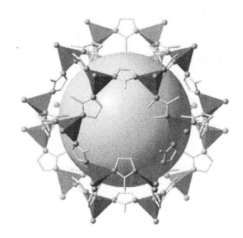

图 1.41　ZIF-8 结构示意图

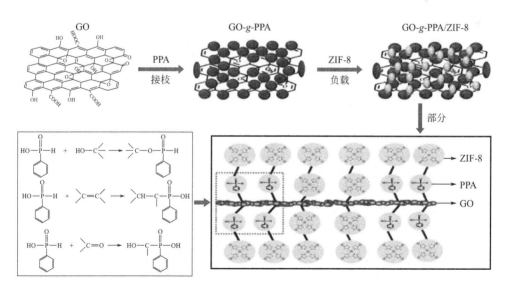

图 1.42　GPZ 合成示意图

　　Hou 等[181] 用 DOPO 改性二维钴基 MOF 合成新型纳米阻燃剂 DOPO@Co-MOF（图 1.43 为 DOPO@Co-MOF 制备方法示意图）阻燃 PLA，其通过溶剂共混-沉淀法制备填料（DOPO、层状 Co-MOF 和 DOPO@Co-MOF）含量为 2%（质量分数）的 PLA 复合材料。TGA 结果显示 PLA/DOPO@Co-MOF 在三种 PLA 复合材料中残炭率最高，三者 PLA 复合材料中 PLA/DOPO@Co-MOF 的 LOI 值最高为 23.5%，且 PLA/DOPO@Co-MOF 的加入显著降低了 PLA 的 pk-HRR 和 THR 的数值，减少烟气的产生同时 CO 释放量明显减低，表明添加 DOPO@Co-MOF 的 PLA 复合材料具有良好的阻燃抑烟性能。如此良好的阻燃性能归因于 DOPO 和层状 Co-MOF 之间存在协效作用，可以抑制基体气态裂解产物的生成。DOPO@Co-MOF 燃烧后残渣主要成分为 CoO，能够催化氧化 CO 为 CO_2[182]，减少 CO 的释放，PLA 基体的炭化过程随着 Co-MOF 的添加得到改善，层状 Co-MOF 与固相降解产物共同起到阻隔效应，进一步抑制了热量和分解产物的传输，因此，PLA/DOPO@Co-MOF 的热释放量、烟气生成和 CO 的释放都受到抑制，PLA 复合材料的阻燃性增强。Wang 等[183] 合成含多羟基的 α-苯基-N-(2-丙基-2-羟甲基-1,3-二羟基）亚胺镍（Ni-MOF），与 APP 一起加入 PLA 中，形成 PLA 复合材料，当 PLA 中加入 1.7% Ni-MOF 和 3.3%APP 时，PLA 复合材料 LOI 值为 31.0%，并且达到 UL 94 V-0 级，其 pk-HRR 降低了 27%，THR 降低了 19%，TSP 降低了 50%；只单独加入相同比例 APP 的 PLA 复合材料的 LOI 值为 24.3%，通过 UL 94 V-2 级，可见 Ni-MOF 纳米片的加入显著提高了 APP 对 PLA 的阻燃性能。综上所述，添加 MOF 类纳米阻燃剂对 PLA 材料有较好的阻燃效果。

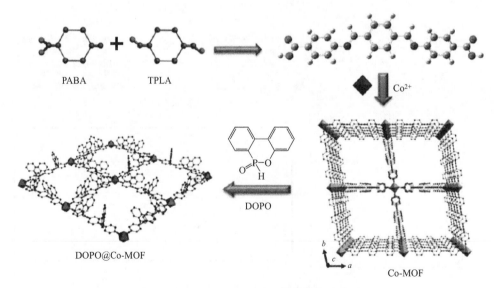

图 1.43　DOPO@Co-MOF 制备方法示意图

1.3.3.2 添加氧化石墨烯类纳米阻燃剂的阻燃聚乳酸

石墨烯[184] 是一种由碳原子 sp^2 杂化形成的二维碳材料,具有高阻隔、高阻燃及高强度等诸多优点。氧化石墨烯[185] 是一种富氧碳质层状材料,由石墨通过氧化反应产生,氧化石墨烯的每一层基本上都是氧化的石墨烯片,氧化石墨烯易于剥落形成纳米填料,同时氧化石墨烯可以进行化学改性,形成石墨烯衍生物。许多研究人员将氧化石墨烯以纳米阻燃剂的形式添加到 PLA 中,形成 PLA 复合材料,以提高 PLA 的阻燃性能,得到较好的阻燃效果。其中,Jing 等[171] 通过层层自组装的方法合成一种氧化石墨烯杂化物(GOH)作为阻燃 PLA 的多功能阻燃剂。在水中通过静电作用将聚乙烯亚胺(PEI)和生物基聚电解质(BPE)涂层沉积在聚磷酸铵(APP)表面上,得到带负电荷的核壳阻燃剂。然后,将原始的 GO 与 PEI 接枝获得的带正电的氧化石墨烯(pGO)与核壳型阻燃剂通过在水溶液中自组装获得 GOH。添加 15%GOH 的 PLA 复合材料在垂直燃烧测试中达到 UL 94 V-0 级,在锥形量热测试中与纯 PLA 相比,pk-HRR 从 293kW/m² 下降到 210kW/m²,THR 从 67.1MJ/m² 下降到 50.5MJ/m²,残炭比例明显增加。Jing 等[186] 又用聚乙烯亚胺改性的氧化石墨烯得到一种新型阻燃剂 M-GO,将 M-GO 和生物基聚磷酸酯(BPPT)添加到 PLA 中得到 PLA 复合材料,含有 2.4%(质量分数)BPPT 和 0.6%(质量分数)M-GO 时的 PLA 复合材料达到 UL 94 V-0 级和 LOI 值为 36.0%。Shi 等[187] 用 10-(2,5-二羟基苯基)-9,10-二氢-9-氧杂-10-磷杂菲-10-氧化物(DOPO-HQ)对氧化石墨烯进行处理得到一种新型高效阻燃剂(FGO-HQ),和 PLA 制成 PLA/FGO-HQ 纳米复合材料(图 1.44 为 PLA/FGO-HQ 纳米复合材料的制作过程)。FGO-HQ 添加量为 10%(质量分数)时的 PLA/FGO-HQ 纳米复合材料的 LOI 值为 27.5%,达到 UL94 V-0 级,PLA/FGO-HQ 纳米复合材料与纯 PLA 对比,在锥形量热测试中,pk-HRR、THR 均有明显下降。Ran 等[188] 用 9,10-二氢-9-氧杂-10-磷杂菲-10-氧化物(DOPO)和聚乙烯亚胺与化学还原氧化石墨烯(RGO)进行反应,得到一种新型具有阻燃功能的氧化石墨烯 PNFR@RGO,通过熔融共混的方法将其加入 PLA 中得到 PLA 复合材料。对其进行锥形量热测试,与纯 PLA 对比,其 pk-HRR、THR、总烟释放量(TSR)、烟生成速率(SPR)均明显下降,证明 PNFR@RGO 对 PLA 有较好的阻燃效果。Tawiah 等[189] 用偶氮硼(AZOB)修饰还原氧化石墨烯(RGO)和偏硼酸钠(SMB)反应形成一种新的具有阻燃作用的杂化物 RGO-AZOB/SMB(图 1.45 为 RGO-AZOB/SMB 制备过程示意图),将 RGO-AZOB/SMB 掺入 PLA 中,锥形量热测试结果显示,其 pk-HRR、THR、TSR 均明显降低,其 LOI 值最大可以达到 31.4%,并且达到 UL 94 V-0 级。综上所述,改性之后的氧化石墨烯类纳米阻燃剂对 PLA 具有较好的阻燃作用。

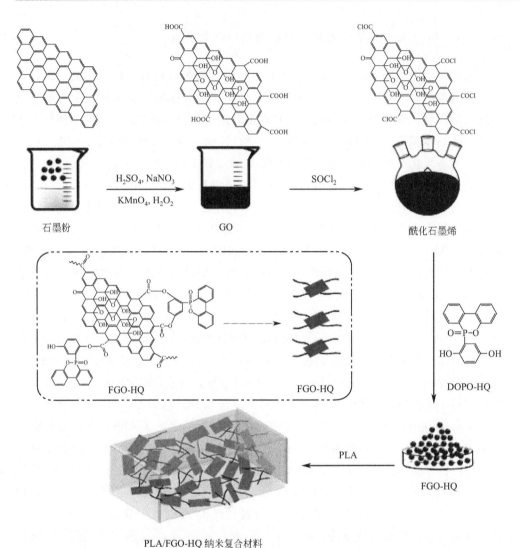

图 1.44 PLA/FGO-HQ 纳米复合材料制作过程示意图

1.3.3.3 添加蒙脱土类纳米阻燃剂的阻燃聚乳酸

　　蒙脱土[190] 是一种天然的层状硅酸盐类矿物，每一层由硅氧四面体和铝氧八面体构成，价格低廉，性能优良，近年来许多研究人员将蒙脱土加入 PLA 中得到 PLA 纳米复合材料来改善 PLA 的耐热性能。Fukushima 等[62] 将膨胀石墨和有机改性蒙脱土两种不同的纳米填料通过熔融共混的方法添加到 PLA 中，得到 PLA 纳米复合材料，通过测试表明，所得 PLA 纳米复合材料的热稳定性和阻燃性显著增强，在垂直燃烧测试中所得炭层更加致密，且可以有效防止熔滴滴落。袁小亚[191]

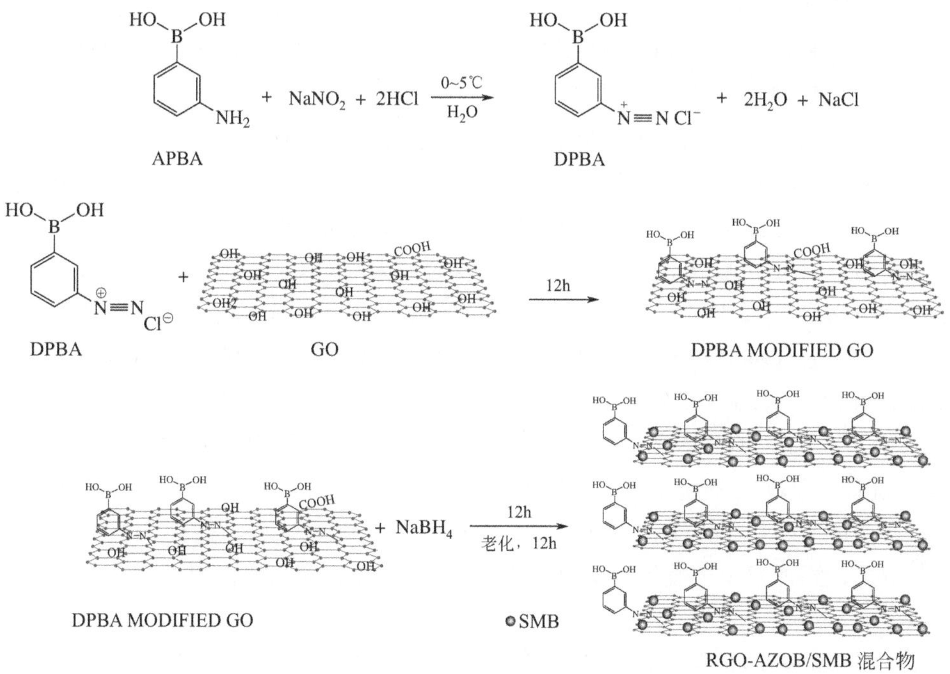

图 1.45 RGO-AZOB/SMB 制备过程示意图

将一种高效膨胀型无卤阻燃剂季戊四醇二磷酸酯双磷酰蜜胺（SPBDM）和有机改性蒙脱土（OMMT）通过熔融共混的方法添加到 PLA 中，得到纳米膨胀型阻燃 PLA 复合材料（SPBDM-OMMT/PLA）。其研究结果表明，OMMT 在 PLA 基体中有较好的分散性，高分子链插入层状硅酸盐片层之间，形成了剥离型或插层型 PLA 复合材料，与纯 PLA 相比，加入 SPBDM 后改善了 OMMT/PLA 的高温热稳定性，最大热分解温度均向高温移动，且高温残炭质量分数大幅度提高。当 SPBDM 和 OMMT 质量分数分别为 10.0% 和 1.0% 时，纳米阻燃 SPBDM-OMMT/PLA 复合材料能达到较好的阻燃效果，LOI 值高达 32%，在垂直燃烧测试中达到 UL 94 V-0 级。González 等[192] 将海泡石和有机改性蒙脱土添加到 PLA 中，通过静电纺丝和挤出/注射成型相结合的方法得到 PLA 纳米复合材料，该 PLA 复合材料 LOI 值有所提高，有助于基体成炭，提高了 PLA 复合材料的阻燃性能。Ye 等[193] 采用熔融共混的方法将 OMMT 和二乙基磷酸铝（AlPi）添加到 PLA 中，制备出阻燃 PLA 纳米复合材料。实验结果表明，PLA/AlPi/OMMT 体系具有优异的阻燃性能，LOI 值从纯 PLA 的 19% 增加到阻燃 PLA 的 28%，锥形量热测试结果显示峰值热释放速率值降低了 26.2%，OMMT 显著提高了 PLA 复合材料的热稳定性，促进成炭并抑制了熔体滴落。Long 等[194] 将纳米二氧化硅、有机蒙脱土和 ZnB 分别和一种含苯乙基-桥联 9,10-二氢-9-氧杂-10-磷杂菲-10-氧化物（Di-DOPO）添加到 PLA 中形成 PLA 复合材料，PLA 中添加质量分数为 8% DiDOPO

和 2％OMMT 的 LOI 值为 25.8％。Jia 等[195] 制备了一种用 9,10-二氢-9-氧杂-10-磷杂菲-10-氧化物（DOPO）插层钙蒙脱土纳米阻燃剂（DOPO-Ca-MMT），将 DOPO-Ca-MMT 添加到 PLA 中形成 PLA 复合材料，并与聚乳酸/钙蒙脱土、聚乳酸/DOPO 和聚乳酸/DOPO＋钙蒙脱土纳米复合材料（其中 DOPO＋钙蒙脱土表示 DOPO 和钙蒙脱土的物理混合物）的性能进行了比较，纯 PLA 的 LOI 值为 20.0％，在垂直燃烧测试中无级别；PLA/Ca-MMT 复合材料的 LOI 值为 20.2％，在垂直燃烧测试中无级别；PLA/DOPO 复合材料的 LOI 值为 26.5％，在垂直燃烧测试中达到 UL 94 V-0 级别；PLA/DOPO＋Ca-MMT 复合材料的 LOI 值为 26.6％，在垂直燃烧测试中达到 UL 94 V-0 级别；PLA/DOPO-Ca-MMT 复合材料的 LOI 值为 28.3％，在垂直燃烧测试中达到 UL 94 V-0 级别；由此可见 DOPO-Ca-MMT 对 PLA 有较好的阻燃效果。Cheng 等[196] 采用熔融共混的方法将氢氧化铝（ATH）和改性蒙脱土（MMT）添加到 PLA 中，形成 PLA 纳米复合材料，PLA/ATH/MMT 纳米复合材料 LOI 值最大可达到 42.0％，达到 UL94 V-0 级。综上所述，添加蒙脱土类的纳米阻燃剂对 PLA 有较好的阻燃作用。

1.3.3.4 添加生物基类纳米阻燃剂的阻燃聚乳酸

自然界中存在某些物种显示出固有的耐高温的天然阻燃性[135,197]，某些地区选择性种植某些物种来减少火灾风险，在这些物种中发现木质素、纤维素等生物基化合物由于其分子组成和结构的特殊而具有作为阻燃添加剂的优势，这使得它们暴露于火中时具有产生热稳定烧焦残留物的固有能力，可极大地影响材料的可燃性、焦炭形成速率和分解速率，其具有的炭化能力对于开发有效的阻燃体系非常重要，由此衍生出一类新型生物基阻燃剂。许多科研工作者将生物基阻燃剂添加到 PLA 中，显著提高了 PLA 的阻燃性能。Chollet 等[198] 将纳米级木质素作为新型阻燃剂添加到 PLA 中，其所用木质素纳米粒子（LNP）由硫酸盐木质素微粒（LMP）通过溶解-沉淀过程制备，并对木质素纳米粒子进行功能化处理，以增强在 PLA 中的阻燃作用，所得 PLA 复合材料通过锥形量热测试，其 pk-HRR 显著降低。Yin 等[141] 用纤维素纳米纤维和聚磷酸铵在溶液中反应得到了一种绿色阻燃添加剂（APP@CNF），将其添加到 PLA 中得到 PLA 复合材料（PLA/APP@CNF），锥形量热测试结果显示，其 pk-HRR 和 THR 显著降低，当 APP@CNF 添加量为 20％时，PLA 复合材料（PLA/APP@CNF）的 LOI 值为 32.5％，达到 UL 94 V-0 级，测试过程中没有熔滴滴落。Vahabi 等[199] 将 β-环糊精、三嗪环和纳米羟基磷灰石（BSDH）整合到一个混合体系中，开发了一种新型无卤阻燃剂 BSDH，将其与 APP 混合添加到 PLA 中制成 PLA 复合材料，锥形量热测试表明，其 pk-HRR 显著降低，剩余质量所占比例增大，BSDH 和聚磷酸铵在提高 PLA 复合材料的阻燃性方面表现出协同效应。Vahabi 等[200] 又用纳米羟基磷灰石改性木质纤维素合成了一种新型生物基 PLA 阻燃剂（LHP），将其加入 PLA 中形成 PLA 复合材料。锥形量热测试表明，与纯 PLA 对比 pk-HRR 显著下降，将 LHP 与 APP 共同加入 PLA 中的 PLA 复合材料与单独加入 APP 的 PLA 复合材料相比 pk-HRR 和 THR 显著降低，证明了生物基阻燃剂和常规聚磷酸铵阻燃剂的结合增强了 PLA 的阻燃性能。Feng 等[140] 通过在纤维素纳米纤维（CNF）表面原位化学接枝磷氮基聚合物制造了一种新型核壳纳米纤维阻燃体系 PN-FR@CNF，添加 10%（质量分数）的 PN-FR@CNF 的 PLA 复合材料在垂直燃烧测试中达到 UL 94 V-0 级，在锥形量热测试中其峰值放热率显著降低，证明此生物基纳米阻燃剂对 PLA 有较好的阻燃作用。

1.3.3.5　添加碳纳米管类纳米阻燃剂的阻燃聚乳酸

碳纳米管[201] 具有独特的力学、电和热性能，使其成为聚合物纳米复合材料制造中替代或补充传统纳米填料的优秀候选材料，一些纳米管比钢更坚固，比铝更轻，比铜更导电，碳纳米管作为聚合物多功能纳米填料具有巨大前景。近年来，碳纳米管作为阻燃添加剂的候选材料引起了广大研究者的极大兴趣，许多人将碳纳米管作为纳米阻燃剂添加到聚乳酸中，使聚乳酸复合材料具有较好的阻燃效果。Yu 等[70] 将 9,10-二氢-9-氧杂-10-磷杂菲-10-氧化物（DOPO）通过三步法成功地共价接枝到多壁碳纳米管表面，得到了 DOPO 连接的多壁碳纳米管（图 1.46 为 MWC-NT-DOPO 合成示意图），将其添加到聚乳酸中形成聚乳酸复合材料，聚乳酸复合材料的 LOI 值达到 26.4%，在垂直燃烧测试中通过 UL 94 V-0 级，证明其对聚乳酸有较好的阻燃作用。Hapuarachchi 等[57] 利用海泡石纳米黏土（Sep）和多壁纳米管（MWNT）的独特性能，将其混合加入聚乳酸中，经过锥形量热测试，与纯聚乳酸对比，聚乳酸复合材料的 pk-HRR、THR 明显降低，显示此纳米填料对聚乳酸有较好的阻燃作用。Bourbigot 等[56] 通过挤出法制备含有多壁碳纳米管的聚乳酸纳米复合材料，同时点燃含有多壁碳纳米管的聚乳酸纳米复合材料和纯聚乳酸，前者火焰蔓延速度比后者低，且燃烧时复合材料不流动不滴落，pk-HRR 明显降低，残碳量增加。Gu 等[202] 通过三步法成功地将 10-羟基-9,10-二氢-9-氧杂-10-磷杂菲-10-氧化物（DOPO-OH）共价接枝到多壁碳纳米管表面，得到 DOPO 功能化的多壁碳纳米管，通过熔融共混将所得核壳纳米结构的多壁碳纳米管引入次磷酸铝/聚乳酸阻燃体系（AHP/PLA），得到 AHP/PLA/MWCNT-DOPO-OH 纳米复合材料，1%（质量分数）MWCNT-DOPO-OH 和 14%（质量分数）AHP 在聚乳酸复合材料中产生协同效应，使聚乳酸复合材料达到 UL 94 V-0 等级，极限氧指数（LOI）值为 28.6%，显著提高了聚乳酸的阻燃性能。

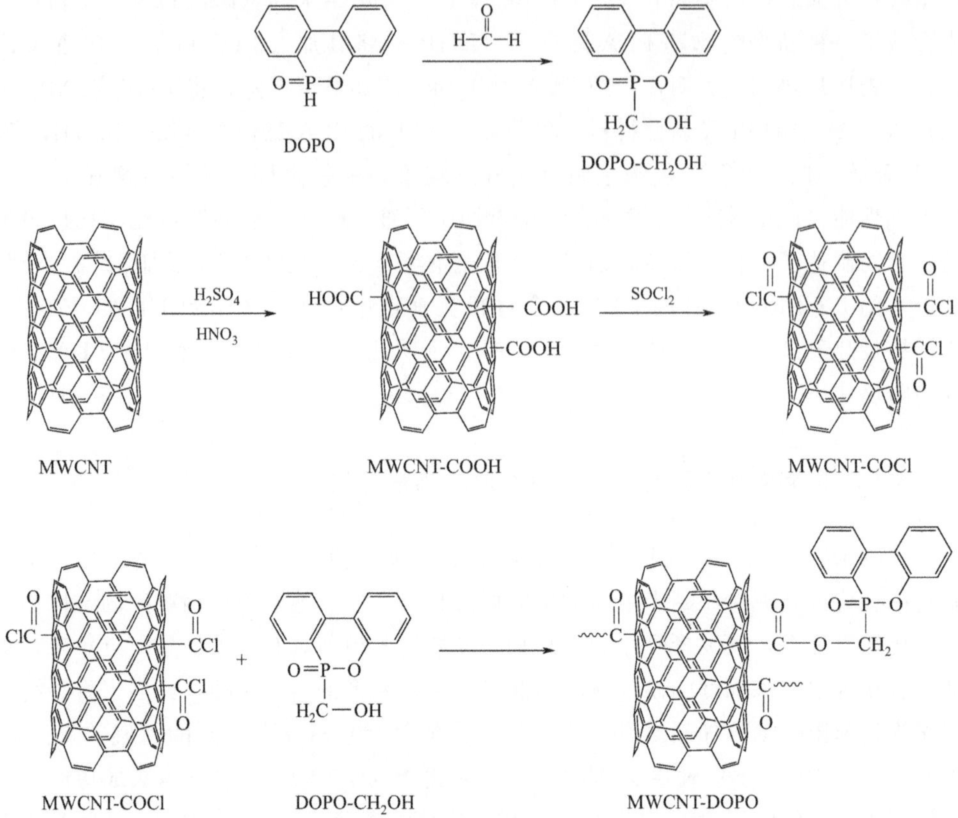

图 1.46　MWCNT-DOPO 合成示意图

1.3.3.6　其他纳米阻燃剂阻燃聚乳酸

另外还有许多其他类型的纳米阻燃剂被用于阻燃聚乳酸，如 Gao 等[203] 将纳米氧化镍作为增效剂引入聚乳酸/聚磷酸铵/含硅大分子成炭剂（PLA/APP/CSi-MCA）复合材料中（图 1.47 为 CSi-MCA 合成示意图[204]），以提高其阻燃性能。根据极限氧指数（LOI）、垂直燃烧（UL 94）和锥形量热测试结果，所获得的聚乳酸复合材料的 LOI 值可高达 33.0%，在 UL 94 测试中达到 V-0 级，并且当掺入 1%（质量分数）的氧化镍时，pk-HRR 降低了 63.1%。通过对残炭结构和液体降解产物组成的分析，探讨了阻燃机理（图 1.48 为 PLA/APP/CSi-MCA 阻燃机理示意图）。发现炭层中含有两种类型的炭：APP 和 CSi-MCA 可以通过酯化和交联反应生成碳 1，而聚乳酸基体可以通过 CSi-MCA 和 NiO 催化碳化生成多壁碳纳米管碳 2，具有较好阻隔效果的碳 1 和碳 2 的组合提高了聚乳酸复合材料的阻燃性能。

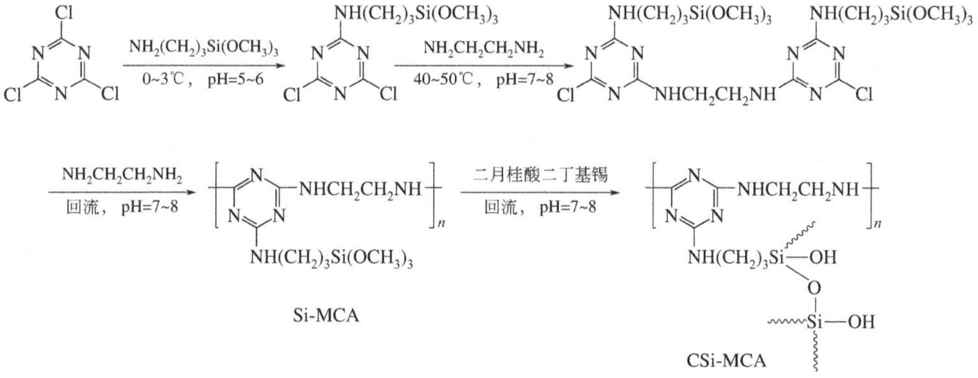

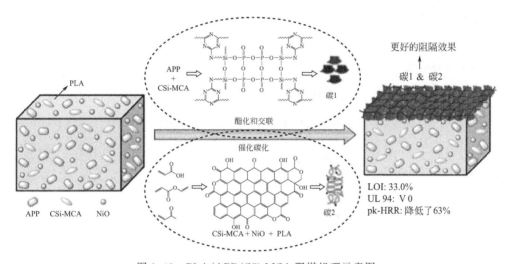

图 1.47 CSi-MCA 合成示意图

图 1.48 PLA/APP/CSi-MCA 阻燃机理示意图

Gao[205] 等用一种简便、环保的方法制备了一种新型功能化二硫化钼杂化材料。首先，通过多巴胺在缓冲溶液中的自聚合，二硫化钼纳米片被聚多巴胺（PDA）包覆（MoS$_2$-PDA）。由于 Ni^{2+} 与 PDA 的羟基有很强的亲和力，在 MoS$_2$-PDA 表面形成了 Ni(OH)$_2$ 修饰物，最后得到 MoS$_2$-PDA@Ni(OH)$_2$（图 1.49 为 MoS$_2$-PDA@Ni(OH)$_2$ 制备示意图）。最后，将合成的 MoS$_2$-PDA@Ni(OH)$_2$ 引入聚乳酸基体中，得到聚乳酸复合材料。MoS$_2$ 纳米片经 PDA 和 Ni(OH)$_2$ 双重改性而不破坏原始结构，使 MoS$_2$-PDA@Ni(OH)$_2$ 加入聚乳酸中产生较好的阻燃效果。锥形量热仪测试显示，引入 3% 的 MoS$_2$-PDA@Ni(OH)$_2$ 导致较低的峰值热释放速率（降低 21.7%），残炭质量分数明显提高。

Ju[122] 等制备了阻燃剂间苯二酚双（二苯基磷酸酯）（RDP）包覆的纳米凹凸棒土（ATP）R-NATP，将其分别添加到聚乳酸中制得聚乳酸纳米复合材料。经

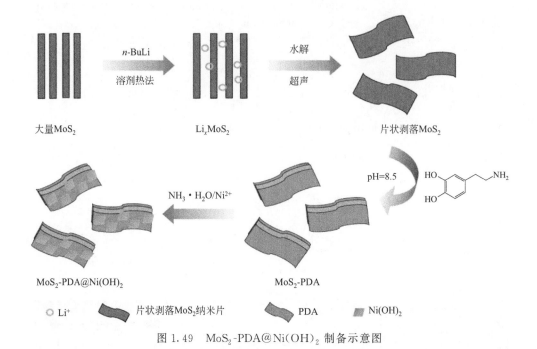

图 1.49　MoS_2-PDA@Ni(OH)$_2$ 制备示意图

极限氧指数测试含 30%（质量分数）R-NATP 的复合材料极限氧指数值约为 24.5%，而纯聚乳酸的极限氧指数为 20.5%，并且达到 UL 94 V-0 级。阻燃聚乳酸复合材料燃烧后，形成致密、连贯的炭层。

Cao 等[206] 通过一种热分解方法制备钴/磷共掺杂氮化碳（Co/P-C_3N_4），将其添加到聚乳酸中。当聚乳酸中加入 10%（质量分数）的 Co/P-C_3N_4 后，聚乳酸复合材料的峰值热释放速率、二氧化碳生成量和一氧化碳生成量（PCOP 值）分别比纯聚乳酸降低了 22.4%、16.2% 和 38.5%，LOI 值达到 22.5%，达到 UL 94 V-1 级。添加 Co/P-C_3N_4 的聚乳酸复合材料的炭渣结构更加致密连续，裂纹较少。

Zhang 等[119] 设计和制备了 SiO_2@钼酸铵（AM）核壳纳米管 [图 1.50 为 SiO_2@钼酸铵（AM）核壳纳米管制备示意图]，对聚乳酸（PLA）具有较好的阻燃效果。研究结果表明，SiO_2@钼酸铵纳米管能有效提高 PLA 阻燃性能和抑烟性能，并能明显降低峰值热释放速率、总放热率和总放烟量，因此认为 SiO_2@钼酸铵纳米管是一种有效的聚乳酸阻燃剂。

Qian 等[42] 用异丙醇铝在介孔二氧化硅表面接枝的方法制备了一种新型介孔阻燃剂（Al-SBA-15)(图 1.51 为 Al-SBA-15 制备示意图），添加到聚乳酸中得到聚乳酸复合材料，测得其 LOI 值为 30.0%，并且达到 UL 94 V-0 级，其 pk-HRR 值显著降低，可见 Al-SBA-15 显著提高了聚乳酸的阻燃性能。

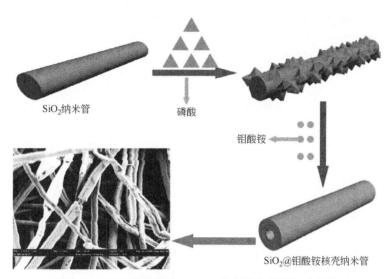

图 1.50 SiO$_2$@钼酸铵（AM）核壳纳米管制备示意图

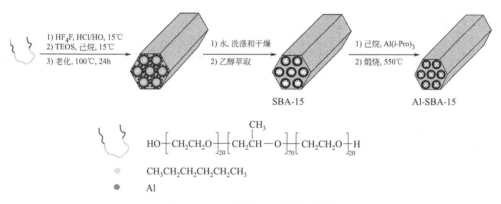

图 1.51 Al-SBA-15 制备示意图

Murariu 等[207] 将纳米硫酸钙脱水制成石膏与两种有机改性层状硅酸盐（B104 和 C30B）制成填料一起加入聚乳酸中，形成聚乳酸复合材料。聚乳酸复合材料与纯聚乳酸均通过 UL 94 HB 测试，锥形量热测试结果显示，与纯聚乳酸相比，聚乳酸复合材料阻燃时间显著增加，pk-HRR 显著降低，抑制材料产生熔滴，有利于形成炭层，表明该纳米填料对聚乳酸有较好的阻燃效果。

参考文献

[1] 丁晓庆，王新龙.高热变形温度聚乳酸的研究进展 [J].现代塑料加工应用，2018，30（5）：56-58.

[2] Xu L F, Wu X D, Li L S, et al. Synthesis of a novel polyphosphazene/triazine Bi-group

flame retardant in situ doping nano zinc oxide and its application in poly (lactic acid) resin [J]. Polymers for Advanced，2019，30 (6)：1375-1385.

[3]　马喜峰.聚乳酸及其改性研究新进展 [J].化学工程师，2020，34 (10)：51-53.

[4]　毛郑州，吴彦城，汪朝阳.聚乳酸本质阻燃改性研究进展 [J].化工新型材料，2018，46 (4)：43-46.

[5]　辛颖，王天成，金书含，等.聚乳酸市场现状及合成技术进展 [J].现代化工，2020，40 (S1)：71-74.

[6]　关颖，王洋，李琳.聚乳酸合成技术及其新品开发 [J].化学工业，2014，32 (09)：31-37.

[7]　Ajioka M，Enomoto K，Suzuki K，et al. Basic properties of polylactic acid produced by the direct condensation polymerization of lactic aci [J]. Bulletin of the Chemical Society of Japan，1995，68 (8)：2125-2131.

[8]　黄爱宾，刘彩凤，张晓惠.聚乳酸共混的研究进展 [J].材料导报，2020，34 (S2)：1586-1589.

[9]　汪晓鹏，连钦，李文磊，等.绿色生物降解塑料聚乳酸的研究进展 [J].西部皮革，2021，43 (07)：8-10.

[10]　李洪权，全大萍，廖凯荣，等.聚乳酸骨科内固定材料 [J].化工新型材料，1998，27 (9)：12.

[11]　尤新强.聚乳酸合成工艺研究 [D].重庆：重庆大学，2012.

[12]　陈宸.生物可降解无卤阻燃聚乳酸的制备及其燃烧性能的研究 [D].北京：北京化工大学，2016.

[13]　Doi Y，Kanesawa Y，Tanahashi N，et al. Biodegradation of microbial polyesters in the marine environment [J]. Polymer Degradation & Stability，1992，36 (2)：173-177.

[14]　Jamshidi K，Hyon S H，Ikada Y. Thermal characterization of polylactides [J]. Polymer，1988，29 (12)：2229-2234.

[15]　Yu H，Huang N，Wang C，et al. Modeling of poly (L-lactide) thermal degradation：Theoretical prediction of molecular weight and polydispersity index [J]. Journal of Applied Polymer Science，2003，88 (11)：2557-2562.

[16]　Mcneill I C，Leiper H A. Degradation studies of some polyesters and polycarbonates-2. Polylactide：Degradation under isothermal conditions，thermal degradation mechanism and photolysis of the polymer [J]. Polymer Degradation & Stability，1985，11 (4)：309-326.

[17]　崔靖园，陈璨，杨洋，等.医用级聚乳酸合成及改性研究进展 [J].化工新型材料，2020，48 (10)：268-272.

[18]　向奇志，李彦，刚高晨.医用聚 L-乳酸纤维的制备及性能研究 [J].合成纤维工业，2020，43 (05)：7-10.

[19]　史玉，徐凌，陈郁，等.基于 LCA 的聚乳酸快递包装环境友好性评价 [J].中国环境科学，2020，40 (12)：5475-5483.

[20]　袁角亮，杨斌.聚乳酸改性及应用研究进展 [J].中国塑料，2011，25 (7)：1-5.

[21]　Auras R，Harte B，Selke S. An overview of polylactides as packaging materials [J]. Macromolecular Bioscience，2004，4 (9)：835-864.

[22]　Siracusa V，Rocculi P，Romani S，et al. Biodegradable polymers for food packaging：areview [J]. Trends in Food Science & Technology，2008，19 (12)：634-643.

[23]　Conn R E，Kolstad J J，Borzelleca J F，et al. Safety assessment of polylactide (PLA) for

use as a food-contact polymer [J]. Food & Chemical. Toxicology, 1995, 33 (4): 273-283.

[24] Gupta B, Revagade N, Anjum N, et al. Preparation of poly (lactic acid) fiber by dry-jet-wet spinning. II. Effect of process parameters on fiber properties [J]. Journal of Applied Polymer Science, 2006, 101 (6): 3774-3780.

[25] Garlotta D. A literature review of poly (lactic acid) [J]. Journal of Polymers and the Enivronment, 2002, 9 (2): 63-84.

[26] 王永强. 阻燃材料及应用技术 [M]. 北京: 化学工业出版社, 2003, 8-9.

[27] Chen X, Zhuo J, Jiao C. Thermal degradation characteristics of flame retardant polylactide using TG-IR [J]. Polymer Degradation and Stability, 2012, 97 (11): 2143-2147.

[28] Lin H J, Liu S R, Han L J, et al. Effect of a phosphorus-containing oligomer on flame-retardant, rheological and mechanical properties of poly (lactic acid) [J]. Polymer Degradation and Stability, 2013, 98 (7): 1389-1396.

[29] Wei L L, Wang D Y, Chen H B, et al. Effect of a phosphorus-containing flame retardant on the thermal properties and ease of ignition of poly (lactic acid) [J]. Polymer Degradation and Stability, 2011, 96 (9): 1557-1561.

[30] Wang D Y, Song Y P, Lin L, et al. A novel phosphorus-containing poly (lactic acid) toward its flame retardation [J]. Polymer, 2011, 52 (2): 233-238.

[31] Yuan X Y, Wang D Y, Chen L, et al. Inherent flame retardation of bio-based poly (lactic acid) by incorporating phosphorus linked pendent group into the backbone [J]. Polymer Degradation and Stability, 2011, 96 (9): 1669-1675.

[32] Jiang P, Gu X, Zhang S, et al. Syntheses and characterization of four phosphaphenanthrene and phosphazene-based flame retardants [J]. Phosphorus, Sulfur, and the Related Elements, 2014, 189 (12): 1811-1822.

[33] Tao K, Li J, Xu L, et al. A novel phosphazene cyclomatrix network polymer: design, synthesis and application in flame retardant polylactide [J]. Polymer Degradation and Stability, 2011, 96 (7): 1248-1254.

[34] Chang S, Zeng C, Yuan W, et al. Preparation and characterization of double-layered micro-encapsulated red phosphorus and its flame retardance in poly (lactic acid) [J]. Journal of Applied Polymer Science, 2012, 125 (4): 3014-3022.

[35] Tang G, Wang X, Xing W, et al. Thermal degradation and flame retardance of biobased polylactide composites based on aluminum hypophosphite [J]. Industrial & Engineering Chemistry Research, 2012, 51 (37): 12009-12016.

[36] Liu X Q, Wang D Y, Wang X L, et al. Synthesis of functionalized α-zirconium phosphate modified with intumescent flame retardant and its application in poly (lactic acid) [J]. Polymer Degradation and Stability, 2013, 98 (9): 1731-1737.

[37] Li S M, Ren J, Yuan H, et al. Influence of ammonium polyphosphate on the flame retardancy and mechanical properties of ramie fiber-reinforced poly (lactic acid) biocomposites [J]. Polymer International, 2010, 59 (2): 242-248.

[38] Shukor F, Hassan A, Islam M S, et al. Effect of ammonium polyphosphate on flame retardancy, thermal stability and mechanical properties of alkali treated kenaf fiber filled PLA biocomposites [J]. Materials & Design, 2014, 54 (2): 425-429.

[39]　Chen D，Li J，Ren J. Combustion properties and transference behavior of ultrafine microen-capsulated ammonium polyphosphate in ramie fabric-reinforced poly（L-lactic acid）bio-composites [J]. Polymer International，2011，60（4）：599-606.

[40]　Wang X，Hu Y，Song L，et al. Flame retardancy and thermal degradation of intumescent flame retardant PLA/starch biocomposites [J]. Industrial & Engineering Chemistry Research，2011，50（2）：713-720.

[41]　Zhang R，Xiao X，Tai Q，et al. Modification of lignin and its application as char agent in intumescent flame-retardant poly（lactic acid）[J]. Polymer Engineering & Science，2012，52（12）：2620-2626.

[42]　Qian Y，Wei P，Jiang P，et al. Aluminated mesoporous silica as novel high-effective flame retardant in polylactide [J]. Composites Science and Technology，2013，82：1-7.

[43]　Li S，Yuan H，Yu T，et al. Flame-retardancy and anti-dripping effects of intumescent flame retardant incorporating montmorillonite on poly（lactic acid）[J]. Polymers for Advanced Technologies，2009，20（12）：1114-1120.

[44]　Wang X，Xuan S，Song L，et al. Synergistic effect of POSS on mechanical properties，flammability，and thermal degradation of intumescent flame retardant polylactide composites [J]. Journal of Macromolecular Science，Part B，2012，51（2）：255-268.

[45]　Song L，Xuan S，Wang X，et al. Flame retardancy and thermal degradation behaviors of phosphate in combination with POSS in polylactide composites [J]. Thermochimica Acta，2012，527：1-7.

[46]　Liao F，Zhou L，Ju Y，et al. Synthesis of a novel phosphorus-nitrogen-silicon polymeric flame retardant and its application in poly（lactic acid）[J]. Industrial & Engineering Chemistry Research，2014，53（24）：10015-10023.

[47]　Bourbigot S，Le Bras M，Duquesne S，et al. Recent advances for intumescent polymers [J]. Macromolecular Materials and Engineering，2004，289（6）：499-511.

[48]　Shabanian M，Kang N J，Wang D Y，et al. Synthesis of aromatic-aliphatic polyamide acting as adjuvant in polylactic acid（PLA）/ammonium polyphosphate（APP）system [J]. Polymer Degradation and Stability，2013，98（5）：1036-1042.

[49]　Wang X，Xing W，Wang B，et al. Comparative study on the effect of beta-cyclodextrin and polypseudorotaxane as carbon sources on the thermal stability and flame retardance of polylactic acid [J]. Industrial & Engineering Chemistry Research，2013，52（9）：3287-3294.

[50]　Ke C H，Li J，Fang K Y，et al. Synergistic effect between a novel hyperbranched charring agent and ammonium polyphosphate on the flame retardant and anti-dripping properties of polylactide [J]. Polymer Degradation and Stability，2010，95（5）：763-770.

[51]　Wang J，Ren Q，Zheng W，et al. Improved flame-retardant properties of poly（lactic acid）foams using starch as a natural charring agent [J]. Industrial & Engineering Chemistry Research，2014，53（4）：1422-1430.

[52]　Zhan J，Song L，Nie S，et al. Combustion properties and thermal degradation behavior of polylactide with an effective intumescent flame retardant [J]. Polymer Degradation and Stability，2009，94（3）：291-296.

[53]　Xuan S，Wang X，Song L，et al. Study on flame-retardancy and thermal degradation behaviors of intumescent flame-retardant polylactide systems [J]. Polymer International，

2011, 60 (10): 1541-1547.

[54] Woo Y, Cho D. Effect of aluminum trihydroxide on flame retardancy and dynamic mechanical and tensile properties of kenaf/poly (lactic acid) green composites [J]. Advanced Composite Materials, 2013, 22 (6): 451-464.

[55] Murariu M, Dechief A L, Bonnaud L, et al. The production and properties of polylactide composites filled with expanded graphite [J]. Polymer Degradation and Stability, 2010, 95 (5): 889-900.

[56] Bourbigot S, Fontaine G, Gallos A, et al. Reactive extrusion of PLA and of PLA/carbon nanotubes nanocomposite: processing, characterization and flame retardancy [J]. Polymers for Advanced Technologies, 2011, 22 (1): 30-37.

[57] Hapuarachchi T D, Peijs T. Multiwalled carbon nanotubes and sepiolite nanoclays as flame retardants for polylactide and its natural fibre reinforced composites [J]. Composites Part A: Applied Science and Manufacturing, 2010, 41 (8): 954-963.

[58] Zhu H, Zhu Q, Li J, et al. Synergistic effect between expandable graphite and ammonium polyphosphate on flame retarded polylactide [J]. Polymer Degradation and Stability, 2011, 96 (2): 183-189.

[59] Wang D Y, Leuteritz A, Wang Y Z, et al. Preparation and burning behaviors of flame retarding biodegradable poly (lactic acid) nanocomposite based on zinc aluminum layered double hydroxide [J]. Polymer Degradation and Stability, 2010, 95 (12): 2474-2480.

[60] Shan X, Song L, Xing W, et al. Effect of nickel-containing layered double hydroxides and cyclophosphazene compound on the thermal stability and flame retardancy of poly (lactic acid) [J]. Industrial & Engineering Chemistry Research, 2012, 51 (40): 13037-13045.

[61] Gong J, Tian N, Wen X, et al. Synergistic effect of fumed silica with Ni_2O_3 on improving flame retardancy of poly (lactic acid) [J]. Polymer Degradation and Stability, 2014, 104: 18-27.

[62] Fukushima K, Murariu M, Camino G, et al. Effect of expanded graphite/layered-silicate clay on thermal, mechanical and fire retardant properties of poly (lactic acid) [J]. Polymer Degradation and Stability, 2010, 95 (6): 1063-1076.

[63] Costes L, Laoutid F, Dumazert L, et al. Metallic phytates as efficient bio-based phosphorous flame retardant additives for poly (lactic acid) [J]. Polymer Degradtion and Stability, 2015, 119: 217-227.

[64] Nishida H, Fan Y J, Mori T, et al. Feedstock recycling of flame-resisting poly (lactic acid) /aluminum hydroxide composite to L,L-lactide [J]. Industrial & Engineering Chemistry Research, 2005, 44 (5): 1433-1437.

[65] Chen Y J, Li L S, Qian L J. The pyrolysis behaviors of phosphorus-containing organosilicon compound modified APP with different phosphorus-containing groups and their different flame retardant mechanism in polyurethane foam [J]. RSC Advances, 2018, 8: 27470.

[66] Zhu Z M, Wang L X, Xue B, et al. Synthesis of a novel phosphorus-nitrogen flame retardant and its application in epoxy resin [J]. Polymer Degradtion and Stability, 2019, 169: 108981.

[67] Chen Y J, Wu X D, Qian L J. Flame-retardant behavior and protective layer effect of phosphazene-triazine bi-group flame retardant on polycarbonate [J]. Journal of Applied Polymer

Science，2020，137（46）：49523.

[68] Wei Z，Cai C，Huang Y，et al. Eco-friendly strategy to a dual-2D graphene-derived complex for poly（lactic acid）with exceptional smoke suppression and low CO_2 production [J]. Journal of Cleaner Production，2020，280：124433.

[69] Mngomezulu M E，Luyt A S，John M J. Morphology，thermal and dynamic mechanical properties of poly（lactic acid）/expandable graphite（PLA/EG）flame retardant composites [J]. Journal of Thermoplastic Composite Materials，2017，33（1）：89-107.

[70] Yu T，Jiang N，Li Y. Functionalized multi-walled carbon nanotube for improving the flame retardancy of ramie/poly（lactic acid）composite [J]. Composites Science & Technology，2014，104：26-33.

[71] Homa P，Wenelska K，Mijowska E. Enhanced thermal properties of poly（lactic acid）/MoS_2/carbon nanotubes composites [J]. Scientific Reports，2020，10（1）：740.

[72] Cheng K C，Chang S C，Lin Y H，et al. Mechanical and flame retardant properties of polylactide composites with hyperbranched polymers [J]. Composites Science and Technology，2015，118：189-192.

[73] Chen Y J，Mao X J，Qian L J. Flammability and anti-dripping behaviors of polylactide composite containing hyperbranched triazine compound [J]. Integrated Ferroelectrics，2016，172（1）：10-24.

[74] 张积财. 热塑性聚氨酯弹性体的改性研究进展 [J]. 纺织科学研究，2020，185（5）：79-82.

[75] 周颖，张道海，何敏，等. 无卤阻燃热塑性聚氨酯弹性体复合材料研究进展 [J]. 塑料助剂，2017，4：1-4.

[76] Feng L，He X，Zhang Y，et al. Triple roles of thermoplastic polyurethane in toughening，accelerating and enhancing self-healing performance of thermo-reversible epoxy resins [J]. Journal of Polymers and the Environment，2021，29（1998）：1-8.

[77] Bajsic E G，Pustak A，Leskovac M，et al. Blends of thermoplastic polyurethane and polypropylene. II. Thermal and morphological behavior [J]. Journal of Applied Polymer Science，2010，117（3）：1378-1384.

[78] Zhou Y，Luo L，Liu W，et al. Preparation and characteristic of PC/PLA/TPU blends by reactive extrusion [J]. Advances in Materials Science & Engineering，2015，2015：1-9.

[79] Sun C B，Mao H D，Chen F，et al. Preparation of polylactide composite with excellent flame retardance and improved mechanical properties [J]. Chinese Journal of Polymer Science，2018，36（12）：1385-1393.

[80] Li D F，Zhao X，Jia Y W，et al. Tough and flame-retardant poly（lactic acid）composites prepared via reactive blending with biobased ammonium phytate and in situ formed crosslinked polyurethane [J]. Composites Communications，2018，8：52-57.

[81] Song Y P，Wang D Y，Wang X L，et al. A method for simultaneously improving the flame retardancy and toughness of PLA [J]. Polymers for Advanced Technologies，2011，22（12）：2295-2301.

[82] Yang Y，Haurie L，Wen J，et al. Effect of oxidized wood flour as functional filler on the mechanical，thermal and flame-retardant properties of polylactide biocomposites [J]. Industrial Crops and Products，2019，130：301-309.

[83]　Wang D，Wang Y，Wang W，et al. Modified alkaline lignin for ductile polylactide composites [J]. Composites Communications，2020，22：100501.

[84]　张庆宇，张胜，谷晓昱，等. 聚磷酸铵与聚乙二醇增韧阻燃聚乳酸研究 [J]. 现代塑料加工应用，2018，171 (03)：28-31.

[85]　Sun Y，Sun S，Chen L，et al. Flame retardant and mechanically tough poly (lactic acid) biocomposites via combining ammonia polyphosphate and polyethylene glycol [J]. Composites Communications，2017，6：1-5.

[86]　Li D F，Zhao X，Jia Y W，et al. Simultaneously enhance both the flame retardancy and toughness of polylactic acid by the cooperation of intumescent flame retardant and bio-based unsaturated polyester [J]. Polymer Degradation and Stability，2019，168：108961.

[87]　Suparanon T，Surisaeng J，Phusunti N，et al. Synergistic efficiency of tricresyl phosphate and montmorillonite on the mechanical characteristics and flame retardant properties of poly-lactide and poly (butylene succinate) blends [J]. Chinese Journal of Polymer Science，2018，36 (5)：620-631.

[88]　胡建鹏，邢东，张燕. 麻纤维增强聚乳酸可生物降解复合材料的研究进展 [J]. 塑料，2020，269 (5)：113-116.

[89]　Pornwannachai W，Ebdon J R，Kandola B K. Fire-resistant natural fibre-reinforced com-posites from flame retarded textiles [J]. Polymer Degradation and Stability，2018，154：115-123.

[90]　Bocz K，Szolnoki B，Farkas A，et al. Optimal distribution of phosphorus compounds in multi-layered natural fabric reinforced biocomposites [J]. Express Polymer Letters，2020，14 (7)：606-618.

[91]　Battegazzore D，Frache A，Carosio F. Layer-by-layer nanostructured interphase produces mechanically strong and flame retardant bio-composites [J]. Composites Part B：Engineer-ing，200：108310.

[92]　Pornwannachai W，Ebdon J R，Kandola B K. Fire-resistant flax-reinforced polypropylene/polylactic acid composites with optimized fire and mechanical performances [J]. Journal of Thermoplastic Composite Materials，2019，33 (7)：898-914.

[93]　Cayla A，Rault F，Giraud S，et al. PLA with intumescent system containing lignin and am-monium polyphosphate for flame retardant textile [J]. Polymers，2016，8 (9)：331.

[94]　Maqsood M，Seide G. Novel bicomponent functional fibers with sheath/core configuration containing intumescent flame-retardants for textile applications [J]. Materials，2019，12 (19)：3095.

[95]　Song Y，Zong X，Wang N，et al. Preparation of γ-divinyl-3-aminopropyltriethoxysilane modified lignin and its application in flame retardant poly (lactic acid) [J]. Materials，2018，11 (9)：1505.

[96]　Wang Y Y，Shih Y F. Flame-retardant recycled bamboo chopstick fiber-reinforced poly (lactic acid) green composites via multifunctional additive system [J]. Journal of the Tai-wan Institute of Chemical Engineers，2016，65：452-458.

[97]　Zhu T，Guo J，Fei B，et al. Preparation of methacrylic acid modified microcrystalline cellu-lose and their applications in polylactic acid：flame retardancy，mechanical properties，thermal stability and crystallization behavior [J]. Cellulose，2020，27 (4)：2309-2323.

［98］　Hu W，Zhang Y，Qi Y，et al. Improved mechanical properties and flame retardancy of wood/PLA all-degradable biocomposites with novel lignin-based flame retardant and TGIC ［J］. Macromolecular Materials and Engineering，2020：1900840.

［99］　Fox D M，Novy M，Brown K，et al. Flame retarded poly (lactic acid) using POSS-modified cellulose. 2. Effects of intumescing flame retardant formulations on polymer degradation and composite physical properties ［J］. Polymer Degradtion and Stability，2014，106：54-62.

［100］　Lv L，Bi J，Ye F，et al. Extraction of discarded corn husk fibers and its flame retarded composites ［J］. Tekstil ve Konfeksiyon，2017，27 (4)：408-413.

［101］　Guo Y，He S，Zuo X，et al. Incorporation of cellulose with adsorbed phosphates into poly (lactic acid) for enhanced mechanical and flame retardant properties ［J］. Polymer Degradation and Stability，2017，144：24-32.

［102］　Wu J Z，Yang R H，Zheng J J，et al. Super heat deflection resistance stereocomplex crystallisation of PLA system achieved by selective laser sintering ［J］. Micro & Nano Letters，2018，13 (11)：1604-1608.

［103］　Quynh T M，Mitomo H，Zhao L，et al. Properties of a poly (L-lactic acid) /poly (D-lactic acid) stereocomplex and the stereocomplex crosslinked with triallyl isocyanurate by irradiation ［J］. Journal of Applied Polymer Science，2008，110 (4)：2358-2365.

［104］　Liu Z，Chen Y H，Ding W W. Preparation，dynamic rheological behavior，crystallization，and mechanical properties of inorganic whiskers reinforced polylactic acid/hydroxyapatite nanocomposites ［J］. Journal of Applied Polymer Science，2016，133 (18)：43381.

［105］　Tian H，Tagaya H. Preparation，characterization and mechanical properties of the polylactide/perlite and the polylactide/montmorillonite composites ［J］. Journal of Materials Science，2007，42 (9)：3244-3250.

［106］　Sonchaeng U，Iniguez-Franco F，Auras，R，et al. Poly (lactic acid) mass transfer properties ［J］. Progress in Polymer science，2018，86：85-121.

［107］　Salazar R，Domenek S，Plessis C，et al. Quantitative determination of volatile organic compounds formed during polylactide processing by MHS-SPME ［J］. Polymer Degradation and Stability，2017，136：80-88.

［108］　Geng Z，Zhen W. Preparation，performance，and kinetics of poly (lactic-acid) /amidated benzoic acid intercalated layered double hydroxides nanocomposites by reactive extrusion process ［J］. Polymer Composites，2019，40 (7)：2668-2680.

［109］　Jia L，Tong B，Li D，et al. Crystallization and flame-retardant properties of polylactic acid composites with polyhedral octaphenyl silsesquioxane ［J］. Polymers for Advanced Technologies，2018，30 (3)：648-665.

［110］　Liu L，Xu Y，Di Y，et al. Simultaneously enhancing the fire retardancy and crystallization rate of biodegradable polylactic acid with piperazine-1,4-diylbis (diphenylphosphine oxide) ［J］. Composites Part B-Engineering，2020，202 (5)：108407.

［111］　Liao F，Zhou L，Ju Y，et al. Synthesis of a novel phosphorus-nitrogen-silicon polymeric flame retardant and its application in poly (lactic acid)　［J］. Industrial & Engineering Chemistry Research，2014，53 (24)：10015-10023.

[112] Sun J, Li L, Li J. Effects of furan-phosphamide derivative on flame retardancy and crystallization behaviors of poly (lactic acid) [J]. Chemical Engineering Journal, 2019, 369: 150-160.

[113] Tang W, Qian L, Chen Y, et al. Intumescent flame retardant behavior of charring agents with different aggregation of piperazine/triazine groups in polypropylene [J]. Polymer Degradation and Stability, 2019, 169: 108982.

[114] Zhang Q, Wang W, Gu X, et al. Is there any way to simultaneously enhance both the flame retardancy and toughness of polylactic acid [J]. Polymer Composites, 2019, 40 (3): 932-941.

[115] Ran G W, Liu X D, Guo J, et al. Improving the flame retardancy and water resistance of polylactic acid by introducing polyborosiloxane microencapsulated ammonium polyphosphate [J]. Composites Part B-Engineering, 2019, 173: 106772.

[116] Jing J, Zhang Y, Tang X, et al. Layer by layer deposition of polyethylenimine and bio-based polyphosphate on ammonium polyphosphate: A novel hybrid for simultaneously improving the flame retardancy and toughness of polylactic acid [J]. Polymer, 2017, 108: 361-371.

[117] Jing J, Zhang Y, Fang Z P, et al. Core-shell flame retardant/graphene oxide hybrid: a self-assembly strategy towards reducing fire hazard and improving toughness of polylactic acid [J]. Composites ence & Technology, 2018, 165: 161-167.

[118] Xiong Z, Zhang Y, Du X, et al. Green and ccalable fabrication of core-shell bio-based flame retardants for reducing flammability of polylactic acid [J]. ACS Sustainable Chemistry & Engineering, 2019, 7 (9): 8954-8963.

[119] Zhang B, Jiang Y. Improving the flame retardancy and smoke suppression of poly (lactic acid) with a SiO_2 @ ammonium molybdate core-shell nanotubes [J]. Polymer-Plastics Technology and Materials, 2019, 58 (8): 843-853.

[120] Chen Y J, Xu L F, Wu X D, et al. The influence of nano ZnO coated by phosphazene/triazine bi-group molecular on the flame retardant property and mechanical property of intumescent flame retardant poly (lactic acid) composites [J]. Thermochimica Acta, 679: 178336.

[121] Guo Y, Chang C C, Halada G, et al. Engineering flame retardant biodegradable polymer nanocomposites and their application in 3D printing [J]. Polymer Degradation and Stability, 2017, 137: 205-215.

[122] Ju Y Q, Wang T W, Huang Y, et al. The flame-retardance polylactide nanocomposites with nano attapulgite coated by resorcinol bis (diphenyl phosphate) [J]. Journal of Vinyl & Additive Technology, 2016, 22 (4): 506-513.

[123] Zhang M, Gao Y, Zhan Y, et al. Preparing the degradable, flame-retardant and low dielectric constant nanocomposites for flexible and miniaturized electronics with poly (lactic acid), nano ZIF-8@GO and resorcinol di (phenyl phosphate) [J]. Materials, 2018, 11 (9): 1756.

[124] Yang W, Tawiah B, Yu C, et al. Manufacturing, mechanical and flame retardant properties of poly (lactic acid) biocomposites based on calcium magnesium phytate and carbon nanotubes [J]. Composites Part A-Applied Science and Manufacturing, 2018, 110:

227-236.

[125]　Hajibeygi M，Shafiei N S. Design and preparation of poly（lactic acid）hydroxyapatite nanocomposites reinforced with phosphorus-based organic additive：Thermal，combustion，and mechanical properties studies [J]. Polymers for Advanced Technologies，2019，30（9）：2233-2249.

[126]　Zhang Y，Jing J，Liu T，et al. A molecularly engineered bioderived polyphosphate for enhanced flame retardant，UV-blocking and mechanical properties of poly（lactic acid）[J]. Chemical Engineering Journal，2021，411（7）：128493.

[127]　Ji D Y，Liu Z Y，Lan X R，et al. Study on the crystallization behavior of PLA/PBS/DCP reactive blends [J]. Acta Polymerica Sinica，2012，12（7）：694-697.

[128]　Hu X，Su T，Ping L，et al. Blending modification of PBS/PLA and its enzymatic degradation [J]. Polymer Bulletin，2017，75（3）：533-546.

[129]　Xu H，Sun J B，Li X，et al. Effect of phosphorus-nitrogen compound on flame retardancy and mechanical properties of polylactic acid [J]. Journal of Applied Polymer Science，2021，138（7）：49829.

[130]　Luo J，Meng X，Gong W G，et al. Improving the stability and ductility of polylactic acid via phosphite functional polysilsesquioxane [J]. RSC Advances，2019，9（43）：25151-25157.

[131]　Wen X，Liu Z Q，Li Z，et al. Constructing multifunctional nanofiller with reactive interface in PLA/CB-*g*-DOPO composites for simultaneously improving flame retardancy，electrical conductivity and mechanical properties [J]. Composites. Science. Technology，2020，188：107988.

[132]　Wang X X，He W，Long L，et al. A phosphorus-and nitrogen-containing DOPO derivative as flame retardant for polylactic acid（PLA）[J]. Journal of Thermal Analysis and Calorimetry，2020.

[133]　Wang D Y，Gohs U，Kang N J，et al，Method for simultaneously improving the thermal stability and mechanical properties of poly（lactic acid）：effect of high-energy electrons on the morphological，mechanical，and thermal properties of PLA/MMT nanocomposites [J]. Langmuir，2012，28（34）：12601-12608.

[134]　马东，赵培华，李娟. 生物基阻燃剂的设计、制备和应用研究进展 [J]. 工程塑料应用，2016，44（10）：134-137.

[135]　Costes L，Laoutid F，Brohez S，et al. Bio-based flame retardants：when nature meets fire protection [J]. Materials Science and Engineering R：Reports，2017，117：1-25.

[136]　Thomas B，Raj M C，Athira K B，et al. Nanocellulose，a versatile green platform：from biosources to materials and their applications [J]. Chemical Reviews，2018，118（24）：11575-11625.

[137]　Dasan Y K，Bhat A H，Ahmad F. Polymer blend of PLA/PHBV based bionanocomposites reinforced with nanocrystalline cellulose for potential application as packaging material [J]. Carbohydrate Polymers，2017，157：1323-1332.

[138]　Costes L，Laoutid F，Khelifa F，et al. Cellulose/Phosphorus combinations for sustainable fire retarded polylactide [J]. European Polymer Journal，2016，74：218-228.

[139]　Xu K M，Shi Z J，Lyu J H，et al. Effects of hydrothermal pretreatment on nano-mechani-

cal property of switchgrass cell wall and on energy consumption of isolated lignin-coated cellulose nanofibrils by mechanical grinding [J]. Industrial Crops and Products，2020，149：112317.

[140] Feng J B，Sun Y Q，Song P G，et al. Fire-resistant，strong，and green polymer nano-composites based on poly (lactic acid) and core-shell nanofibrous flame retardants [J]. ACS Sustainable Chemistry & Engineering，2017，5 (9)：7894-7904.

[141] Yin W D，Chen L，Lu F Z，et al. Mechanically robust，flame-retardant poly (lactic acid) biocomposites via combining cellulose nanofibers and ammonium polyphosphate [J]. ACS Omega，2018，3 (5)：5615-5626.

[142] Yang H T，Yu B，Xu X D，et al. Lignin-derived bio-based flame retardants toward high-performance sustainable polymeric materials [J]. Green Chemistry，2020，22：2129-2161.

[143] 程辉，余剑，姚梅琴，等. 木质素慢速热解机理 [J]. 化工学报，2013，64 (5)：1757-1765.

[144] Costes L，Laoutid F，Aguedo M，et al. Phosphorus and nitrogen derivatization as efficient route for improvement of lignin flame retardant action in PLA [J]. European Polymer Journal，2016，84：652-667.

[145] Gordobil O，Delucis R，Egüés I，et al. Kraft lignin as filler in PLA to improve ductility and thermal properties [J]. Industrial Crops and Products，2015，72：46-53.

[146] Maqsood，Langensiepen，Seide. The efficiency of biobased carbonization agent and intumescent flame retardant on flame retardancy of biopolymer composites and investigation of their melt-spinnability [J]. Molecules，2019，24 (8)：1513.

[147] Zhang R，Xiao X F，Tai Q L，et al. The effect of different organic modified montmorillonites (OMMTs) on the thermal properties and flammability of PLA/MCAPP/lignin systems [J]. Journal of Applied Polymer Science，2013，127 (6)：4967-4973.

[148] Zong E M，Liu X H，Liu L N，et al. Graft polymerization of acrylic monomers onto lignin with $CaCl_2$-H_2O_2 as initiator：preparation，mechanism，characterization，and application in poly (lactic acid) [J]. ACS Sustainable Chemistry & Engineering，2018，6 (1)：337-348.

[149] Xiao Y Y，Zheng Y Y，Wang X，et al. Preparation of a chitosan-based flame-retardant synergist and its application in flame-retardant polypropylene [J]. Journal of Applied Polymer Science，2014，131 (19)：40845.

[150] Chen C，Gu X Y，Jin X D，et al. The effect of chitosan on the flammability and thermal stability of polylactic acid/ammonium polyphosphate biocomposites [J]. Carbohydrate Polymers，2017，157：1586-1593.

[151] Zhang Y，Xiong Z Q，Ge H D，et al. Core-shell bioderived flame retardants based on chitosan/alginate coated ammonia polyphosphate for enhancing flame retardancy of polylactic Acid [J]. ACS Sustainable Chemistry & Engineering，2020，8 (16)：6402-6412.

[152] Wang K P，Liu Q. Chemical structure analyses of phosphorylated chitosan [J]. Carbohydrate Research，2014，386：48-56.

[153] Hu S，Song L，Pan H F，et al. Thermal properties and combustion behaviors of flame retarded epoxy acrylate with a chitosan based flame retardant containing phosphorus and

acrylate structure [J]. Journal of Analytical and Applied Pyrolysis, 2012, 97: 109-115.

[154] Shi X X, Jiang S H, Hu Y, et al. Phosphorylated chitosan-cobalt complex: a novel green flame retardant for polylactic acid [J]. Polymers for Advanced Technologies, 2018, 29 (2): 860-866.

[155] Zhou Y, Ding C Y, Qian X R, et al. Further improvement of flame retardancy of polyaniline-deposited paper composite through using phytic acid as dopant or Co-dopant [J]. carbohydrate polymers, 2015, 115: 670-676.

[156] Cheng X W, Guan J P, Tang R C, et al. Phytic acid as a bio-based phosphorus flame retardant for poly (lactic acid) nonwoven fabric [J]. Journal of Cleaner Production, 2016, 124: 114-119.

[157] Feng X M, Wang X, Cai W, et al. Studies on synthesis of electrochemically exfoliated functionalized graphene and polylactic acid/ferric phytate functionalized graphene nanocomposites as new fire hazard suppression materials [J]. ACS Applied Materials & Interfaces, 2016, 8 (38): 25552-25562.

[158] Rosely C V S, Joseph A M, Leuteritz A, et al. Phytic acid modified boron nitride nanosheets as sustainable multifunctional nanofillers for enhanced properties of poly (L-lactide) [J]. ACS Sustainable Chemistry & Engineering, 2020, 8 (4): 1868-1878.

[159] Jin X D, Cui S P, Sun S B, et al. The preparation of a bio-polyelectrolytes based core-shell structure and its application in flame retardant polylactic acid composites [J]. Composites Part A: Applied Science and Manufacturing, 2019, 124: 105485.

[160] Luda M P, Zanetti M. Cyclodextrins and cyclodextrin derivatives as green char promoters in flame retardants formulations for polymeric materials. A Review [J]. Polymers, 2019, 11 (4): 664.

[161] 周新科, 程春祖, 肖梦苑, 等. β-环糊精基阻燃剂的应用进展 [J]. 精细化工, 2020, 37 (12): 28-35, 55.

[162] Teoh E L, Chow W S, Jaafar M. B-cyclodextrin as a partial replacement of phosphorus flame retardant for poly (lactic acid) /poly (methyl methacrylate): a more environmental friendly flame-retarded blends [J]. Polymer-Plastics Technology and Engineering, 2017, 56 (15): 1680-1694.

[163] Zhang Y, Han P Y, Fang Z P. Synthesis of phospholipidated B-cyclodextrin and its application for flame-retardant poly (lactic acid) with ammonium polyphosphate [J]. Journal of Applied Polymer Science, 2018, 135 (13): 46054.

[164] Ansari H, Shabanian M, Khonakdar H A. Using a B-cyclodextrin-functional Fe_3O_4 as a reinforcement of PLA: synthesis, thermal, and combustion properties [J]. Polymer-Plastics Technology and Engineering, 2017, 56 (12): 1366-1373.

[165] Ismail N A, Tahir S M, Norihan Y, et al. Synthesis and characterization of biodegradable starch-based bioplastics [J]. Materials Science Forum, 2016, 846: 673-678.

[166] Liu X X, Yu L, Xie F W, et al. Kinetics and mechanism of thermal decomposition of cornstarches with different amylose/amylopectin ratios [J]. Starch/Staerke, 2010, 62 (3/4): 139-146.

[167] Maqsood M, Seide G. Improved thermal processing of polylactic acid/oxidized starch composites and flame-retardant behavior of intumescent non-wovens [J]. Coatings, 2020, 10

(3): 291.

[168] Maqsood M, Seide G. Investigation of the flammability and thermal stability of halogen-free intumescent system in biopolymer composites containing biobased carbonization agent and mechanism of their char formation [J]. Polymers, 2018, 11 (1): 48.

[169] Jing J, Zhang Y, Tang X L, et al. Synthesis of a highly efficient phosphorus-containing flame retardant utilizing plant-derived diphenolic acids and its application in polylactic acid [J]. RSC Advances, 2016, 6 (54): 49019-49027.

[170] Zhang T, Yan H Q, Shen L, et al. Chitosan/Phytic acid polyelectrolyte complex: a green and renewable intumescent flame retardant system for ethylene-vinyl acetate copolymer [J]. Industrial & Engineering Chemistry Research, 2014, 53 (49): 19199-19207.

[171] Jing J, Zhang Y, Fang Z P, et al. Core-shell flame retardant/graphene oxide hybrid: a self-assembly strategy towards reducing fire hazard and improving toughness of polylactic acid [J]. Composites Science and Technology, 2018, 165: 161-167.

[172] Zhang S, Jin X D, Gu X Y, et al. The preparation of fully bio-based flame retardant poly (lactic acid) composites containing casein [J]. Journal of Applied Polymer Science, 2018, 135 (33): 4599.

[173] Laoutid F, Vahabi H, Shabanian M, et al. A new direction in design of bio-based flame retardants for poly (lactic acid) [J]. Fire and Materials, 2018, 42 (8): 914-924.

[174] Maurin G, Serre C, Cooper A, et al. The new age of MOFs and of their porous-related solids [J]. Chemical Society Reviews, 2017, 46 (11): 3104-3107.

[175] Yu J, Xie L H, Li J R, et al. CO_2 capture and separations using MOFs: computational and experimental studies [J]. Chemical Reviews, 2017, 117 (14): 9674-9754.

[176] Shi X, Dai X, Cao Y, et al. Degradable poly (lactic acid) /metal-organic framework nanocomposites exhibiting good mechanical, flame retardant, and dielectric properties for the fabrication of disposable electronics [J]. Industrial & Engineering Chemistry Research, 2017, 56 (14): 3887-3894.

[177] 岑鑫浩, 张咪, 马琴, 等. MOFs@GO 和壳聚糖复合阻燃聚乳酸材料 [J]. 塑料, 2019, 48 (02): 32-35.

[178] 王明, 张咪, 杨书泉, 等. ZIF-8@GO 与壳聚糖盐协效阻燃 PLA 的研究 [J]. 现代塑料加工应用, 2019, 31 (05): 5-8.

[179] Zhang M, Ding X, Zhan Y, et al. Improving the flame retardancy of poly (lactic acid) using an efficient ternary hybrid flame retardant by dual modification of graphene oxide with phenylphosphinic acid and nano MOFs [J]. Journal of Hazardous Materials, 2020, 384 (C): 121260.

[180] Lee Y R, Jang MS, Cho H Y, et al. ZIF-8: A comparison of synthesis methods [J]. Chemical Engineering Journal, 2015, 271: 276-280.

[181] Hou Y, Liu L, Qiu S, et al. DOPO-modified two-dimensional Co-based metal-organic framework: preparation and application for enhancing fire safety of poly (lactic acid) [J]. ACS Applied Materials Interfaces, 2018, 10 (9): 8274-8286.

[182] Thormählen P, Skoglundh M, Fridell E, et al. Low-temperature CO oxidation over platinum and cobalt oxide catalysts [J]. Journal of Catalysis, 1999, 188 (2): 300-310.

[183] Wang X, Wang S, Wang W, et al. The flammability and mechanical properties of poly

(lactic acid) composites containing Ni-MOF nanosheets with polyhydroxy groups [J]. Composites Part B：Engineering，2020，183.

[184] 彭晓华，何娟，肖乃玉，等.氧化石墨烯的制备及其在 PET 薄膜改性上的应用 [J].塑料包装，2018，28（03）：42-47.

[185] Stankovich S，Piner R D，Nguyen S T，et al. Synthesis and exfoliation of isocyanate-treated graphene oxide nanoplatelets [J]. Carbon，2006，44（15）：3342-3347.

[186] Jing J，Yan Z，Tang X，et al. Combination of a bio-based polyphosphonate and modified graphene oxide toward superior flame retardant polylactic acid [J]. RSC Advances，2018，8（8）：4304-4313.

[187] Shi X，Peng X，Zhu J，et al. Synthesis of DOPO-HQ-functionalized graphene oxide as a novel and efficient flame retardant and its application on polylactic acid：Thermal property，flame retardancy，and mechanical performance [J]. Journal of Colloid & Interface Science，2018，524：267-278.

[188] Ran S Y，Fang F，Guo Z，et al. Synthesis of decorated graphene with P，N-containing compounds and its flame retardancy and smoke suppression effects on polylactic acid [J]. Composites Part B：Engineering，2019，170：41-50.

[189] Tawiah B，Bin Y，Richard K K，et al. Highly efficient flame retardant and smoke suppression mechanism of boron modified graphene oxide/poly（lactic acid）nanocomposites [J]. Carbon，2019，150：8-20.

[190] 陈月霞.聚乳酸/有机蒙脱土纳米复合材料的制备及性能研究 [D].郑州：郑州大学，2014.

[191] 袁小亚.纳米膨胀阻燃季戊四醇二磷酸酯双磷酰蜜胺-有机改性蒙脱土/聚乳酸复合材料的制备及阻燃性能 [J].复合材料学报，2012，29（03）：36-41.

[192] González A，Dasari A，Herrero B，et al. Fire retardancy behavior of PLA based nanocomposites [J]. Polymer Degradation and Stability，2012，97（3）：248-256.

[193] Ye L，Ren J，Cai S Y，et al. Poly（lactic acid）nanocomposites with improved flame retardancy and impact strength by combining of phosphinates and organoclay [J]. Chinese Journal of Polymer Science，2016，34（6）：785-796.

[194] Long L，Yin J，He W，et al. Synergistic effect of different nanoparticles on flame retardant poly（lactic acid）with bridged DOPO derivative [J]. Polymer Composites，2019，40（3）：1043-1052.

[195] Jia L，Zhang W，Tong B，et al. Crystallization，flame-retardant，and mechanical behaviors of poly（lactic acid）\ 9,10-dihydro-9-oxa-10-phosphaphenanthrene-10-oxide-calcium montmorillonite nanocomposite [J]. Journal of Applied Polymer Science，2019，136（3）.

[196] Cheng K C，Yu C B，Guo W，et al. Thermal properties and flammability of polylactide nanocomposites with aluminum trihydrate and organoclay [J]. Carbohydrate Polymers，2012，87（2）：1119-1123.

[197] Waston D A V，Schiraldi D A. Biomolecules as flame retardant additives for polymers：a review [J]. Polymers，2020，12（4）：849.

[198] Chollet B，Lopez-Cuesta J M，Laoutid F，et al. Lignin nanoparticles as a promising way for enhancing lignin flame retardant effect in polylactide [J]. Materials（Basel），2019，12（13）.

[199] Vahabi H, Shabanian M, Aryanasab F, et al. Three in one: β-cyclodextrin, nanohydroxyapa-tite, and a nitrogen-rich polymer integrated into a new flame retardant for poly (lactic acid) [J]. Fire and Materials, 2018, 42 (6): 593-602.

[200] Henri V, Meisam S, Fezzeh A, et al. Inclusion of modified lignocellulose and nano-hydroxyap-atite in development of new bio-based adjuvant flame retardant for poly (lactic acid) [J]. Ther-mochimica Acta, 2018, 666: 51-59.

[201] Moniruzzaman M, Winey K I. Polymer nanocomposites containing carbon nanotubes [J]. Macromolecules, 2006, 39 (16): 5194-5205.

[202] Gu L, Qiu J, Yao Y, et al. Functionalized MWCNTs modified flame retardant PLA nano-composites and cold rolling process for improving mechanical properties [J]. Composites Science and Technology, 2018, 161: 39-49.

[203] Gao D D, Wen X, Guan Y Y, et al. Flame retardant effect and mechanism of nanosized NiO as synergist in PLA/APP/CSi-MCA composites [J]. Composites Communications, 2020, 17: 170-176.

[204] Guan Y, Wen X, Yang H, et al. "One-pot" synthesis of crosslinked silicone-containing macromolecular charring agent and its synergistic flame retardant poly (l-lactic acid) with ammonium polyphosphate [J]. Polymers for Advanced Technologies, 2017, 28 (11): 1409-1417.

[205] Gao R, Wang S, Zhou K, et al. Mussel-inspired decoration of Ni(OH)$_2$ nanosheets on 2D MoS$_2$ towards enhancing thermal and flame retardancy properties of poly (lactic acid) [J]. Polymers for Advanced Technologies, 2019, 30 (4): 879-888.

[206] Cao X W, Chi X N, Deng X Q, et al. Facile synthesis of phosphorus and cobalt Co-doped graphitic carbon nitride for fire and smoke suppressions of polylactide composite [J]. Pol-ymers (Basel), 2020, 12 (5): 1106.

[207] Murariu M, Bonnaud L, Yoann P, et al. New trends in polylactide (PLA)-based materi-als: "Green" PLA-Calcium sulfate (nano) composites tailored with flame retardant prop-erties [J]. Polymer Degradation and Stability, 2010, 95 (3): 374-381.

第**2**章
磷系阻燃剂阻燃聚乳酸体系

聚乳酸是绿色高分子材料中的优秀代表，其原料广泛来源于农作物产品，对环境友好。同时，具有与合成树脂相似的物理性质，是非常理想的石油基树脂替代产品。过去，聚乳酸主要应用于一次性消费品市场，对于阻燃性能没有要求。近年来，其应用范围逐渐扩大，已经被应用到电子电器和汽车领域，对于阻燃性能有了更高的要求。但是，聚乳酸属于易燃材料且伴有熔滴现象，存在极高的火灾风险。膨胀型阻燃剂（IFR）是一种新型阻燃剂，主要包括酸源、气源和炭源三个组分。膨胀型阻燃剂的阻燃机理是，在受热时成炭剂在酸源作用下脱水成炭，并在发泡剂分解的气体作用下，形成蓬松有孔的封闭结构的炭层，以减弱聚合物与热源间的热量传递，并阻止气体扩散，主体聚合物由于没有足够的燃料和氧气而终止燃烧达到阻燃目的。在膨胀阻燃体系中，致密的膨胀炭层的形成对体系阻燃效果起决定性作用，膨胀阻燃体系中使用的阻燃协效剂一般都是基于促进成炭或改变炭层结构等原理来提高体系的阻燃效果。膨胀型阻燃剂基本上克服了含卤阻燃剂燃烧烟雾大、放出有毒和腐蚀性气体以及燃烧时多熔滴的缺陷；同时也避免了无机阻燃剂添加量大对材料力学性能的影响。所有的这些优点都使膨胀型阻燃剂成为近年来研究最为活跃的阻燃剂之一。

本章主要针对目前阻燃聚乳酸存在阻燃剂添加量大、阻燃效率低等缺点，遴选了几种有效的磷系阻燃剂，将其与新型三嗪成炭剂或协效剂［其中包括金属化合物和有机改性蒙脱土（OMMT）］复配阻燃 PLA 基体。通过极限氧指数测试、垂直燃烧测试、锥形量热仪测试和热失重分析表征阻燃 PLA 复合材料的阻燃性能和热稳定性，并探讨其阻燃机理，为膨胀型阻燃 PLA 的实际应用提供实验和理论基础。

2.1 磷-氮膨胀型阻燃剂与纳米有机改性蒙脱土协同阻燃聚乳酸体系

聚乳酸属于熔体强度较低的线型脂肪族热塑性聚酯[1]，因而燃烧时极易产生熔滴。在阻燃改性热塑性聚酯过程中，能否成功抑制熔滴物是衡量阻燃优劣的重要标准。因此，研究人员尝试了多种方法来克服熔滴，其中包括化学改性 IFR[2,3]，加入如碳纳米管[4]、可膨胀石墨[5] 和硫酸钙[6] 等协效剂和合成新型成炭剂。据文献报道[7,8]，层状硅酸盐（有机改性蒙脱土）在较低含量下不仅能显著提高材料的热稳定性，并且还能有效地抑制复合材料产生熔滴，同时还不会恶化材料的力学性能。

本节通过熔融共混制备了一系列 PLA/IFR 和 PLA/IFR/OMMT 复合材料，通过极限氧指数、垂直燃烧、锥形量热仪测试和热失重分析对 PLA/IFR/OMMT 复合材料的阻燃性能和热稳定性进行了研究，并分析了 IFR/OMMT 在 PLA 基体中的协同阻燃作用机理。

2.1.1　IFR/OMMT 阻燃聚乳酸复合材料的制备

首先将 PLA 置于 80℃恒温干燥 6h；然后以一定的配比（如表 2.1 所示）将 PLA（2003D，美国 NatureWorks 公司）、IFR（N-P 膨胀型阻燃剂，杭州捷尔思阻燃化工有限公司）、OMMT（由双十八烷基二甲基氯化铵改性处理，浙江丰虹粘土化工有限公司）经人工预混后加入转矩流变仪中，熔融共混 6min，流变仪的参数设定分别为190℃、60r/min；完毕后模压成型，物料在模具中预热 5min，排气 3 次，在 10MPa下压制 8min，保压冷却 10min；最后用制样机切成标准燃烧测试样条。

表 2.1　纯 PLA、PLA/IFR 及 PLA/IFR/OMMT 复合材料的配方比例

样品	PLA 质量分数/%	IFR 质量分数/%	OMMT 质量分数/%
PLA0	100	—	—
PLA1	90	10	—
PLA2	85	15	—
PLA3	80	19	1
PLA4	80	20	—
PLA5	70	30	—

2.1.2　IFR/OMMT 阻燃聚乳酸复合材料的阻燃性能

2.1.2.1　极限氧指数测试结果

测试结果如图 2.1 所示，纯 PLA 的 LOI 仅为 19.3%，低于空气中的氧浓度值（21%），这意味着纯 PLA 在空气中极易燃烧。PLA/IFR 复合材料的 LOI 随着IFR 添加量的增加而逐渐升高。加入 20%（质量分数，下同）IFR 后，复合材料的 LOI 升高到 37.5%，这说明 IFR 对 PLA 基体具有良好的阻燃效果。当添加30% IFR 时，复合材料的 LOI 高达 52%。相比于 PLA/20%IFR，PLA/19%IFR/

1%OMMT 复合材料的 LOI 进一步升高至 41.5%。这意味着 OMMT 的加入会进一步提高 PLA/IFR 复合材料的阻燃性能。

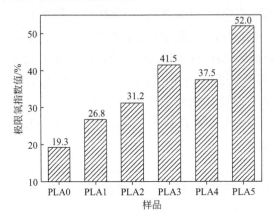

图 2.1　纯 PLA、PLA/IFR 及 PLA/IFR/OMMT 复合材料的极限氧指数

2.1.2.2　垂直燃烧测试结果

　　纯 PLA、PLA/IFR 及 PLA/IFR/OMMT 复合材料的垂直燃烧测试结果如表 2.2 所示。纯 PLA 燃烧时火焰剧烈，出现燃烧至夹具现象，同时伴随着严重的滴落且滴落物引燃了脱脂棉。这意味着纯 PLA 极易燃烧并产生严重的熔滴。加入 20%IFR 后，复合材料的燃烧时间（t_{1max}、t_{2max}）较纯 PLA 大幅度下降，不过依然产生了较多的熔滴物。然而，尽管 IFR 的添加量增多，PLA/IFR 复合材料的熔滴现象依然没有得到改善。这主要归因于 IFR 的存在会促进 PLA 基体发生分解，通过产生熔滴物将燃烧产生的热量带走。值得注意的是，当加入少量（1%）OMMT 时，PLA/19%IFR/1%OMMT 产生的熔滴物明显减少，且滴落速度显著降低。这意味着 OMMT 的加入会显著提高熔体的黏度，进而抑制了熔滴的产生。

表 2.2　纯 PLA、PLA/IFR 及 PLA/IFR/OMMT 复合材料的垂直燃烧测试结果

样品	t_{1max}[②]/s	t_{2max}[③]/s	引燃脱脂棉	滴落程度	UL 94 级别
纯 PLA	38.2	—[①]	是	严重	NR
PLA+10%IFR	2.0	1.8	否	严重	V-0
PLA+15%IFR	3.8	2.8	否	严重	V-0
PLA+19%IFR+1%OMMT	5.4	1.2	否	轻微	V-0
PLA+20%IFR	0	0	否	严重	V-0
PLA+30%IFR	0	0	否	严重	V-0

① 样品燃烧至夹具。

② 第一次点燃 10s 后 5 个样品中最大的燃烧时间。

③ 第二次点燃 10s 后 5 个样品中最大的燃烧时间。

2.1.2.3　锥形量热测试结果

锥形量热测试是在实验规模下衡量材料阻燃性能的最有用的测试方法之一，它比较全面地模拟了真实的火灾现场。

如图 2.2（a）所示，纯 PLA 的热释放速率曲线显示出典型的大尖峰，热释放速率峰值（pk-HRR）高达 649.2kW/m^2，这意味着纯 PLA 在很短的时间内就燃烧殆尽，并且燃烧时火势较大。PLA/IFR 复合材料的 pk-HRR 随着 IFR 含量的增加逐渐降低。当加入 20% IFR 时，复合材料的 pk-HRR 较纯 PLA 下降了 61.6%，这说明 IFR 的加入赋予了 PLA 基体优异的阻燃性能。在燃烧过程中，PLA/IFR 会形成膨胀的残炭层覆盖，显著减弱了燃烧剧烈程度。值得注意的是，保持阻燃剂总量为 20%，加入 1% OMMT 后，PLA/19% IFR/1% OMMT 复合材料的 pk-HRR 出现进一步降低，较 PLA/20% IFR 的下降了 14.2%。此外，相比于 PLA/20% IFR，复合材料的平均热释放速率峰值（av-HRR）降低了 35.9%。这意味着 OMMT 的加入进一步降低了材料的燃烧强度，这主要归因于 IFR 与 OMMT 在燃烧

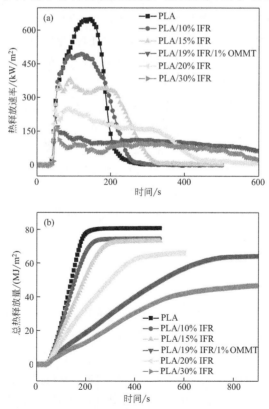

图 2.2　纯 PLA、PLA/IFR 及 PLA/IFR/OMMT 复合材料的
热释放速率（a）和总热释放量曲线（b）

过程中产生了协同效应，显著提高了 PLA 基体的阻燃性能。如图 2.2（b）所示，相比于 PLA/20%IFR，PLA/19%IFR/1%OMMT 复合材料在较长的时间内会到达热平衡，且总热释放量（THR）降低 2.4%。这表明 OMMT 的加入会显著降低热燃烧强度，但对于总热释放量影响较小。

表 2.3　纯 PLA、PLA/IFR 及 PLA/IFR/OMMT 复合材料的锥形量热测试结果

样品	TTI/s	pk-HRR /(kW/m²)	av-HRR /(kW/m²)	THR /(MJ/m²)	pk-MLR /(g/s)	MAHRE /(kW/m²)	残炭率 (质量分数)/%
纯 PLA	35	649.2	173.8	80.8	0.30	403.3	0.8
PLA+10%IFR	37	494.3	161.8	74.5	0.25	334.6	4.9
PLA+15%IFR	36	381.0	159.1	73.2	0.19	267.5	7.5
PLA+19%IFR +1%OMMT	37	213.9	75.0	64.5	0.09	99.8	14.7
PLA+20%IFR	35	249.2	117.0	66.1	0.15	169.0	13.0
PLA+30%IFR	41	163.0	54.6	46.7	0.09	75.4	25.9

由表 2.3 可知，纯 PLA 的质量损失速率峰值（pk-MLR）高达 0.30g/s，这意味着燃烧时 PLA 基体内层材料与外界发生强烈的质量交换，最终仅有 0.8% 残炭留下。PLA/IFR 复合材料的 pk-MLR 随着 IFR 添加量的增大而逐渐降低，当添加 30% IFR 时，pk-MLR 降低为 0.09g/s，较纯 PLA 下降了 70%。这主要归功于更多的 IFR 加入会产生更多的膨胀炭质保护层覆盖在基体表面，从而抑制了内层材料与外界环境的质量交换。值得注意的是，当用 1% OMMT 代替等量的 IFR 时，PLA/19%IFR/1%OMMT 复合材料的 pk-MLR 进一步降低，在阻隔效果上等同于添加 30% IFR。此外，PLA/19%IFR/1%OMMT 复合材料的最终残炭率比纯 PLA 增多了 13.9%。这表明 OMMT 的存在不仅促进形成更多的残炭，而且还增强了残炭层的质量。这也证实了 OMMT 与 IFR 之间出现明显的协同效应，显著增强了 PLA 基体的阻燃性能。

2.1.2.4　残炭形貌分析

为进一步探索 OMMT 与 IFR 对形成残炭的协同效应，研究了 PLA/IFR/OMMT 锥形量热测试后炭渣的宏观和微观结构，宏观形貌如图 2.3 所示。纯 PLA 燃烧后几乎没有残炭剩余。加入 10% IFR 后，复合材料出现一定量残炭，不过残炭不完整且出现较多裂纹。当加入的 IFR 量增多时，残炭率逐渐增多且逐渐膨胀和致密。相比于 PLA/20%IFR，PLA/19%IFR/1%OMMT 复合材料的残炭更加完整和致密，并且炭层表面更加光滑。这层致密的保护层犹如树立于 PLA 基体和外界热源之间的屏障，有效地抑制了在燃烧过程中热量和质量的交换。

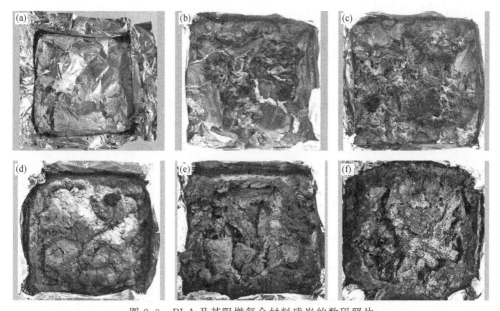

图 2.3　PLA 及其阻燃复合材料残炭的数码照片

（a）PLA 0；（b）PLA 1；（c）PLA 2；（d）PLA 3；（e）PLA 4；（f）PLA 5

PLA/IFR/OMMT 和 PLA/IFR 复合材料的内外层残炭的微观形貌如图 2.4 所示。加入 20% IFR 后，炭层表面出现一些气孔和裂纹，同时还存在没有冲破的气泡。这表明 PLA/20%IFR 的残炭具有一定的强度。相比于 PLA/20%IFR，PLA/19%IFR/1%OMMT 复合材料的残炭表面显示出高低起伏的折叠结构，这些迥然

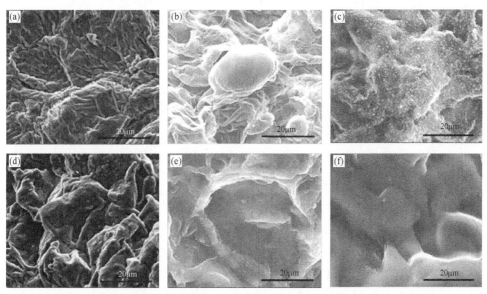

图 2.4　PLA 阻燃复合材料残炭的 SEM 照片（上排—外表面，下排—内表面）

（a）、（d）PLA+19%IFR+1%OMMT；（b）、（e）PLA+20%IFR；（c）、（f）PLA+30% IFR

不同的结构堆叠在一起提高了炭层的强度，有助于增强 PLA 基体的热稳定性和阻燃性能。这主要是因为复合材料的氧化热解，OMMT 会迁移到聚合物表面，随后飘浮的残炭颗粒会堆积在它们周围而形成这种折叠结构[9]，从而形成更优异的阻燃性能。

2.1.3　IFR/OMMT 阻燃聚乳酸复合材料的热稳定性

图 2.5 给出了纯 PLA、PLA/IFR 和 PLA/IFR/OMMT 阻燃复合材料在氮气气氛下的热失重和微分热失重曲线，详细的实验结果列于表 2.4。

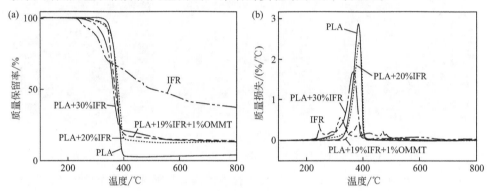

图 2.5　纯 PLA、PLA/IFR 及 PLA/IFR/OMMT 复合材料的
热失重（a）和微分热失重（b）曲线

表 2.4　纯 PLA、PLA/IFR 及 PLA/IFR/OMMT 复合材料的 TGA 数据

样品	T_{onset}/℃	$T_{10\%(质量分数)}$/℃	$T_{50\%(质量分数)}$/℃	T_{max}/℃	残炭率/%		
					500℃	600℃	700℃
纯 PLA	346	353	376	380	2.8	3.3	3.7
PLA+19%IFR+1%OMMT	331	354	385	389	12.1	11.3	10.8
PLA+20%IFR	322	342	374	377	12.7	12.5	13.4
PLA+30%IFR	308	326	369	370	17.5	14.4	14.0

注：T_{onset}—质量损失 5% 时对应的温度；T_{max}—质量损失速率最大时对应的温度。

纯 PLA 在 345.6℃开始分解，最大热分解温度（T_{max}）为 380.0℃，而最大热分解速率为 57.7%/min。500℃时仅剩余 2.8% 残炭。加入一定量 IFR 后，复合材料产了更多的炭渣。不过，PLA/IFR 复合材料的起始分解温度（T_{onset}）和 T_{max} 出现一定程度的降低。当添加 20% IFR 时，材料的 T_{onset} 和 T_{max} 相比于纯 PLA 降低了 24℃和 3℃。这主要归因于 IFR 组分中存在酸源，会诱导 PLA 发生降解。值得注意的是，相比于 PLA/20%IFR，PLA/19%IFR/1%OMMT 复合材料的 T_{onset} 和 T_{max} 分别升高了 9℃和 12℃。这表明加入 OMMT 后，PLA/IFR/OMMT 复合材料更加稳定。这主要归因于 OMMT 自身良好的热性能，同时也有文献称，OMMT 的存在会催化发生交联反应，进而提高体系的热稳定性[10,11]。

2.1.4　小结

加入 20% IFR 后，复合材料的阻燃性能有所提升，极限氧指数由纯 PLA 的 19.3% 上升为 37.5%，不过垂直燃烧时出现严重熔滴。较之 PLA/20% IFR，PLA/19% IFR/1% OMMT 复合材料的阻燃性能显著增强，极限氧指数升高至 41.5%，并且仅产生轻微的熔滴。同时，PLA/19% IFR/1% OMMT 复合材料的 pk-HRR、av-HRR 和 THR 分别降低了 14.1%、35.9% 和 2.4%。这意味着在 PLA 基体中 IFR 与 OMMT 出现明显的协同效应。同时，该复合材料的热稳定性较 PLA/20% IFR 复合材料也有一定程度的改善，T_{onset} 和 T_{max} 分别延后了 24℃、3℃。扫描电镜的结果表明，PLA/19% IFR/1% OMMT 复配阻燃体系能够形成连续完整的残炭，并且呈现光滑致密的褶皱微观形貌。该炭层能够有效地隔热隔氧，从而显著提高了 PLA/IFR 的阻燃效率。

2.2　聚磷酸铵与超支化三嗪成炭剂协同阻燃聚乳酸体系

传统的膨胀型阻燃剂自身存在一些缺陷[12,13]。首先，其与 PLA 基体的相容性较差，且添加量较大，从而导致复合材料的力学、电学和绝缘性能恶化；其次，IFR 极易吸潮，且分子量较低，因而热稳定性、抗迁移性等较差，最终会损害复合材料的综合性能。为此，国内外学者探索了多种途径来改善这些问题[14-16]。

首先，为解决 PLA 基体的熔滴问题，将新型成炭剂 EA 加入 PLA/APP 复合材料中，通过熔融共混制备了 PLA/APP/EA 复合材料，并研究了复合材料的阻燃性能达到最佳时 APP/EA 的质量百分比。其次，研究发现，金属化合物（如氧化镧[17,18]、磷酸锆[4,19]、氧化镍[20]、硼酸锌[21]、分子筛[22]、氧化锌[23,24]、羟基锡酸锌[25]、氧化钼[26,27]、氧化铁[28,29] 等）在较少添加量时不仅能显著提高聚合物树脂的阻燃性能，而且还能增强其热稳定性。这主要归因于在燃烧过程中金属氧化物能在聚合物材料发生燃烧之前快速催化形成交联炭层。基于此，保持复配阻燃剂 APP/EA 的最佳配比（3:1），降低复配阻燃剂 APP/EA 总量至 12%（质量分数），将八种金属化合物作为协效剂，添加到 PLA/APP/EA 复合材料中。此外，高聚物/层状硅酸盐（MMT）纳米复合材料[30-34] 的成功制备，实现了在纳米尺度上聚合物基体与无机粒子的融合，同时克服了传统填充聚合物的诸多缺点，赋予了高分子材料优异的阻隔性能、热性能和力学性能。研究结果表明，MMT 不仅能够显著提高材料的阻燃性能[10,35-38]。同时，还能保持材料本身的力学性能[38-42]，因而将其作为协效剂，与膨胀型阻燃剂复配用于阻燃聚乳酸会取得更好的效果。保持 APP/EA 的总量和配比不变，将四种经过不同表面处理的有机层状硅酸盐（OMMT）加入 PLA/APP/EA 复合材料中，探究 OMMT 与膨胀型阻燃剂 APP/EA 之间的协同作用。

2.2.1 超支化三嗪成炭剂

2.2.1.1 超支化三嗪成炭剂的制备

在 1000mL 三口烧瓶中加入 55.35g（0.3mol）三聚氯氰、104.94g（0.99mol）无水 Na_2CO_3 和 450mL 1,4-二噁烷，将反应混合物置于冰浴条件下搅拌一段时间，使反应混合物冷却至 5℃左右后，将 150mL 乙二胺（28.41g，0.47mol）的 1,4-二噁烷溶液分 30min 滴于三口烧瓶中。滴毕，使反应混合物在 0～20℃的条件下反应 3h，之后在 50℃条件下反应 3h，最后在 100℃条件下反应 3h。对反应混合物进行抽滤、洗涤、干燥，最后得白色粉末产物，产率为 99.6％。其合成路线如图 2.6 所示。

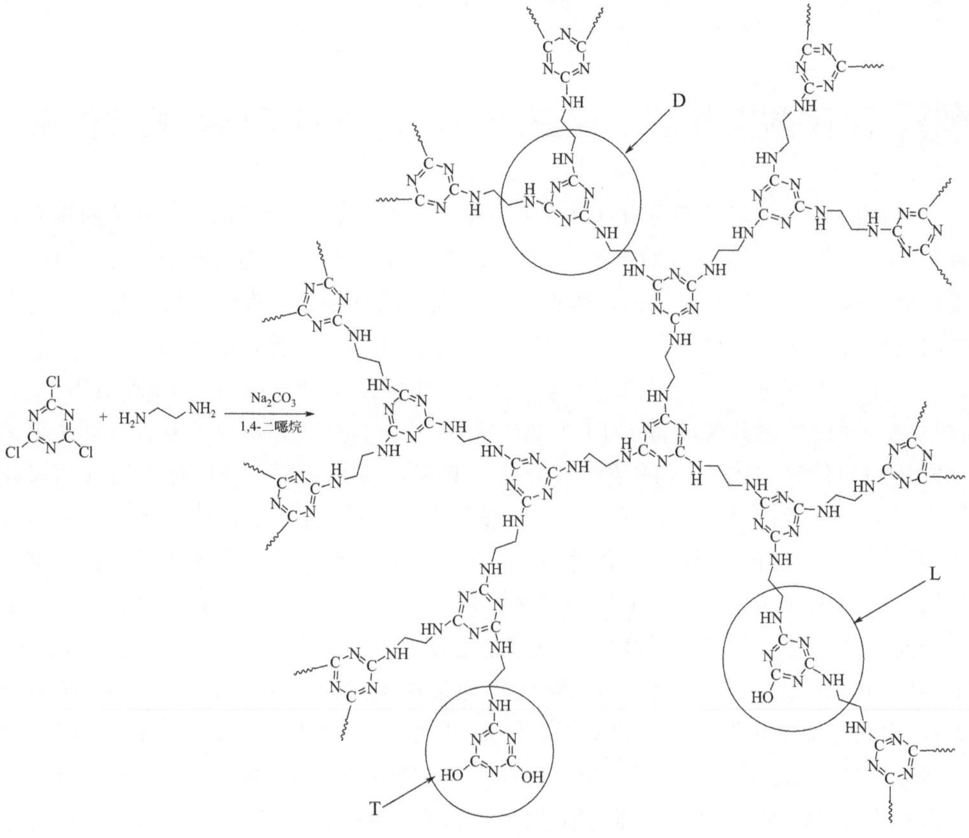

图 2.6　EA 的合成路线

2.2.1.2　超支化三嗪成炭剂的结构与性能

（1）红外分析结果

为了进一步证明 EA 的结构，对其进行了红外分析，从图 2.7 的红外光谱可以看出，$3266.03cm^{-1}$ 处为 N—H 的伸缩振动吸收峰，$2920.27cm^{-1}$ 和 $2850.95cm^{-1}$ 处为—CH_2—的振动吸收峰，$1612.37cm^{-1}$ 和 $1557.85cm^{-1}$ 处为三嗪环的振动峰，$1398.08cm^{-1}$ 为 C—N 的振动吸收峰，结果表明乙二胺与三聚氯氰之间发生了反应。

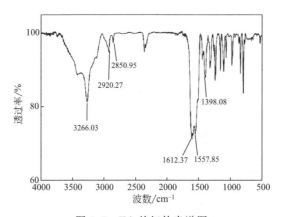

图 2.7　EA 的红外光谱图

（2）热失重分析结果

为了对 EA 的热稳定性进行分析，对其进行了热失重测试，由图 2.8 可以看出，超支化三嗪大分子成炭剂的热稳定性较高，分解 1% 的温度高达 255℃，残炭率为 5.9%，具有一定的成炭性。

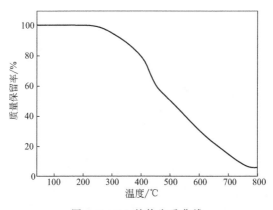

图 2.8　EA 的热失重曲线

（3）固体 EA 的 ^{1}H-NMR 测试

图 2.9 为固体 EA 的 ^{1}H-NMR 谱图。超支化三嗪大分子的结构中存在 3 种结构单元，即树枝状结构单元（D）、线型结构单元（L）和端位结构单元（T），分别用 D、L、T 表示它们在超支化聚合物中所占的比例。从图中可以看出，化学位移为 8.0 的为树枝状结构单元中 N—H 上 H 的化学位移，6.0 化学位移处为线型结构单元中 N—H 上 H 的化学位移，4.4 化学位移处为端位结构单元中 N—H 上 H 的化学位移。根据 Hawker 和 Frechet 提出的计算支化度（DB）的公式 DB＝$\dfrac{D+L}{D+L+T}$，可以推算出 EA 的支化度为 0.8。

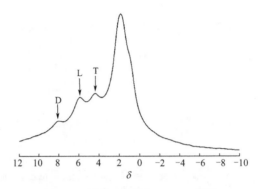

图 2.9　固体 EA 的 ^{1}H-NMR 谱图

（4）固体 EA 的 ^{13}C-NMR 测试

EA 的结构中存在两种环境的 C，即三嗪环上的 C 与乙二胺中亚甲基上的 C。从图 2.10 固体 EA 的 ^{13}C-NMR 谱图可以明显看出，165.64 处为三嗪环上 C 的化学位移，40.39 处为亚甲基上 C 的化学位移。通过红外及固体核磁表征，进一步证明已合成出超支化三嗪大分子 EA。

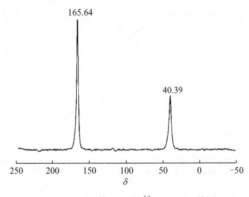

图 2.10　固体 EA 的 ^{13}C-NMR 谱图

2.2.2　APP/EA 协同阻燃聚乳酸

2.2.2.1　APP/EA 阻燃聚乳酸复合材料的制备

首先，将 PLA 置于 80℃恒温干燥 6h。然后以一定的配比（如表 2.5 所示）将 PLA（2003D，美国 NatureWorks 公司）、APP（平均粒径为 15μm，聚合度＞1000，广东聚石化学有限公司）、EA（实验室自制）经人工预混后加入转矩流变仪中，熔融共混 6min，流变仪的参数设定分别为 190℃、60r/min。

表 2.5　纯 PLA、PLA/APP 及 PLA/APP/EA 复合材料的配方比例

样品	PLA(质量分数)/%	APP(质量分数)/%	EA(质量分数)/%
纯 PLA	100	0	0
PLA/20％APP	80	20	0
PLA/18％APP/2％EA	80	18	2
PLA/15％APP/5％EA	80	15	5
PLA/12％APP/8％EA	80	12	8
PLA/10％APP/10％EA	80	10	10

2.2.2.2　APP/EA 阻燃聚乳酸复合材料的阻燃性能

（1）极限氧指数与垂直燃烧测试结果

极限氧指数和垂直燃烧测试用于衡量 PLA 及其阻燃复合材料的阻燃性能，相关的测试结果如表 2.6 所示。从极限氧指数值看，纯 PLA 极限氧指数值仅为 19.3％，极易点燃且伴随着严重的熔滴。加入 20％（质量分数）APP 后，PLA/APP 复合材料的极限氧指数升高至 28.1％。保持阻燃剂总量一定（20％），加入 EA 代替部分 APP 后，随着 EA 添加量的增加，PLA/APP/EA 复合体系的极限氧指数先增加后减少。这意味着 APP 与 EA 之间发生了明显的协同效应，显著提高了 PLA 树脂的阻燃性能。当添加 15％APP/5％EA 时，PLA/APP/EA 复合材料的极限氧指数达到最大值 41.2％。这表明 APP/EA 最佳配比为 15∶5，此时赋予了 PLA 树脂最优异的阻燃性能。

表 2.6　纯 PLA、PLA/APP 及 PLA/APP/EA 复合材料的极限氧指数和垂直燃烧测试结果

样品	LOI/%	t_{1max}[②]/s	t_{2max}[③]/s	引燃脱脂棉	滴落	UL 94 级别
纯 PLA	19.3	38.2	—[①]	是	是	NR
PLA/20％APP	28.1	5.6	1.5	是	是	V-2

续表

样品	LOI/%	t_{1max}②/s	t_{2max}③/s	引燃脱脂棉	滴落	UL 94 级别
PLA/18％APP/2％EA	34.0	1.1	2.2	否	是	V-0
PLA/15％APP/5％EA	41.2	0.7	0.9	否	否	V-0
PLA/12％APP/8％EA	33.6	2.5	2.1	是	是	V-2
PLA/10％APP/10％EA	33.2	3.3	3.5	是	是	V-2

① 样品燃烧至夹具。

② 第一次点燃 10s 后 5 个样品中最大的燃烧时间。

③ 第二次点燃 10s 后 5 个样品中最大的燃烧时间。

垂直燃烧的结果如表 2.6 所示，此外，图 2.11 给出了 PLA 及其阻燃复合材料垂直燃烧后的照片。可以看出，相比于纯 PLA，PLA/20％APP 复合材料产生的熔滴物明显减少，这表明 APP 的加入有效地减缓了熔滴的产生。不过，由于熔滴物引燃了脱脂棉，只能达到 UL 94 V-2 级别。随着 EA 的加入，燃烧时间（即 t_{1max} 和 t_{2max}）进一步缩短，熔滴物也进一步减少。这意味着在 PLA 基体中 APP 与 EA 出现明显的协同效应。当分别添加 2％或 5％EA 时，PLA/APP/EA 复合材料均通过了 UL 94 V-0 级别。特别地，当 APP/EA 的质量比达到 15：5 时，t_{1max} 和 t_{2max} 缩短至最低。值得注意的是，随着 EA 量的增多，材料燃烧时产生的熔滴物逐渐减少。当添加 5％EA 时，在燃烧过程中，复合材料不再产生熔滴物。这表明此时 APP 和 EA 之间的协同效应达到最强，显著提高了熔体黏度，从而增强了 PLA 基复合材料的抗滴落性。不过，添加更多的 EA 后，复合材料又开始产生熔滴物，这主要是因为打破了 APP 和 EA 之间的最佳协效平衡。

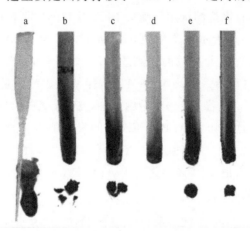

图 2.11　PLA 及其阻燃复合材料垂直燃烧后样品的数码照片

a—PLA；b—PLA/20％APP；c—PLA/18％APP/2％EA；d—PLA/15％APP/5％EA；

e—PLA/12％APP/8％EA；f—PLA/10％APP/10％EA

（2）锥形量热测试结果

图 2.12、图 2.13 分别给出了纯 PLA、PLA/APP 以及 PLA/APP/EA 复合材料的热释放速率和质量损失的曲线。

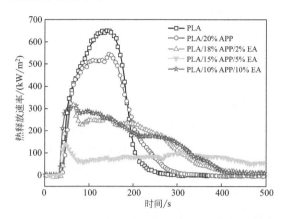

图 2.12　纯 PLA、PLA/APP 及 PLA/APP/EA
复合材料的热释放速率曲线

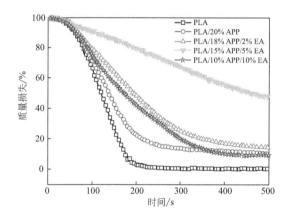

图 2.13　纯 PLA、PLA/APP 及 PLA/APP/EA 复合材料的质量损失曲线

纯 PLA 的热释放速率曲线呈现出典型的尖峰，其 pk-HRR 高达 649kW/m^2，表明材料在很短的时间内就燃烧殆尽，而且燃烧时火势较大。APP 的加入在一定程度上降低了 PLA 基体的 pk-HRR。结合表 2.7 可知，当加入 20％的 APP 时，复合材料的 pk-HRR 与纯 PLA 相比下降了 16.5％，这说明 APP 在 PLA 基体里具有一定的阻燃效果。值得注意的是，PLA/APP/EA 复合材料的 pk-HRR、av-HRR 和 THR 都出现显著下降。同时，可以看出，它们都是先降低后升高的，这与极限氧指数和垂直燃烧结果一致。这种现象表明复合材料在燃烧时的火势已经逐渐得到控制，同时，也进一步证实了当 APP/EA 的质量比为 3：1 时，协同效应达到最

佳。相比于 PLA/20％APP，PLA/15％APP/5％EA 复合体系的 pk-HRR、av-HRR 和 THR 显著下降，分别降低了 74.4％、54.5％和 50.6％。此时，其 HRR 曲线变得更加平缓，这也证实了适量的 EA 会与 APP 产生最好的协同效应，从而在燃烧过程中加速形成强度更高的炭层。

基于图 2.13，纯 PLA 的质量损失曲线在较短的时间内就变成一条水平线，几乎没有残炭剩余。加入 20％APP 后，复合材料的质量损失曲线稍微变缓，并且残炭率显著增多至 9.9％（表 2.7）。相比于 PLA/20％APP，加入 EA 后的复合体系的质量损失更加平缓，同时，最终残炭率进一步升高。可以判断燃烧时 EA 发挥着成炭剂的作用，与 APP 产生协同效应形成更多的残炭。值得注意的是，加入 5％ EA 后，即添加 15％APP/5％EA 后，复合材料的残炭率显著增加到 45.3％。同时，av-MLR（平均质量损失速率）较 PLA/20％APP 显著降低了 44.3％。这也进一步证实了此时 APP 与 EA 之间的协同效应达到最佳，能够促使更多的碳元素进入残炭中，因而导致残炭率显著升高。更多的残炭层更有效地阻隔了内层材料与外层热源的接触[43]，从而表现出更好的阻燃性能。

表 2.7 纯 PLA、PLA/APP 及 PLA/APP/EA 复合材料的锥形量热测试结果

样品	TTI /s	pk-HRR /(kW/m²)	av-HRR /(kW/m²)	THR /(MJ/m²)	av-EHC /(MJ/kg)	av-COY /(kg/kg)
纯 PLA	35	649	174	81	22.2	0.027
PLA/20％APP	37	542	167	77	21.0	0.043
PLA/18％APP/2％EA	34	320	115	65	18.1	0.066
PLA/15％APP/5％EA	30	139	76	38	17.2	0.120
PLA/12％APP/8％EA	32	290	115	65	18.4	0.054
PLA/10％APP/10％EA	29	313	121	69	18.4	0.051

样品	av-CO₂Y /(kg/kg)	av-MLR /(g/s)	残炭率 (质量分数)/%	TSR /(m²/m²)	TSP /m²
纯 PLA	2.5	0.069	0.8	29	0.3
PLA/20％APP	2.3	0.070	9.9	733	6.5
PLA/18％APP/2％EA	2.0	0.056	12.8	471	4.2
PLA/15％APP/5％EA	2.0	0.039	45.3	149	1.3
PLA/12％APP/8％EA	2.1	0.055	12.2	283	2.5
PLA/10％APP/10％EA	2.1	0.058	8.9	294	2.6

PLA/APP/EA 复合材料的点燃时间（TTI）稍微出现缩短，这主要归因于 APP 和 EA 的酸碱性诱导 PLA 基体提前分解，释放出可燃性气体。不过，提前分解有利于阻燃剂与聚合物基体相互作用，从而在较低的温度或较早的燃烧状态时形

成残炭。因此，TTI 的降低不但不会导致阻燃性能的下降，反而有利于复合材料阻燃。

PLA 及其阻燃复合材料的平均 CO 生成量（av-COY）和 CO_2 生成量（av-CO_2Y）如表 3.5 所列。可以看出，纯 PLA 几乎完全燃烧，产生少量的 CO（0.027kg/kg）和较多的 CO_2（2.5kg/kg）。当加入 20%APP 时，燃烧时复合材料开始出现残炭，因而出现不完全燃烧。PLA/APP/EA 复合材料的 av-COY 随着 EA 添加量的增加而先增加后降低，同时 av-CO_2Y 出现相反的规律。特别地，当 APP 与 EA 的质量分数比为 15%∶5% 时，复合体系产生最多的 CO，而 CO_2 生成量最低。这一结果表明复配阻燃剂 APP/EA 的加入导致 PLA 基体不完全燃烧，这主要是由燃烧时产生的残炭覆盖在聚合物表面造成的。

表 2.7 给出了纯 PLA、PLA/APP、PLA/APP/EA 复合阻燃材料的总烟释放量（TSR）。在燃烧过程中，纯 PLA 几乎没有产生烟尘颗粒。相比于纯 PLA，PLA/20%APP 复合材料的 TSR 显著升高。与 PLA/20%APP 相比，PLA/APP/EA 复合体系的 TSR 明显下降。当加入 5%EA 时，复合体系的 TSR 达到最低的 $149m^2/m^2$。可以判断 APP/EA 的加入导致不完全燃烧，产生了一些挥发性残炭碎片。加入 15%APP/5%EA 后，在燃烧过程中大部分碎片粒子被保留，进而变成了残炭的一部分，从而导致了 TSR 显著降低。

有效燃烧热（av-EHC）定义为 av-HRR 与 av-MLR 的比值，显示了燃烧时可燃烧气体的燃烧速度，有利于分析阻燃剂的阻燃机理。加入更多的 EA 后，PLA/APP/EA 复合材料的 av-EHC 逐渐降低到最小，此时 APP/EA 的质量比为 3∶1。随后再提高 EA 的含量，av-EHC 稍微升高。av-EHC 出现下降意味着 av-HRR 比 av-MLR 降低得更快，这表明当阻燃剂 APP/EA 的配比适宜时（15∶5）会出现更加明显的气相阻燃。此时，一些 APP 分子分解释放含磷自由基，以捕捉氧和烃类自由基，从而抑制燃烧的进行。不过，当 EA 的添加量超过 5% 时，其 av-HRR 和 av-MLR 都出现升高，同时 av-EHC 开始升高，这意味着 av-HRR 比 av-HRR 升高得更快。因此，综上可以得出两点：首先，在燃烧过程中，复配阻燃剂 APP/EA 同时发挥着凝聚相和气相阻燃机理；其次，当 APP 与 EA 的质量比为 3∶1 时，复合材料表现出最优异的阻燃性能，这主要归功于此时凝聚相阻燃和气相阻燃充分配合。

2.2.2.3　残炭的组成及形貌分析

从图 2.14 可以看出，加入 20%APP 后，复合材料产生了一些残炭，不过残炭表面比较蓬松，还存在一些裂纹。这意味着 PLA/APP 复合材料具有较低的炭层强度。添加一定量 EA 后，这种现象得到一些改善。相比于 PLA/20%APP，PLA/

18％APP/2％EA复合材料产生了更多的残炭，残炭逐渐完整且稍微膨胀。不过，残炭层表面有些粗糙，并且还出现不少孔洞。这表明EA的加入提高了残炭层质量。值得注意的是，加入15％APP/5％EA后，复合材料的残炭急剧膨胀，炭层高度达到了5cm［图2.14（e）］。同时，炭层表面变得完整、致密且光滑，从而极大地阻隔了内层材料和外界氧气的热量交换，因此表现出最优异的阻燃性能。然而，当EA添加量继续增加时，炭层表面不再致密，且出现了不少裂纹，阻燃性能也随着变差。

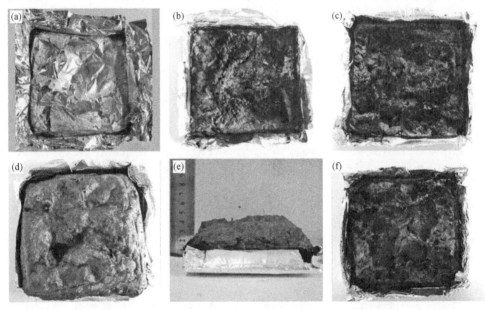

图2.14　纯PLA、PLA/APP及PLA/APP/EA残炭的数码照片
（a）PLA；（b）PLA/20％APP；（c）PLA/18％APP/2％EA；（d）PLA/15％APP/5％EA；
（e）PLA/15％APP/5％EA；（f）PLA/12％APP/8％EA

PLA/APP和PLA/APP/EA复合材料的SEM照片如图2.15所示。可以看出，PLA/APP复合材料的残炭几乎没有膨胀，这主要归因于炭源的缺乏。加入2％EA后，复合材料稍微膨胀，不过残炭层不够致密，阻燃性能也没有明显改善。相比于PLA/20％APP，加入15％APP/5％EA后，复合材料的残炭出现大量气泡相互堆叠的囊泡结构[44]。这种特殊结构类似于细胞壁结构，两气泡边缘出现明显的重叠加强，从而非常有效地抑制了质量和热交换，最终减缓了聚合物基体的热分解。

PLA/APP/EA复合材料燃烧后凝聚相中的碳元素主要来源于PLA和EA，根据表2.8可以看出，PLA含量不变，EA添加量逐渐增大，碳元素含量相对应地也应该增加，因此在加入10％EA后碳元素含量达到最大值27.4％。但是发现PLA/15％APP/5％EA中的碳元素含量也达到了较大值27.2％，这表明APP/EA的配

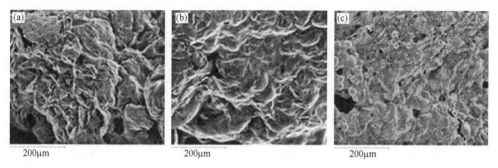

图 2.15　PLA/APP、PLA/APP/EA 复合材料残炭的 SEM 照片

(a) PLA/20%APP；(b) PLA/18%APP/2%EA；(c) PLA/15%APP/5%EA

比在 15/5 时，复合材料燃烧时会捕捉较多的含碳元素的碎片，从而使残炭中碳元素含量增加。同时，PLA/15% APP/5% EA 复合材料残炭中的氮含量最高（2.6%），而凝聚相里氮元素主要来自于 EA 中的三嗪环，表明 APP/EA 的配比在 15/5 时就可以使较多的三嗪环保留在凝聚相中。

表 2.8　PLA/APP/EA 复合材料残炭的元素分析测试结果

样品	C质量分数/%	O质量分数/%	P质量分数/%	N质量分数/%
PLA/18%APP/2%EA	16.5	56.8	25.3	1.4
PLA/15%APP/5%EA	27.2	48.1	22.1	2.6
PLA/12%APP/8%EA	23.1	53.0	22.8	1.1
PLA/10%APP/10%EA	27.4	49.1	21.6	1.9

为了进一步探索 PLA/APP/EA 复合材料的阻燃机理，分别对垂直燃烧测试的样品和锥量测试的残炭进行了红外测试。图 2.16 (a) 为垂直燃烧测试后用小刀刮去表面的样品的红外光谱图，图 2.16 (b) 为锥量测试后残炭的红外光谱图。

图 2.16 (a) 谱图上显示出一些特征吸收峰：3450cm^{-1} 附近为 P—OH 基团中 O—H 和 NH$_4^+$ 中 N—H 的伸缩振动吸收峰的叠加，而 N—H 的面内和面外弯曲振动分别位于 1634cm^{-1}、882cm^{-1} 处。值得注意的是，在 1400cm^{-1} 附近出现了 EA 中三嗪环 C ═N 的伸缩振动吸收峰。可以发现，添加 5% EA 后，C ═N 的吸收强度显著增强，这意味着更多的三嗪环聚集在内层材料里。可以判断，PLA/15%APP/5%EA 复合材料燃烧时内层材料中的 APP 与 EA 会发生交联反应，分子链相互缠绕，从而提高了材料的黏度。值得注意的是，当 APP 与 EA 配比为 15∶5 时，交联反应发生充分，这就很好地解释了为何 PLA/15%APP/5%EA 复合材料在垂直燃烧测试中没有熔滴物产生。

对比图 2.16 (a)，可以发现图 2.16 (b) 在 1155cm^{-1}、991cm^{-1} 处出现了两

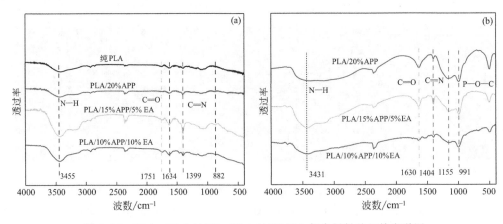

图 2.16　PLA、PLA/APP、PLA/APP/EA 复合材料的红外光谱图

（a）垂直燃烧后；（b）锥形量热测试后

个新的红外吸收峰，这主要归因于 P—O—C 基团的振动吸收。因此可以推断，在燃烧过程中，P、O、C 元素被吸收形成了残炭，同时发生交联反应最终以 P—O—C 结构形式存在于残炭中。值得注意的是，此两处的吸收强度随着 EA 添加量的增大而逐渐增大。这主要是由于 PLA 基体与阻燃剂 APP/EA 之间出现了强烈而复杂的化学作用。

2.2.3　APP/EA/金属化合物协同阻燃聚乳酸

2.2.3.1　APP/EA/金属化合物阻燃聚乳酸复合材料的制备

以一定的配比（如表 2.9 所示）将 PLA、APP、EA、金属化合物（MCs）经人工预混后加入转矩流变仪中，熔融共混 6min，流变仪的参数设定分别为 190℃、60r/min。

表 2.9　纯 PLA、PLA/APP/EA 及 PLA/APP/EA/MCs 的配方比例

样品	PLA 质量分数/%	APP 质量分数/%	EA 质量分数/%	MCs 质量分数/%
PLA0	100	—	—	—
PLA1	88	9	3	—
PLA-X[①]	87	9	3	1

① X=2，3，4，5，6，7，8，9，分别对应不同的金属化合物（$2ZnO \cdot 3B_2O_3$，$2ZnO \cdot 3B_2O_3 \cdot 3.5H_2O$，ZnO，$ZnSnO_3$，$La_2O_3$，磷酸锆，$Sb_2O_3$，沸石 4A）。

完毕后模压成型，物料在模具中预热 5min，排气 3 次，在 10MPa 下压制 8min，保压冷却 10min；最后用制样机切成标准燃烧测试样条。

2.2.3.2 APP/EA/金属化合物阻燃聚乳酸复合材料的阻燃性能

（1）极限氧指数与垂直燃烧测试结果

纯 PLA、PLA/APP/EA 以及 PLA/APP/EA/金属化合物复合材料的极限氧指数和垂直燃烧测试结果如表 2.10 所示。

表 2.10　纯 PLA 及其阻燃复合材料的极限氧指数和垂直燃烧测试结果

样品	LOI/%	t_{1max} [②]	t_{2max} [③]	引燃脱脂棉	滴落	UL 94 级别
PLA0	19.3	38.2	—[①]	是	是	NR
PLA1	30.6	12.7	3.3	是	是	V-2
PLA2	34.2	0.8	1.1	否	是	V-0
PLA3	35.2	8.7	5.7	否	是	V-0
PLA4	35.3	6.3	0.9	否	是	V-0
PLA5	35.8	7.3	1.0	否	是	V-0
PLA6	35.1	9.6	0.9	是	是	V-2
PLA7	31.1	5.9	3.5	是	是	V-2
PLA8	32.4	6.9	1.1	是	是	V-2
PLA9	32.5	7.5	1.7	是	是	V-2

① 样品燃烧至夹具。

② 第一次点燃 10s 后 5 个样品中最大的燃烧时间。

③ 第二次点燃 10s 后 5 个样品中最大的燃烧时间。

可以看出，纯 PLA 的 LOI 仅为 19.3%，低于空气中的氧浓度值（21%），表明纯 PLA 在空气中极易燃烧。当添加总量仅为 12% 的膨胀型阻燃剂（其中包括 9% APP 和 3% EA）后，复合材料的 LOI 显著提高至 30.6%。这意味着对于 PLA 基体而言，较低添加量的 APP/EA 复配阻燃剂仍然具有良好的阻燃效果。

不过，由表 2.10 中列出的垂直燃烧结果数据来看，加入 9%APP/3%EA 后，复合材料的燃烧时间 t_{1max}、t_{2max} 出现大幅度降低，并且滴落现象与纯 PLA 相比有所缓解，但是仍然存在熔滴物引燃脱脂棉的现象，因而只能达到 UL 94 V-2 级别。相比于 PLA/9%APP/3%EA，加入 1% 金属化合物后，复合体系的 LOI 均出现一定程度的增加。当添加 1% ZnO 时，复合体系的 LOI 显著升高至 35.3%。特别地，加入 1% $ZnSnO_3$ 后，复合体系的 LOI 达到最大值 35.8%。这显示加入微量的金属化合物会显著提高 PLA/EA 复配阻燃剂的阻燃效率。同时，值得注意的是，有些金属化合物加入 PLA/APP/EA 复合材料后，复合体系虽然出现熔滴，但熔滴却不能引燃脱脂棉，而且燃烧时间进一步缩短，因而达到了 UL 94 V-0 级。令人惊奇的是，这些金属化合物为无水硼酸锌、3.5 水硼酸锌、氧化锌和锡酸锌四种含锌的金属化合物。这可能归因于该类金属化合物能催化聚合物体系快速交联成炭，同时在聚合物表面形成锌化物覆盖层。

（2）锥形量热测试结果

基于含锌的金属协效剂在 PLA/APP/EA 复合材料中良好的阻燃表现，随后对这四种含锌金属化合物的复合材料进行了锥形量热仪测试以探究其阻燃机理。图 2.17 和图 2.18 分别给出了纯 PLA、PLA/APP/EA 以及 PLA/APP/EA/含锌金属化合物复合材料的热释放速率和质量损失曲线。

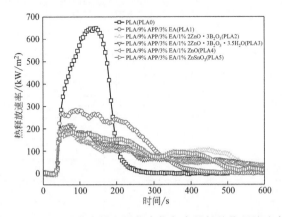

图 2.17　纯 PLA 及其含锌金属化合物复合材料的热释放速率曲线

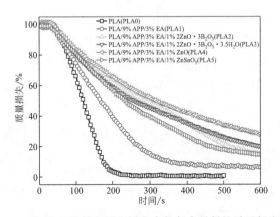

图 2.18　纯 PLA 及其含锌金属化合物复合材料的质量损失曲线

纯 PLA 的热释放速率曲线呈现出典型的大尖峰，其热释放速率峰值高达 $649kW/m^2$，表明材料在很短的时间内就燃烧殆尽，而且燃烧时火势较大。复配阻燃剂 9%APP/3%EA 的加入显著降低了 PLA 基体的 pk-HRR、av-HRR 和 THR。相比于纯 PLA，复合材料的 pk-HRR、av-HRR、THR 分别下降了 56.4%、50.6%、18.5%。这表明虽然阻燃剂总添加量（12%）较少，但是 APP/EA 以一定比例复配（3∶1）依然能在 PLA 基体中表现出良好的阻燃效果。相比于 PLA/

9%APP/3%EA，加入 1%含锌的金属化合物，复合体系的阻燃性能得到进一步加强，材料的 pk-HRR、av-HRR、THR 都出现一定程度的下降，这也印证了含锌金属化合物的存在提高了 APP/EA 复配的阻燃效率。通过对比可以发现，当添加 1% ZnO 时，复合体系表现出更加优异的阻燃性能，其 pk-HRR、av-HRR、THR 分别降低了 33.9%、19.8%、24.2%，其中材料的 av-HRR、THR 均为最低。这主要归因于燃烧时 ZnO 的催化作用快速地在聚合物表面形成锌化物的保护层以隔绝里层材料与外界火焰之间的热交换。

图 2.18 给出了纯 PLA 及其阻燃复合材料的质量损失随时间的变化趋势。结合表 2.11 可以看出，纯 PLA 的质量损失曲线在较短的时间内就变成一条水平线，平均质量损失速率高达 0.069g/s，且最终残炭率几乎为零（0.8%）。加入 9%APP/3%EA 后，复合材料的质量损失曲线大幅度放缓，平均质量损失速率显著降低，下降了 33.3%。此外，残炭率出现一定量增加。相比于 PLA/9%APP/3%EA，PLA/9%APP/3%EA/1%含锌金属化合物复合材料的残炭率显著增加。通过对比可以发现，燃烧后 PLA/9%APP/3%EA/1%ZnO 复合体系产生的残炭率最多，是 PLA/9%APP/3%EA 残炭率的四倍。这表明在燃烧过程中 ZnO 的催化作用最强，极大地增强了复合体系的成炭能力。此外，值得注意的是，当加入其他含锌的金属化合物时，复合体系的 av-MLR 并未出现降低，而当引入 1% ZnO 后，该复合体系的 av-MLR 却降低了 0.002g/s。这表明相比于其他三种含锌的金属化合物，ZnO 催化形成的残炭层阻隔能力最强。

表 2.11　纯 PLA 及其含锌金属化合物复合材料的锥形量热测试结果

样品	TTI /s	pk-HRR /(kW/m²)	av-HRR /(kW/m²)	THR /(kW/m²)	av-EHC /(MJ/kg)	av-COY /(kg/kg)	av-CO₂Y /(kg/kg)	av-MLR /(g/s)	残炭率(质量分数)/%	TSR /(m²/m²)
PLA0	35	649	174	81	22.2	0.027	2.5	0.069	0.8	29
PLA1	34	283	86	66	16.6	0.060	1.9	0.046	5.3	391
PLA2	29	207	84	56	15.6	0.055	1.9	0.048	12.6	120
PLA3	32	216	84	56	15.9	0.061	1.9	0.047	15.5	207
PLA4	34	187	69	50	15.1	0.062	1.9	0.044	23.0	144
PLA5	29	185	87	58	15.5	0.051	1.9	0.049	12.0	174

另外，由表 2.11 可知，纯 PLA 在测试过程中充分燃烧，总烟释放量为 29m²/m²。由于出现不完全燃烧，PLA/9%APP/3%EA 复合材料的 TSR 显著增大，并且产生了较多的 CO，这主要归因于复合材料燃烧时在表面生成了残炭保护层，该保护层在一定程度上隔绝了氧气，从而使内层材料出现不完全燃烧。不过，当加入 1%含锌金属化合物时，复合体系的 TSR 相比于 PLA/9%APP/3%EA 的显著下降。这证实了含锌的金属化合物在 PLA/APP/EA 复合体系中具有

抑烟效果。特别地，当加入 1％无水硼酸锌时，复合体系产生的烟量最低，相比于 PLA/9％APP/3％EA，下降了 69.3％。当然，通过对比可以发现，ZnO 的抑烟效果也非常明显。

（3）残炭形貌分析

纯 PLA、PLA/APP/EA 以及 PLA/APP/EA/金属化合物复合材料残炭的宏观、微观形貌如图 2.19、图 2.20 所示。从图 2.19 可以看出，相比于 PLA/9％APP/3％EA，含锌金属化合物和 APP/EA 复配阻燃体系的残炭表面更加完整和致密，这也进一步证实了燃烧时含锌金属化合物的存在不仅会促进成炭，而且还会提高成炭的质量。

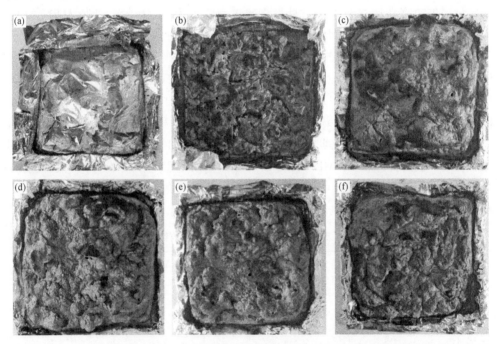

图 2.19　PLA 及其含锌金属化合物复合材料残炭的数码照片

(a) PLA；(b) PLA/9％APP/3％EA；(c) PLA/9％APP/3％EA/1％2ZnO·3B$_2$O$_3$；

(d) PLA/9％APP/3％EA/1％2ZnO·3B$_2$O$_3$·3.5H$_2$O；(e) PLA/9％APP/3％EA/1％ZnO；

(f) PLA/9％APP/3％EA/1％ZnSnO$_3$

图 2.20 更清楚地显示出 PLA/APP/EA/含锌金属化合物和 PLA/APP/EA 复合材料残炭的微观形貌的差异。可以看出，PLA/9％APP/3％EA 复合材料的残炭层不完整，并且出现一些孔洞，这主要是由复合材料燃烧时释放出气体进而将较脆弱的残炭层冲破造成的。此外，并未观察到气泡的出现，可以判断 PLA/9％APP/3％EA 燃烧时残炭膨胀并不明显 [图 2.20 (a) 和图 2.20 (f)]。当加入 1％不同的含锌金属化合物后，复合体系残炭的微观形貌迥然不同。通过对比

可以发现，添加四种含锌金属化合物之后，复合体系的残炭层强度出现增强。添加 1％的无水硼酸锌，残炭层比较连续，并出现部分膨胀，尽管出现少数气孔。这意味着加入无水硼酸锌，复合体系的残炭强度出现增强［图 2.20（b）和图 2.20（g）］。PLA/9％APP/3％EA/1％ZnO 复合材料的炭层膨胀显著［图 2.20（d）］，并且还出现褶皱和闭孔的泡孔结构。这种奇特的炭层结构赋予了复合材料优异的阻隔特性，因而在较大程度上阻隔了内外层材料的热和质量交换，从而增强了复合体系的阻燃性能。

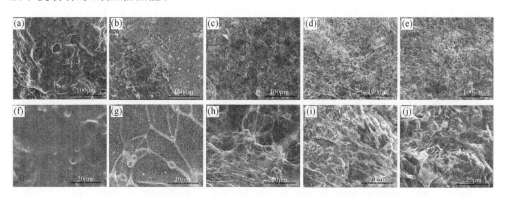

图 2.20　PLA 及其含锌金属化合物复合材料残炭的 SEM 照片

(a)、(f) PLA/9％APP/3％EA；(b)、(g) PLA/9％APP/3％EA/1％2ZnO・3B$_2$O$_3$；

(c)、(h) PLA/9％APP/3％EA/1％2ZnO・3B$_2$O$_3$・3.5H$_2$O；

(d)、(i) PLA/9％APP/3％EA/1％ZnO；(e)、(j) PLA/9％APP/3％EA/1％ZnSnO$_3$

2.2.3.3　APP/EA/金属化合物阻燃聚乳酸复合材料的热稳定性

为研究金属化合物对 PLA/APP/EA 复合体系的热稳定性影响，图 2.21 给出了纯 PLA 及其阻燃复合材料在氮气气氛下的热失重曲线图，详细的测试结果列于表 2.12。

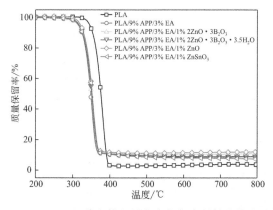

图 2.21　纯 PLA 及其含锌金属化合物复合材料的热失重曲线

表 2.12　纯 PLA 及其含锌金属化合物复合材料的 TGA 数据

样品	T_{onset} /℃	T_{max} /℃	残炭率(质量分数)/%		
			600℃	700℃	800℃
PLA	345.6	380.0	3.3	3.7	3.7
PLA/9%APP/3%EA	316.2	351.4	8.4	8.1	8.4
PLA/9%APP/3%EA/1%2ZnO·3B$_2$O$_3$	319.6	351.8	10.3	10.5	10.8
PLA/9%APP/3%EA/1%ZnO·3B$_2$O$_3$·3.5H$_2$O	317.1	354.0	9.0	9.0	9.0
PLA/9%APP/3%EA/1%ZnO	321.0	355.1	11.4	11.7	10.0
PLA/9%APP/3%EA/1%ZnSnO$_3$	315.0	355.5	8.0	7.7	7.3

注：T_{onset}—质量损失 5% 时对应的温度。T_{max}—质量损失速率最大时对应的温度。

研究发现，相比于纯 PLA，PLA/9%APP/3%EA 复合材料的起始分解温度（T_{onset}）和最大热分解温度（T_{max}）均出现一定幅度的下降，这主要归因于在较低温度下 APP 分解产生的聚磷酸铵或偏磷酸铵会促进 PLA 基体分解。不过，当添加 1% 含锌金属化合物之后，相比于 PLA/9%APP/3%EA，复合体系的 T_{onset} 和 T_{max} 均出现升高。这主要是因为含锌金属化合物的存在会促使燃烧过程中形成更多的残炭。通过对比可以看出，加入 1% ZnO 后，复合体系的 T_{onset} 和 T_{max} 升高最多，分别提高了 4.8℃ 和 3.7℃。同时，PLA/9%APP/3%EA/1%ZnO 复合材料的残炭率也显著增多。相比于 PLA/9%APP/3%EA，600℃ 时 PLA/9%APP/3%EA/1%ZnO 的残炭率提高了 35.7%。这也进一步证实了 ZnO 的加入显著增强了 PLA/APP/EA 的成炭能力，与锥量测试结果相一致。

2.2.4　APP/EA/蒙脱土协同阻燃聚乳酸

2.2.4.1　APP/EA/蒙脱土阻燃聚乳酸复合材料的制备

以一定的配比（如表 2.13 所示）将 PLA、APP、EA、OMMT 经人工预混后加入转矩流变仪中，熔融共混 6min，流变仪的参数设定分别为 190℃、60r/min。

表 2.13　纯 PLA、PLA/APP/EA 及 PLA/APP/EA/OMMT 的配方比例

样品	PLA/质量分数/%	APP 质量分数/%	EA 质量分数/%	OMMT 质量分数/%
PLA0	100	—	—	—
PLA1	88	9	3	—
PLA-X[①]	87	9	3	1

① X=10，11，12，13，分别对应不同品种的 OMMT（DK-4，I.34TCN，I.24TL，Charex.44PSS）。

2.2.4.2　APP/EA/蒙脱土阻燃聚乳酸复合材料的阻燃性能

（1）极限氧指数与垂直燃烧测试结果

纯 PLA、PLA/APP/EA 以及 PLA/APP/EA/OMMT 复合材料的极限氧指数和垂直燃烧测试结果如图 2.14 所示。

表 2.14　纯 PLA、PLA/APP/EA 以及 PLA/APP/EA/OMMT
复合材料的极限氧指数和垂直燃烧测试结果

样品	LOI/%	t_{1max}②	t_{2max}③	引燃脱脂棉	滴落	UL 94 级别
PLA0	19.3	38.2	—①	是	是	NR
PLA1	30.6	12.7	3.3	是	是	V-2
PLA10	31.1	3.2	0.9	是	是	V-2
PLA11	34.5	7.9	3.5	是	是	V-2
PLA12	35.1	9.3	2.0	是	是	V-2
PLA13	34.2	3.9	3.5	否	是	V-0

① 样品燃烧至夹具。

② 第一次点燃 10s 后 5 个样品中最大的燃烧时间。

③ 第二次点燃 10s 后 5 个样品中最大的燃烧时间。

从表 2.14 可以看出，纯 PLA 的 LOI 仅为 19.3%，低于空气中的氧浓度值（21%），表明纯 PLA 在空气中极易燃烧。当添加 9%APP/3%EA 时，复合材料的 LOI 显著升高至 30.6%。相比于 PLA/9%APP/3%EA，随着 1%OMMT 的加入，复合体系的极限氧指数均上升，这主要归因于 OMMT 的阻隔作用。当加入 1% I2.4TL 后，复合材料的极限氧指数达到最高值 35.1%，较 PLA/9%APP/3%EA 增加了 14.7%。

由表 2.14 中列出的垂直燃烧数据以及测试时的实验现象来看，纯 PLA 在空气中持续燃烧并伴有严重的滴落现象，因而不能通过垂直燃烧 UL 94 的测试。加入 9%APP/3%EA 后，复合材料的燃烧时间（t_{1max}、t_{2max}）大幅度缩短，但是熔滴物引燃了脱脂棉，因而只能达到 V-2 级别。当另外再添加 1% 的 OMMT 时，各复合体系的燃烧时间均显著缩短。加入 1% DK-4、I.34TCN、I.24TL 后，复合体系燃烧时尽管熔滴现象有所缓解，但还是因为出现熔滴，且熔滴物引燃脱脂棉而只能达到 V-2 级。值得注意的是，当添加 1% Charex.44PSS 时，燃烧时尽管依然存在熔滴现象，但是熔滴物并没有引燃脱脂棉而达到了 V-0 级别，这主要归因于 Charex.44PSS 更易于迁移到聚合物表面，在外界与内层材料之间形成一层绝缘保护层。同时，PLA/9%APP/3%EA/1%Charex.44PSS 复合材料的极限氧指数高达 34.2%。

（2）锥形量热测试结果

图 2.22、图 2.23 分别给出了纯 PLA、PLA/APP/EA 以及 PLA/APP/EA/
OMMT 复合材料的热释放速率和质量损失曲线图，详细的锥量测试结果如表 2.15
所示。

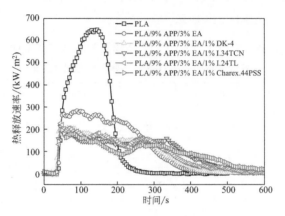

图 2.22　纯 PLA、PLA/APP/EA 以及 PLA/APP/EA/OMMT
复合材料的热释放速率曲线

如图 2.22 所示，复配阻燃剂 9%APP/3%EA 的加入显著降低了 PLA 基体的
pk-HRR、av-HRR、THR。相比于纯 PLA，复合材料的 pk-HRR、av-HRR、
THR 分别下降了 56.4%、50.6%、18.5%。这表明虽然阻燃剂总添加量（12%）
较少，但是 APP/EA 以一定比例复配（3∶1）依然具有一定的阻燃效果。相比于
PLA/9%APP/3%EA，加入 1% OMMT 后，复合材料的 pk-HRR、av-HRR、
THR 都出现了进一步的下降，这意味着 OMMT 的加入降低了燃烧的强度。这表
明在 PLA 基体里 OMMT 与 APP/EA 之间产生了明显的协同效应，显著提高了
APP/EA 的阻燃效率。通过对比可以发现，PLA/9%APP/3%EA/1%DK-4 复合
材料在燃烧过程中产生的 pk-HRR、av-HRR、THR 最低，较之 PLA/9%APP/
3%EA 分别降低了 27.2%、9.3%、21.2%。这主要归因于表面经过双十八烷基有
机化改性处理的 DK-4 的存在，促进了膨胀型阻燃剂 APP/EA 在 PLA 基体中的良
好分散。

图 2.23 给出了纯 PLA 及其阻燃复合材料的质量损失随时间的变化趋势。结合
表 2.15 可以看出，当加入 1% OMMT 后，复合体系的质量损失曲线得到进一步的
缓和，并且残炭率显著增加。这意味着 PLA/9%APP/3%EA/1%OMMT 复合材
料的燃烧过程变得平缓。通过对比可以发现，当添加 1% I.34TCN 时，复合体系在
燃烧过程中产生了最多的残炭（11.8%），相比于 PLA/9%APP/3%EA，材料的残炭
率提高了 122.6%。这表明表面经过 $CH_3(CH_2)_{17}N(CH_3)[(CH_2CH_2OH)_2]^+$ 改
性处理之后的蒙脱土 I.34TCN 会显著增强材料的成炭能力。此外，对比四组 PLA/

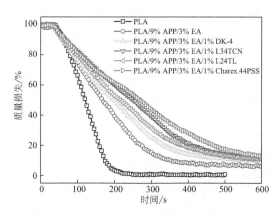

图 2.23　纯 PLA、PLA/APP/EA 以及 PLA/
APP/EA/OMMT 复合材料的质量损失曲线

9％APP/3％EA/1％OMMT 复合体系的 av-MLR 发现，只有当加入 1％ DK-4 后，复合体系的 av-MLR 出现降低，下降了 0.003g/s。这可能归功于 DK-4 与 APP/EA 出现了协同效应，增强了复合材料的残炭层强度，从而减缓了燃烧过程中的质量交换。

　　由表 2.15 可知，纯 PLA 在测试过程中充分燃烧，总烟释放量为 $29m^2/m^2$。由于出现不完全燃烧，PLA/9％APP/3％EA 复合材料的 TSR 显著增大，并且产生了较多的 CO。这主要归因于复合材料燃烧时在表面生成了一定量的残炭保护层，该保护层在一定程度上隔绝了氧气，从而使内层材料出现不完全燃烧。不过，当加入 1％ OMMT 时，复合体系的 TSR 相比于 PLA/9％APP/3％EA 出现一定程度的下降，这主要是因为 OMMT 的阻隔作用。特别地，当加入 1％ I.34TCN 后，复合体系的总烟释放量最低，相比于 PLA/9％APP/3％EA，下降了 77.7％。这主要是因为燃烧时该复合材料产生了大量的炭渣。

表 2.15　纯 PLA、PLA/APP/EA 以及 PLA/APP/EA/OMMT 复合材料的锥形量热测试结果

样品	TTI /s	pk-HRR /(kW/m²)	av-HRR /(kW/m²)	THR /(kW/m²)	av-EHC /(MJ/kg)	av-COY /(kg/kg)	av-CO$_2$Y /(kg/kg)	av-MLR /(g/s)	残炭率(质量分数)/%	TSR /(m²/m²)
PLA0	35	649	174	81	22.2	0.027	2.5	0.069	0.8	29
PLA1	34	283	86	66	16.6	0.060	1.9	0.046	5.3	391
PLA10	29	206	78	52	15.9	0.071	2.0	0.043	8.9	240
PLA11	30	211	103	59	16.2	0.048	1.9	0.056	11.8	87
PLA12	31	226	84	56	15.7	0.073	1.9	0.047	9.9	156
PLA13	30	199	86	57	15.7	0.060	1.9	0.048	9.9	195

（3）残炭形貌分析

纯 PLA、PLA/APP/EA 以及 PLA/APP/EA/OMMT 复合材料残炭的宏观、微观形貌如图 2.24、图 2.25 所示。从图 2.24 可以看出，相比于 PLA/9%APP/3%EA，加入 OMMT 之后，复合体系的残炭会更加膨胀和致密，这也进一步证实了燃烧时 OMMT 的存在可以提高残炭层的质量。

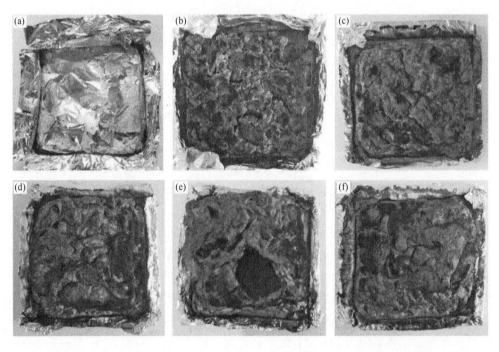

图 2.24　纯 PLA、PLA/APP/EA 以及 PLA/APP/EA/OMMT 复合材料残炭的数码照片
(a) PLA；(b) PLA/9%APP/3%EA；(c) PLA/9%APP/3%EA/1%DK-4；
(d) PLA/9%APP/3%EA/1%I.34TCN；(e) PLA/9%APP/3%EA/1%I.24TL；
(f) PLA/9%APP/3%EA/1%Charex.44PSS

PLA/APP/EA 和 PLA/APP/EA/OMMT 复合材料残炭的微观形貌的差异如图 2.25 所示。从图中可以看出，加入经过不同有机改性处理的 OMMT 后，复合体系残炭的微观形貌迥然不同。相比于 PLA/9%APP/3%EA，PLA/9%APP/3%EA/1%OMMT 的残炭连续而紧密，这意味着 OMMT 的存在显著提高了残炭层的强度。通过对比可以观察到，加入 1% DK-4 后，复合材料的残炭层出现膨胀，并且部分发生折叠［图 2.25（b）］。较大倍率下［图 2.25（g）］可以发现，APP/EA 较均匀地分散在 PLA 基体里，这意味着 DK-4 的存在促进复配阻燃剂在 PLA 中的分散，进而显著增强了 PLA/APP/EA 的阻燃性能。而当添加 1% I.34TCN 时，残炭表面出现了白色网状"纤维"，这种特有的结构加强了炭层强度［图 2.25（c）

和图 2.25 （h）]。PLA/9%APP/3%EA/1%I.24TL 复合体系的残炭层表面连续而光滑，而加入 1% Charex.44PSS 后，残炭表面出现了有一定分散性的片层结构。这些特殊的结构赋予了复合材料优异的阻隔特性，因而在较大程度上阻隔了内外层材料的热和质量交换，从而增强了复合体系的阻燃性能。

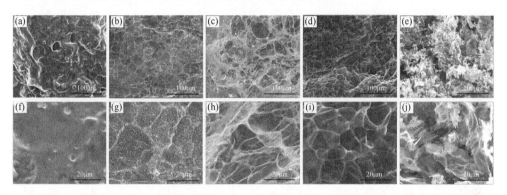

图 2.25　纯 PLA、PLA/APP/EA 以及 PLA/APP/EA/OMMT 复合材料残炭的 SEM 照片
(a)、(f) PLA/9%APP/3%EA；(b)、(g) PLA/9%APP/3%EA/1%DK-4；
(c)、(h) PLA/9%APP/3%EA/1%I.34TCN；(d)、(i) PLA/9%APP/3%EA/1%I.24TL；
(e)、(j) PLA/9%APP/3%EA/1%Charex.44PSS

2.2.4.3　APP/EA/蒙脱土阻燃聚乳酸复合材料的热稳定性

为探究有机蒙脱土对 PLA/APP/EA 体系的热稳定性影响，图 2.26 给出了纯 PLA 及其阻燃复合材料在氮气气氛下的热失重曲线，详细的测试结果列于表 2.16。

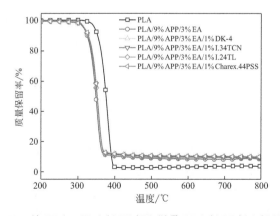

图 2.26　纯 PLA、PLA/APP/EA 以及 PLA/APP/EA/OMMT
复合材料的热失重曲线

表 2.16　纯 PLA、PLA/APP/EA 以及 PLA/APP/EA/OMMT 复合材料的 TGA 数据

样品	T_{onset} /℃	T_{max} /℃	残炭率(质量分数)/%		
			600℃	700℃	800℃
PLA	345.6	380.0	3.3	3.7	3.7
PLA/9%APP/3%EA	316.2	351.4	8.4	8.1	8.4
PLA/9%APP/3%EA/1%DK-4	316.7	355.0	10.3	10.2	9.9
PLA/9%APP/3%EA/1%I.34TCN	316.2	355.9	10.2	10.0	9.6
PLA/9%APP/3%EA/1%I.24TL	318.0	354.5	9.3	9.2	9.1
PLA/9%APP/3%EA/1%Charex.44PSS	318.0	355.6	10.4	10.2	9.9

注：T_{onset}—质量损失 5% 时对应的温度。T_{max}—质量损失速率最大时对应的温度。

相比于 PLA/9%APP/3%EA，添加 1% OMMT 之后的复合体系的 T_{onset} 和 T_{max} 均升高，这主要归因于 OMMT 本身具备良好的热稳定性。不过，可以发现，它们并没有呈现一致的趋势，这可能是由于表面经过不同的有机处理剂修饰，引入了一些不稳定的可燃性基团。可以看出，燃烧时 PLA/9%APP/3%EA/1%OMMT 复合材料的残炭率明显增多，这意味着 OMMT 与 APP/EA 发生明显的协同效应，进而促进形成残炭，与锥量测试结果相一致。

2.2.5　小结

复配阻燃剂 APP/EA 显著增强了 PLA 基体的阻燃性能和抗滴落性。当添加 15%APP/5%EA 时，即 APP 与 EA 质量比为 3∶1，PLA/APP/EA 复合材料的阻燃性能最强，复合材料的极限氧指数最高，并通过 UL 94 V-0 级别，并且没有任何熔滴物产生。此外，复合材料的 pk-HRR、av-HRR 和 THR 降至最低，并形成最多的残炭。av-EHC 的变化趋势意味着燃烧时阻燃剂 APP/EA 在 PLA 基体里同时发挥着凝聚相和气相阻燃作用。扫描电镜、元素分析和红外结果证实，当添加 15% APP 和 5% EA 时，APP 与 EA 产生的协同作用最强，从而显著提高了聚合物材料的黏度，并抑制了熔滴的产生；更多的含碳、氮元素的碎片颗粒被吸收进入残炭，它们相互作用形成了更加致密和稳定的炭层表面。

当添加 9%APP/3%EA 时，复合材料的燃烧性能和热性能有一定的改善。加入八种金属化合物之后，四种含锌的金属化合物（无水硼酸锌、3.5 水硼酸锌、氧化锌和锡酸锌）与 APP/EA 发生明显的协同作用。相比于 PLA/9%APP/3%EA，加入 1% 含锌的金属化合物后，复合材料的阻燃性能和热稳定性有了显著提高。这主要归因于含锌的金属化合物能催化形成残炭。特别地，四种含锌的金属化合物中的氧化锌对膨胀型阻燃聚乳酸复合材料显示出最佳的协效作用。当添加 1% ZnO 时，复合体系的极限氧指数高达 35.3%，并通过 UL 94 V-0 级。同时，相比于

PLA/9％APP/3％EA，材料的 pk-HRR、av-HRR、THR 显著降低了 33.9％、19.8％、24.2％，这主要归因于氧化锌的加入不仅催化 PLA/APP/EA 复合材料快速交联成炭，而且还显著提高了残炭层的质量。SEM 证实该残炭表面形成了褶皱和闭孔的泡孔结构，赋予了复合材料优异的阻燃性能。

通过熔融共混法，制备了 PLA、PLA/APP/EA、PLA/APP/EA/OMMT 复合材料。加入四种经过不同表面处理的 OMMT 后，四种 OMMT（DK-4、I.34TCN、I.24TL 和 Charex.44PSS）与 APP/EA 发生明显的协同作用。相比于 PLA/9％APP/3％EA，加入 1％ OMMT 后，复合材料的阻燃性能和热稳定性有了显著提高。这主要归因于 OMMT 的存在极大地催化形成残炭层以及 OMMT 自身的层状结构。值得注意的是，当添加 1％ Chare.44PSS 时，复合体系通过了 UL 94 V-0 级，并且其极限氧指数也高达 34.2％。这主要归因于燃烧时该类蒙脱土更易于从内层材料迁移到聚合物表面，进而发挥良好的阻隔效应。锥形量热测试数据结果表明，PLA/9％APP/3％EA/1％OMMT 复合材料由于 OMMT 的修饰方式不同而分别在热、质量和烟等方面都有优异的表现。加入 1％ DK-4 后，复合材料燃烧所产生的热量最低。较之 PLA/9％APP/3％EA，其 pk-HRR、av-HRR、THR 显著降低了 27.2％、9.3％、21.2％。这主要归因于 DK-4 促使复配阻燃剂在基体中良好的分散。而当添加 1％ I.34TCN 时，复合体系的残炭率达到最大，这意味着该种 OMMT 的加入显著提高了材料的成炭能力，同时，该复合体系的总烟释放量最低。SEM 证实加入不同种类的 OMMT 形成了迥然不同的残炭微观结构，这些特殊结构的出现表明了 OMMT 与膨胀型阻燃剂 APP/EA 具有良好的协同效应。

2.3 聚磷酸铵与含硅三嗪成炭剂协同阻燃聚乳酸体系

基于自身的三嗪环结构，三嗪类衍生物是一类具有良好热稳定性的富含叔氮结构的化合物。由于其独特的富氮结构，人们将其与含磷阻燃剂复配用于阻燃聚合物树脂（如聚丙烯[45-48]、环氧树脂[49-51]、聚酰胺[52,53]、聚乳酸[13]），实现了良好的阻燃效果。另外，含硅化合物[9,54,55] 一般具有较高的热稳定性和憎水性，在燃烧过程中在材料表面会形成含 Si—O 或 Si—C 键的无机保护层，从而减缓燃烧。因此，如果通过化学合成将硅元素引入三嗪类化合物的主链中，则可获得兼具两者优点的一类新型成炭剂。

本节介绍了主链含硅的新型三嗪成炭剂 MEA 的合成，通过红外和热失重分析表征其结构和热稳定性。同时通过熔融共混制备了 PLA/APP/MEA 复合材料，通过极限氧指数、垂直燃烧、锥形量热仪测试和热失重分析对复合材料的热稳定性和阻燃性能进行了研究，并进一步分析了 APP 和 MEA 的协同阻燃作用机理。

2.3.1　含硅三嗪成炭剂

2.3.1.1　含硅三嗪成炭剂的制备

MEA 的合成路线如图 2.27 所示。将 24mL 二甲基二氯硅烷、36g 无水乙二胺加入盛有 250mL 1,4-二噁烷和 35g 碳酸钠的三口烧瓶中，保持反应温度为 60℃，搅拌条件下反应 2h，之后每 30min 升温 5℃，直至 90℃，搅拌条件下反应 2h，得到中间产物即二（N-氨乙基）二甲基硅烷；然后将中间产物和 24.8g 三聚氯氰加入含 110mL 1,4-二噁烷和 30g 碳酸钠的三口烧瓶中，冰浴搅拌反应 3h，随后升温至 50℃，搅拌条件下反应 3h，然后升温至 100℃，搅拌条件下反应 3h；将产物加入 100g 水中，保持温度为 80℃，搅拌洗涤 30min；抽滤得到产物，粉碎研磨后烘干 1h，得到目标产物 MEA。

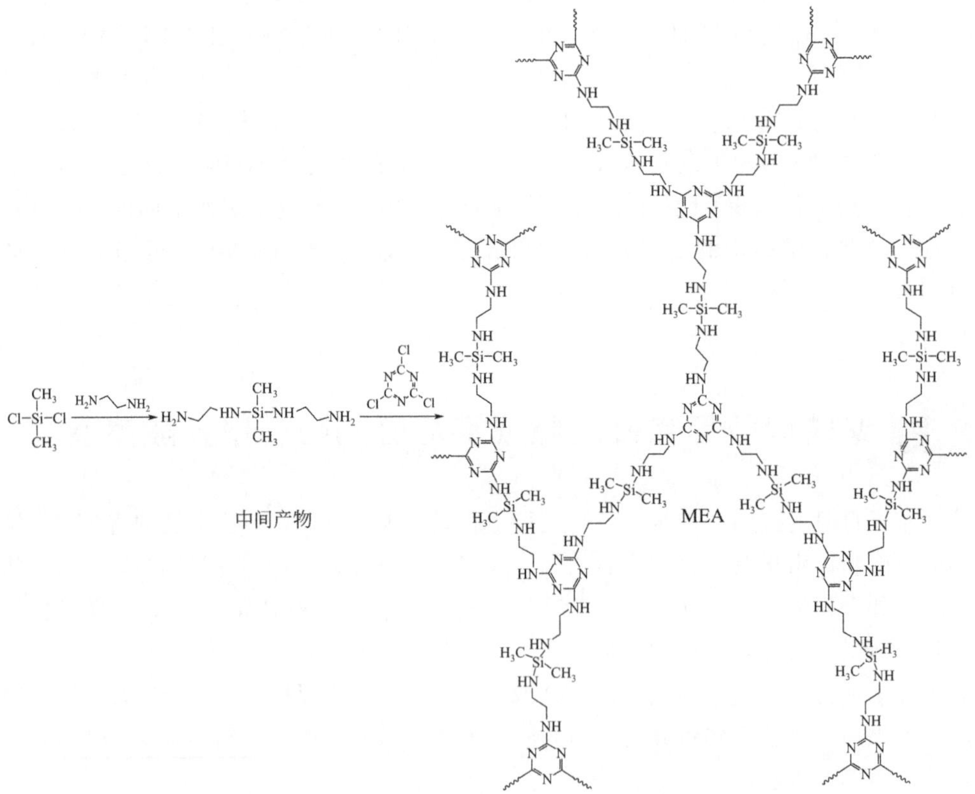

图 2.27　MEA 的合成路线

2.3.1.2　含硅三嗪成炭剂的结构与性能

（1）红外分析结果

MEA 的红外光谱如图 2.28 所示。由图可知，MEA 的特征峰有：3430cm^{-1}、1622cm^{-1} 处依次对应于 N—H 的伸缩振动峰和弯曲振动峰，而甲基、亚甲基的伸缩振动峰位于 3000cm^{-1} 附近，1094cm^{-1}、1027cm^{-1} 处的峰归因于 N—Si—N 结构的振动吸收，而 1261cm^{-1} 处为 Si—C 的振动吸收峰。值得注意是，1399cm^{-1}、803cm^{-1} 处的峰分别为三嗪环骨架的伸缩和弯曲振动峰，这意味着 MEA 的分子结构中含有三嗪环。红外结果表明已成功制备出超支化三嗪衍生物 MEA。

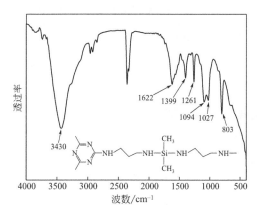

图 2.28　MEA 的红外光谱图

（2）热失重分析结果

图 2.29 给出了 MEA 在氮气氛围下的 TG 和 DTG 曲线。在氮气环境下，MEA 的起始分解温度（T_{onset}）为 290℃，高于一般工程塑料的加工温度。基于 MEA 的自身结构，随着温度的升高，MEA 在 372℃、436℃和 514℃处出现明显

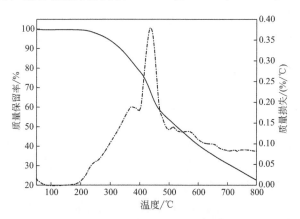

图 2.29　MEA 的热失重（实线）和微分热失重（虚线）曲线

的热失重峰，MEA 的最大热分解温度为 $436℃$。此外，$700℃$ 时的残炭率高达 31%。综上所述，合成的 MEA 在较宽的温度范围内保持着较高的残炭率，这意味着 MEA 具有良好的稳定性和成炭能力。

（3）元素分析结果

利用元素分析仪测出 MEA 中 C、H、N、Si 四种元素各自的质量分数，测试结果如表 2.17 所列。MEA 中的氮元素含量较高（48.3%）。研究发现，含氮量高的三嗪化合物能与磷系阻燃剂产生显著的协同效应，因而后续将其与常用的磷系阻燃剂聚磷酸铵复配用于阻燃 PLA，具有较好的前景。根据元素分析结果，粗略计算出制备的 MEA 的分子式为 $C_{28}H_{32}N_{26}Si$。

表 2.17 MEA 的元素分析测试结果

样品	C 质量分数/%	H 质量分数/%	N 质量分数/%	Si 质量分数/%	S 质量分数/%
MEA	43.58	4.254	48.3	3.656	0.21

2.3.2 阻燃聚乳酸复合材料的制备

首先将 PLA 置于 $80℃$ 恒温干燥 6h；然后以一定的配比（如表 2.18 所示）将 PLA、APP、MEA 经人工预混后加入转矩流变仪中，熔融共混 6min，流变仪的参数设定分别为 $190℃$、$60r/min$；完毕后模压成型，物料在模具中预热 5min，排气 3 次，在 10MPa 下压制 8min，保压冷却 10min；最后用制样机切成标准燃烧测试样条。

表 2.18 纯 PLA、PLA/APP 及 PLA/APP/MEA 复合材料的配方比例

样品	PLA 质量分数/%	APP 质量分数/%	MEA 质量分数/%
纯 PLA	100	—	—
PLA/20%APP	80	20	—
PLA/12%APP/4%MEA	84	12	4

2.3.3 APP/MEA 阻燃聚乳酸复合材料的阻燃性能

2.3.3.1 极限氧指数和垂直燃烧测试结果

纯 PLA、PLA/APP 以及 PLA/APP/MEA 复合材料的极限氧指数和垂直燃烧测试结果如表 2.19 所示。可以看出，当添加 20% APP 时，复合材料的 LOI 显著升高至 28.1%，这说明含磷阻燃剂 APP 对聚乳酸基体具有良好的阻燃效果。当将 APP/MEA 以质量比为 3:1 的配比加入 PLA 基体中时，此时阻燃剂的添加总量仅为 16%，复合体系的极限氧指数进一步升高到 32.3%，较之 PLA/20%APP 提高了 14.9%。这意味着燃烧时 MEA 与 APP 产生了良好的协同效应，显著增强了复合材料的阻燃性能。

表 2.19　纯 PLA、PLA/APP 以及 PLA/APP/MEA 复合材料的极限氧指数和垂直燃烧测试结果

样品	LOI/%	t_{1max}② /s	t_{2max}③ /s	引燃脱脂棉	是否滴落	UL 94 级别
纯 PLA	19.3	38.2	—①	是	是	NR
PLA/20%APP	28.1	5.6	1.5	是	是	V-2
PLA/12%APP/4%MEA	32.3	1.2	0.7	否	是	V-0

① 样品燃烧至夹具。

② 第一次点燃 10s 后 5 个样品中最大的燃烧时间。

③ 第二次点燃 10s 后 5 个样品中最大的燃烧时间。

由表 2.19 中列出的垂直燃烧数据以及测试时的实验现象来看，纯 PLA 在空气中持续燃烧并伴有严重的滴落现象，因而不能通过垂直燃烧 UL 94 的测试。加入 20% APP 后，在测试过程中观察到，复合材料的燃烧时间（t_{1max}、t_{2max}）大幅度缩短，并且滴落现象与纯 PLA 相比有所缓解，但是仍然存在熔滴物引燃脱脂棉的现象，因而只能达到 UL 94 V-2 级别。当加入 12%APP/4%MEA 时，燃烧过程中出现的熔滴现象明显缓解，并且值得注意的是，熔滴物不能引燃脱脂棉。此外，相比于 PLA/20%APP，燃烧时间进一步缩短。这主要是由于含氮量高的 MEA 与 APP 相互作用，在材料表面诱导产生更多的残炭层，有效地阻隔了内层材料与外界环境的热量交换，降低了熔滴表面的温度，从而通过了 UL 94 V-0 级别。

2.3.3.2　锥形量热测试结果

图 2.30、图 2.31 分别给出了纯 PLA 及其阻燃复合材料的热释放速率和热失重曲线，详细的数据列在表 2.20 中。

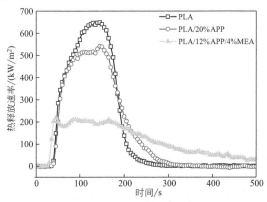

图 2.30　纯 PLA、PLA/APP 以及 PLA/APP/MEA
复合材料的热释放速率曲线

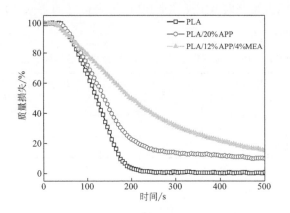

图 2.31　纯 PLA、PLA/APP 以及 PLA/
APP/MEA 复合材料的质量损失曲线

表 2.20　纯 PLA、PLA/APP 以及 PLA/APP/MEA 复合材料的锥形量热测试结果

样品	TTI /s	pk-HRR /(kW/m²)	av-HRR /(kW/m²)	THR /(kW/m²)	av-EHC /(MJ/kg)	av-COY /(kg/kg)	av-CO₂Y /(kg/kg)	av-MLR /(g/s)	残炭率(质量 分数)/%	TSR /(m²/m²)
纯 PLA	35	649	174	81	22.2	0.027	2.5	0.069	0.8	29
PLA/20% APP	37	542	167	77	21.0	0.043	2.3	0.070	9.9	732
PLA/12% APP/4% MEA	24	217	86	58	15.2	0.064	1.7	0.050	11.3	366

如图 2.30 所示，相比于 PLA/20％APP，PLA/12％APP/4％MEA 复合材料的 pk-HRR 显著降低了 60％，同时材料的平均热释放速率和总热释放量分别降低了 48.5％、24.7％，意味着复合材料的燃烧得到较好的抑制，火焰强度出现明显降低。这说明 MEA 和 APP 在燃烧过程中产生了明显的协同效应，显著提高了 PLA 基体的阻燃性能。值得注意的是，此时阻燃剂的总量降低了 4％，在增强材料阻燃性能的同时，减缓了对材料力学性能的恶化。

图 2.31 给出了纯 PLA 及其复合材料的质量损失曲线图，结合表 4.4 可以得出，纯 PLA 的质量损失曲线在较短的时间内就变成了一条水平线，平均质量损失速率高达 0.069g/s，且最终残炭率几乎为零（0.8％）。加入 20％ APP 后，复合材料的质量损失曲线稍微变缓，并且残炭率显著增多，不过，av-MLR 几乎没有变化。相比于 PLA/20％APP，加入复配阻燃剂 APP/MEA 后，复合体系的质量损失曲线显著放缓，并且残炭率进一步增多，同时复合材料的 av-MLR 降低到 0.050g/s，下降了 28.6％。这意味着 APP 和 MEA 之间出现明显的协同效应。结合 PLA/12％APP/4％MEA 的 HRR 和质量损失实验结果

可以判断，APP/MEA 之间的协同效应不仅增多了复合体系的残炭率，而且还提高了残炭层的强度，从而显著降低了复合材料的 pk-HRR、av-HRR、THR和 av-MLR。

由表 2.20 可以看出，在燃烧过程中，PLA/12％APP/4％MEA 的平均 CO 产量相对较多，平均 CO_2 产量（av-CO_2Y）相对较少，这主要是因为复合材料的表面覆盖了一层残炭层，有效地阻隔了内层材料与空气的接触，从而造成聚合物材料出现不可完全燃烧。此外，复合体系的总烟释放量较 PLA/20％APP 显著降低，下降了 50％。这意味着 12％APP/4％MEA 复配加入 PLA 基体中，很好地限制了材料燃烧生烟。以上的结果都说明 MEA 与 APP 复配使用能在 PLA 基体中产生协同阻燃效应。

2.3.3.3　残炭形貌分析

纯 PLA 及其阻燃复合材料残炭的宏观、微观形貌如图 2.32 所示。相比于PLA/20％APP，PLA/12％APP/4％MEA 复配阻燃体系的残炭表面更加均匀和致密。这证实了燃烧时 APP/MEA 复配协同显著增强了残炭层的质量［图 2.32（b）和图 2.32（c）］。

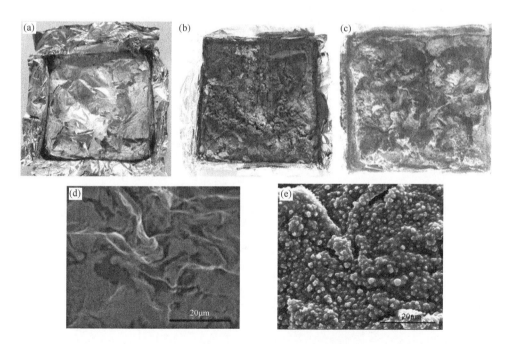

图 2.32　纯 PLA、PLA/APP 以及 PLA/APP/MEA 复合材料残炭的数码和 SEM 照片
(a) PLA；(b)、(d) PLA/20％APP；(c)、(e) PLA/12％APP/4％MEA

图 2.32（d）和图 2.32（e）更清楚地显示出 PLA/20％ APP 和 PLA/12％ APP/4％MEA 复合材料残炭的微观形貌的差异。PLA/20％APP 复合材料的炭层出现不少裂缝，这是因为其残炭强度较低，被燃烧时释放的气体冲破所致，并且残炭表面疏松且粗糙［图 2.32（d）］。而图 2.32（e）呈现出连续且致密的残炭表面，该残炭几乎没有被气体冲破，这意味着它具有很高的强度。此外，能观察到小球颗粒密密麻麻整齐地排列在残炭表面，这表明 MEA 的加入促使小球颗粒聚集在聚合物表面，分布较均匀。这种特殊的残炭结构提高了残炭层的强度，从而有效地隔绝外界氧气和热量接触内层未燃烧的材料，同时还能阻止已经燃烧的材料放出的可燃性气体逸出材料表面进一步燃烧，这也是 APP/MEA 复配阻燃体系在 PLA 基体中具有良好协同阻燃作用的原因。

2.3.4　APP/MEA 阻燃聚乳酸复合材料的热稳定性

为探究 APP/MEA 复配材料对 PLA 基体的热稳定性影响，图 2.33 给出了纯 PLA 及其阻燃复合材料在氮气气氛下的热失重曲线图，详细的测试结果列于表 2.21 中。

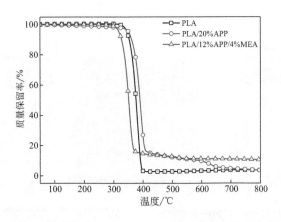

图 2.33　纯 PLA、PLA/APP 以及 PLA/APP/MEA 复合材料的热失重曲线图

表 2.21　纯 PLA 及其阻燃复合材料的 TGA 和 DTG 数据

样品	T_{onset}/℃	T_{max}/℃	残炭量（质量分数）/％		
			600℃	700℃	800℃
纯 PLA	345.6	380.0	3.3	3.7	3.7
PLA/20％APP	351.4	392.1	9.7	4.8	3.6
PLA/12％APP/4％MEA	318.6	352.9	11.3	11.0	10.6

注：T_{onset}—质量损失 5％时对应的温度。T_{max}—质量损失速率最大时对应的温度。

可以看出，纯 PLA、PLA/20%APP 和 PLA/12%APP/4%MEA 复合材料的 TG 图大体趋势一致，都经历了从平衡到热分解再到平衡的过程。相比于纯 PLA，PLA/20%APP 复合材料的 T_{onset} 和 T_{max} 分别延后了 5.8℃、12.1℃，同时残炭率明显增多。较之 PLA/20%APP，PLA/12%APP/4%MEA 的 T_{onset} 和 T_{max} 出现一定程度的降低，这主要归因于 MEA 的加入促进 APP 提前分解，从而燃烧时更快地形成炭层。值得注意的是，PLA/20%APP 复合材料在 700℃、800℃时，残炭率显著下降，这意味着高温时复合材料所形成的残炭耐热性较差，从而出现分解。当加入 12%APP/4%MEA 后，复合体系的残炭均未出现显著下降，这表明 PLA/12%APP/4%MEA 的残炭层强度较好。这是由 APP 与 MEA 良好的协同效应造成的。

2.3.5 小结

采用两步法，以二甲基二氯硅烷、乙二胺和三聚氯氰为主要原料合成了主链含硅的三嗪类成炭剂 MEA。热重分析表明，MEA 的最大热分解温度为 436℃，700℃时的残炭率高达 31%。元素分析测试显示 MEA 中含氮量较高（48.3%，质量分数）。PLA/20%APP 复合材料的燃烧性能和热性能有了一定的改善。相比于纯 PLA，LOI 升高至 28.1%，不过由于在垂直燃烧测试时产生熔滴并且引燃脱脂棉，故只能达到 UL 94 V-2 级别。加入 APP/MEA 复配阻燃剂，此时尽管阻燃剂的总量减少了 4%，不过 PLA/12%APP/4%MEA 复配阻燃体系不仅极限氧指数进一步升高至 32.3%，同时通过 UL 94 V-0 级别，而且锥形量热测试结果显示，其热释放速率峰值、平均热释放速率、平均质量损失速率较 PLA/20%APP 分别降低了 60%、48.5%、24.7%，这意味着 APP 和 MEA 在 PLA 基体中具有明显的协同阻燃效应。此外，复合材料的残炭率较 PLA/APP 复合材料也有一定程度的增加。SEM 证实，PLA/12%APP/4%MEA 复配阻燃体系的残炭表面不仅连续而致密，而且还均匀分散着小球颗粒。该特殊的微观形貌显著增强了炭层强度，能够有效地隔热隔氧，从而显著提高了 PLA 基体的阻燃性能。

2.4 二乙基次膦酸铝与纳米有机改性蒙脱土协同阻燃聚乳酸体系

作为新兴的环境友好型阻燃剂，磷系阻燃剂[37,56,57] 因具有资源丰富、阻燃效率高、无毒低烟等优点，被用作主体阻燃剂加入 PLA 基体中。烷基次膦酸盐是德国科莱恩公司首先进行商业化的新型磷系阻燃剂，该阻燃剂由于综合性能（如阻燃性能、热稳定性、生烟性能、力学性能等）良好，已经在诸如 PA[58]、PS[59]、聚酯（PET[60]、PBT[61]、PLA[62]）、ABS6[63,64] 等高分子材料中应用，取得了良好的阻燃效果。同时，大量事实证明[11,65,43]，有机改性蒙脱土（OMMT）在较少添加量时就能显著提高材料的阻燃性能，并且还能够保持材料本身的力学性能，因而成为无机填料中复配协效阻燃剂的首选。

本研究通过熔融共混制备了一系列聚乳酸与二乙基次膦酸铝（ADP）、有机改性蒙脱土的复合材料，并通过热失重分析、极限氧指数、垂直燃烧和锥形量热仪测试对材料热稳定性和阻燃性能进行了研究。并进一步探讨了 ADP 和 OMMT 的协同阻燃作用机理。

2.4.1 ADP/OMMT 阻燃聚乳酸复合材料的制备

首先将 PLA 置于 80℃恒温干燥 6h；然后以一定的配比（如表 2.22 所示）将 PLA、ADP（牌号 OP 935，德国科莱恩公司）、OMMT 经人工预混后加入转矩流变仪中，熔融共混 6min，流变仪的参数设定分别为 190℃、60r/min；完毕后模压成型，物料在模具中预热 5min，排气 3 次，在 10MPa 下压制 8min，保压冷却 10min；最后用制样机切成标准燃烧测试样条。

表 2.22　纯 PLA、PLA/ADP 及 PLA/ADP/OMMT 复合材料的配方比例

样品	各组分质量分数/%		
	PLA	ADP	OMMT
纯 PLA	100	—	—
PLA/19%ADP/1%OMMT	80	19	1
PLA/20%ADP	80	20	—
PLA/30%ADP	70	30	—

2.4.2 ADP/OMMT 阻燃聚乳酸复合材料的阻燃性能

2.4.2.1 极限氧指数和垂直燃烧测试结果

纯 PLA、PLA/ADP 以及 PLA/ADP/OMMT 复合材料的极限氧指数和垂直燃烧（UL 94）测试结果如表 2.23 所示。可以看出，纯 PLA 的 LOI 仅为 19.3%，低于空气中的氧浓度值（21%），表明纯 PLA 在空气中极易燃烧。当添加 20% ADP 时，复合材料的 LOI 显著升高至 29.8%，这说明含磷阻燃剂 ADP 对聚乳酸基体具有良好的阻燃效果。

表 2.23　纯 PLA、PLA/ADP 及 PLA/ADP/OMMT 复合材料的极限氧指数和垂直燃烧测试结果

样品	LOI/%	t_{1max}[②]/s	t_{2max}[③]/s	引燃脱脂棉	滴落	UL 94 级别
纯 PLA	19.3	38.2	—[①]	是	是	NR
PLA/19%ADP/1%OMMT	28.3	5.9	6.9	否	否	V-0
PLA/20%ADP	29.8	4.2	5.7	是	是	V-2
PLA/30%ADP	29.6	0.9	2.3	否	否	V-0

① 样品燃烧至夹具。

② 第一次点燃 10s 后 5 根试样中最大的燃烧时间。

③ 第二次点燃 10s 后 5 根试样中最大的燃烧时间。

由表 2.23 中列出的垂直燃烧数据以及测试时的实验现象来看，纯 PLA 在空气中持续燃烧并伴有严重的滴落现象，因而不能通过垂直燃烧 UL 94 的测试。加入 20%ADP 后，在测试过程中观察到，复合材料的燃烧时间（t_{1max}、t_{2max}）大幅度缩短，并且滴落现象有所缓解，但是熔滴物引燃了脱脂棉，因而只能达到 V-2 级别。加入 OMMT 后，PLA/19%ADP/1%OMMT 复合材料在垂直燃烧测试中能通过 UL 94 V-0 级，并且燃烧时没有产生熔滴物，达到了单独添加 30%ADP 的阻燃效果。此时材料的 LOI 与 PLA/20%ADP 复合材料相比虽然略有下降，但仍能达到 28%以上。

2.4.2.2　锥形量热测试结果

如图 2.34 所示，纯 PLA 的热释放速率曲线呈现出典型的尖峰，热释放速率峰值高达 $649kW/m^2$，表明材料在很短的时间内就燃烧殆尽，而且燃烧时火势较大。

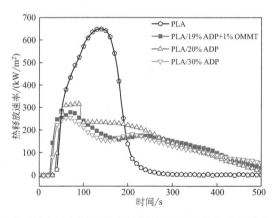

图 2.34　纯 PLA、PLA/ADP 及 PLA/ADP/OMMT 的热释放速率（HRR）曲线

ADP 的加入显著降低了 PLA 基体的 pk-HRR。当加入 20%的 ADP 时，复合材料的 pk-HRR 与纯 PLA 相比下降了 47.3%，这说明 ADP 在 PLA 基体里具有优异的阻燃效果。相比于 PLA/20%ADP，PLA/19%ADP/1%OMMT 复合材料的

pk-HRR 进一步降低了 18.4％，同时材料的平均热释放速率降低了 24.9％，意味着材料的 HRR 变得更加平缓。这说明 OMMT 与 ADP 在燃烧过程中产生了协同效应，显著提高了 PLA 基体的阻燃性能。

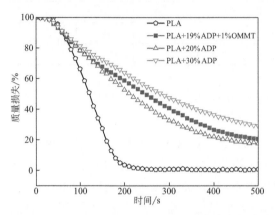

图 2.35　纯 PLA、PLA/ADP 及 PLA/ADP/OMMT 复合材料的质量损失曲线图

图 2.35 给出了纯 PLA 及其复合材料的质量损失曲线，结合表 2.24 可以得出，纯 PLA 的质量损失曲线在较短的时间内就变成一条水平线，平均质量损失速率高达 0.069g/s，且最终残炭率几乎为零（0.8％）。加入 ADP 后，随 ADP 添加量的增加，PLA/ADP 复合材料的质量损失曲线变得越来越平缓，并且残炭率逐渐增加。当加入 30％ ADP 时，复合材料的残炭剩余 25.2％。相比于 PLA/20％ADP，PLA/19％ADP/1％OMMT 复合材料的质量损失曲线变得更为平缓，并且残炭率进一步增多，同时复合材料的 av-MLR 从 0.064g/s 降低到 0.050g/s，下降了21.9％。这表明 ADP 和 OMMT 复配使用能够使复合材料的燃烧过程变得平缓，从而提高了材料的阻燃性能。

表 2.24　纯 PLA、PLA/ADR 以及 PLA/ADR/OMMT 复合材料的锥形量热测试结果

样品	TTI /s	pk-HRR /(kW/m²)	av-HRR /(kW/m²)	THR /(MJ/m²)	av-EHC /(MJ/kg)	av-MLR /(g/s)	残炭率（质量分数)/%
纯 PLA	35	649	174	81	22.2	0.069	0.8
PLA/19％APP/1％OMMT	18	279	120	74	21.0	0.050	18.0
PLA/20％ADP	30	342	159	75	22.2	0.064	17.6
PLA/30％ADP	20	254	113	70	20.9	0.048	25.2

ADP 的加入能够降低 PLA 复合材料的 THR，当添加 20％ ADP 时，材料的 THR 降低至 75MJ/m²，与纯 PLA 相比下降了 7.4％。当用 1％ 的 OMMT 等量替代 ADP 之后，PLA/19％ADP/1％OMMT 复合材料的 THR 与 PLA/20％ADP 相比进一步降低，约为 74MJ/m²。从表 2.24 中还可以看出 PLA/19％ADP/1％OM-

MT 复合材料的有效燃烧热与 PLA/20％ADP 相比也有一定程度的下降。以上结果都说明 OMMT 与 ADP 复配使用能在 PLA 基体中产生协同阻燃效应。

2.4.2.3　残炭形貌分析

图 2.36、图 2.37 分别给出了 PLA/19％ADP/1％OMMT、PLA/20％ADP、PLA/30％ADP 复合材料残炭的宏观和微观形貌。从图 2.36 可以看出，PLA/19％ADP/1％OMMT 复配阻燃体系的残炭表面非常平整致密。而只加入 ADP 阻燃剂的 PLA 复合材料的残炭表面比较粗糙，有很多小孔洞，孔洞周边有一圈突起的边缘，这些小突起是由于燃烧过程产生的气体冲破炭层而形成的。

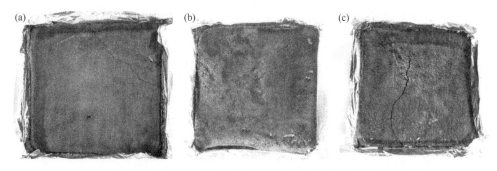

图 2.36　PLA/ADR、PLA/ADR/OMMT 复合材料残炭的数码照片
(a) PLA/19％ADP/1％OMMT；(b) PLA/20％ADP；(c) PLA/30％ADP

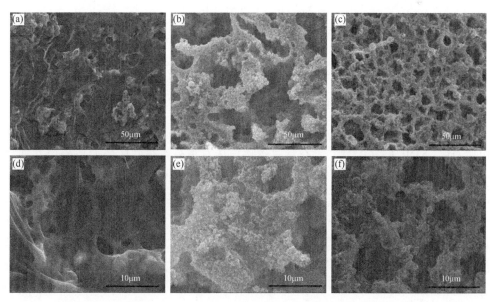

图 2.37　PLA/ADR、PLA/ADR/OMMT 复合材料残炭的 SEM 照片
(a)、(d) PLA/19％ADP/1％OMMT；(b)、(e) PLA/20％ADP；(c)、(f) PLA/30％ADP

从图 2.37（a）可以看到 PLA/ADP/OMMT 复合材料的炭层完整连续，并且呈现出致密光滑的"类陶瓷"结构形貌［图 2.37（d）］，该炭层几乎没有被气体冲破，意味着它具有很高的强度。而 PLA/20％ADP 复合材料的炭层出现很多大的气孔，呈现"蜂窝状"结构形貌。这是因为炭层强度较低，被燃烧时释放出的气体冲破所致。以上残炭的形貌特征可以说明 OMMT 的加入能够显著提高 PLA/ADP 复合材料在燃烧过程中所形成的残炭的强度。而高强度的炭层能够在燃烧过程中有效隔绝外界的氧气和热量接触下层未燃烧的材料，同时还能阻止已经燃烧的材料放出的可燃性气体逸出材料表面进一步燃烧，从而起到阻燃的效果。这也是 ADP/OMMT 复配阻燃体系在 PLA 基体中具有良好协同阻燃作用的原因。

2.4.2.4　红外分析结果

将 PLA/19％ADP/1％OMMT、PLA/20％ADP 和 PLA/30％ADP 复合材料锥形量热之后的残炭进行了红外光谱分析，结果如图 2.38 所示。

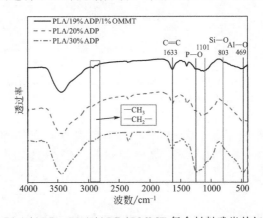

图 2.38　PLA/ADR、PLA/ADR/OMMT 复合材料残炭的红外光谱图

如图 2.38 所示，甲基和亚甲基的红外吸收位于 $2900 \sim 2800 \text{cm}^{-1}$，说明 PLA/19％ADP/1％OMMT 复合材料燃烧后还有部分树脂基体的残留物留在残炭中。对于 $1300 \sim 1000 \text{cm}^{-1}$ 的宽吸收峰，则主要归因于非晶态结构中的—P—O—以及—P—C—结构[59,62,66]。Si—O 基团的伸缩振动峰位于 1101cm^{-1}、803cm^{-1}。而在指纹区出现的 469cm^{-1} 证明了 Al—O 结构的存在。这说明在燃烧过程中 ADP 与 OMMT 发生相互作用，生成 SiO_2、Al_2O_3 等"类陶瓷"结构，而这些结构会随着体系温度的升高而最终生成 Si—P—Al—C 化学键，起到促进成炭和增强炭层强度的作用。这就是 ADP 和 OMMT 能够产生良好协同效应的原因[67,68]。

2.4.3　ADP/OMMT 阻燃聚乳酸复合材料的热稳定性

基于图 2.39，纯 PLA 在 345.6℃ 开始分解，最大热分解温度（T_{max}）为 380.0℃，而最大热分解速率为 57.7%/min，当温度达到 500℃ 时，仅剩余 2.8% 的残炭。此外，在纯 PLA 裂解过程中只出现一个平台（300～400℃）。

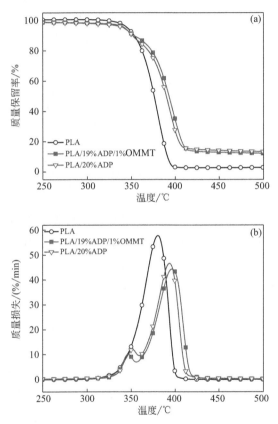

图 2.39　纯 PLA、PLA/ADR 以及 PLA/ADR/OMMT
复合材料的热失重（a）和微分热失重（b）曲线

对比可以发现，添加了 ADP 的复合材料的 TGA 曲线由一阶分解变成两阶分解，在 DTG 曲线上出现了明显的"双峰"现象。这是因为 ADP 在加热过程中会提前发生热解[60,69]。PLA/20%ADP 复合材料的起始分解温度有一定程度的下降，这主要归因于 ADP 在较低的温度下发生分解。值得注意的是，PLA/20%ADP 复合材料的 T_{max} 升高了 13.7℃，说明 ADP 的加入会赋予 PLA 基体良好的热稳定性。这主要是因为 ADP 能在较高温度下生成水和较稳定的焦磷酸盐，不仅能带走燃烧过程中产生的热量，而且还能阻隔内层材料与外界接触，从而使最大热分解速率显著降低。加入 1% OMMT 后，相比于 PLA/20% ADP，PLA/19% ADP/1% OMMT 复合材料的起始分解温度和 T_{max} 分别升高了 1℃ 和 3℃。此外，复合材料的最大热分解速率降低了约 5.1%。这说明 OMMT 的加入进一步增强了 PLA/ADP 复合材料的热稳定性，并且能有效延缓 PLA/ADP 复合材料的分解过程。

表 2.25　纯 PLA、PLA/ADR 以及 PLA/ADR/OMMT 复合材料的 TGA 和 DTG 数据

样品	T_{onset} /℃	$T_{10\%}$ /℃	T_{max} /℃	在 T_{max} 时的最大热分解速率/(%/min)	500℃时的残炭率（质量分数）/%
纯 PLA	345.6	353.3	380.0	57.7	2.8
PLA/19% ADP/1% OMMT	342.6	353.1	396.5	44.3	12.2
PLA/20% ADP	341.5	351.3	393.7	46.7	13.3

注：T_{onset}—质量损失 5% 时对应的温度；$T_{10\%}$—质量损失 10% 时对应的温度；T_{max}—质量损失速率最大时对应的温度。

2.4.4　小结

相比于纯 PLA，PLA/20% ADP 复合材料的热性能和燃烧性能有了一定的改善，其 T_{max} 提高了 14℃，最大热分解速率显著下降，同时 LOI 升高至 29.8%，不过垂直燃烧测试只能达到 UL 94 V-2 级别。而 PLA/19% ADP/1% OMMT 复配阻燃体系不仅能通过垂直燃烧 UL 94 V-0 级别的测试，而且锥形量热测试结果显示，其热释放速率峰值、平均热释放速率、平均质量损失速率分别降低了 18.4%、24.9%、21.9%，这意味着 ADP 和 OMMT 在 PLA 基体中具有明显的协同阻燃效应。同时，材料的热稳定性较 PLA/ADP 复合材料也有一定程度的改善，其 T_{max} 提高了约 3℃，同时最大热分解速率也进一步降低。扫描电镜和红外分析显示，PLA/19% ADP/1% OMMT 复配阻燃体系能够形成主要成分为 P—O—C—Si—Al 的连续且完整的残炭，并且呈现光滑致密的"类陶瓷"微观结构形貌，该炭层具有高强度和高致密度，能够有效地隔热隔氧，从而显著提高了 PLA 基体的阻燃性能。

2.5　本章小结

本章介绍了采用膨胀型阻燃体系对 PLA 进行阻燃改性，主要针对膨胀型阻燃剂添加量较大，且阻燃效率不高等问题。以磷系阻燃剂和三嗪成炭剂或协效剂（金属化合物和有机改性蒙脱土）复配来提高 PLA 树脂的抗熔滴和成炭等阻燃性能。通过熔融共混法制备了一系列膨胀阻燃 PLA 复合材料，对复合材料的阻燃性能和热稳定性进行了研究，并分析了其阻燃机理。具体的研究结论如下。

① PLA/19%IFR/1%OMMT 复合材料的极限氧指数升高至 41.5%，并且仅产生轻微的熔滴。同时，复合材料的热释放速率峰值、平均热释放速率和总热释放量较 PLA/20%IFR 显著降低了 14.2%、35.9% 和 2.4%。这意味着 IFR 和 OMMT 在 PLA 基体中具有明显的协同阻燃效应；同时，复合材料的热稳定性较 PLA/20%IFR 复合材料也有一定程度的改善，起始分解温度和最大热分解温度分别延后了 24℃、3℃；在燃烧过程中，PLA/19%IFR/1%OMMT 复合材料能够形成连续且完整的残炭，并且呈现光滑致密的褶皱微观结构形貌，该炭层具有高强度和高致密度，能够有效地发挥阻隔作用。

② 合成三嗪成炭剂 EA 并将其作为成炭剂加入 PLA/APP 复合材料中，复配阻燃剂的总量为 20%。研究结果表明，加入复配阻燃剂 15%APP/5%EA 后，即 APP 与 EA 的质量比为 3∶1，复合材料的阻燃性能最强，此时极限氧指数达到最高的 41.2%，并通过了 UL 94 V-0 级别，并且没有任何熔滴物的产生。此外，复合材料的 pk-HRR、av-HRR 和 THR 降至最低，而形成最多的残炭。av-EHC 的变化趋势意味着燃烧时 APP/EA 在 PLA 基体里同时发挥着凝聚相和气相阻燃效应。扫描电镜、元素分析和红外结果证实，当添加 15% APP 和 5% EA 时，APP 与 EA 产生的协同作用最强，从而显著提高了聚合物材料的黏度，并抑制了熔滴的产生；更多的含碳、氮元素的碎片颗粒被吸收进入残炭，它们相互作用形成了更加致密和稳定的炭层表面。当添加 9%APP/3%EA 时，复合材料的燃烧性能和热性能有一定的改善。加入八种金属化合物之后，四种含锌的金属化合物（无水硼酸锌、3.5 水硼酸锌、氧化锌和锡酸锌）与 APP/EA 发生明显的协同作用。相比于 PLA/9%APP/3%EA，加入 1%含锌的金属化合物后，复合材料的阻燃性能和热稳定性有了显著提高。这主要归因于含锌的金属化合物能催化形成残炭。特别地，四种含锌的金属化合物中的氧化锌对膨胀型阻燃 PLA 复合材料显示出最佳的协效作用。当添加 1% ZnO 时，复合体系的极限氧指数高达 35.3%，并通过 UL 94 V-0 级。同时，相比于 PLA/9%APP/3%EA，该材料的 pk-HRR、av-HRR、THR 显著降低了 33.9%、19.8%、24.2%，这主要归因于氧化锌的加入不仅催化 PLA/APP/EA 复合材料快速交联成炭，而且还显著提高了残炭层的质量。SEM 证实该残炭表面形成了褶皱和闭孔的泡孔结构，赋予了复合材料优异的阻燃性能。通过熔融共混法，制备了 PLA、PLA/APP/EA、PLA/APP/EA/OMMT 复合材料。加入四种经过不同表面处理的 OMMT 后，四种 OMMT（DK-4、I.34TCN、I.24TL 和 Charex.44PSS）与 APP/EA 发生明显的协同作用。相比于 PLA/9%APP/3%EA，加入 1%OMMT 后，复合材料的阻燃性能和热稳定性有了显著提高。这主要归因于 OMMT 的存在极大地催化形成残炭层以及 OMMT 自身的层状结构。值得注意的是，当添加 1% Charex.44PSS 时，复合体系通过了 UL 94 V-0 级，并且其

极限氧指数也高达 34.2%。这主要归因于燃烧时该类蒙脱土更易于从内层材料迁移到聚合物表面，进而发挥良好的阻隔效应。锥形量热测试数据结果表明，PLA/9%APP/3%EA/1%OMMT 复合材料由于 OMMT 的修饰方式不同而分别在热、质量和烟等方面都有优异的表现。加入 1% DK-4 后，复合材料燃烧所产生的热量最低。较之 PLA/9% APP/3% EA，其 pk-HRR、av-HRR、THR 显著降低了27.2%、9.3%、21.2%。这主要归因于 DK-4 促使复配阻燃剂在基体中良好的分散。而当添加 1% I.34TCN 时，复合体系的残炭率达到最大，这意味该种 OMMT 的加入显著提高了材料的成炭能力，同时，该复合体系的总烟释放量最低。SEM 证实加入不同种类的 OMMT 形成了迥然不同的残炭微观结构，这些特殊结构的出现表明了 OMMT 与膨胀型阻燃剂 APP/EA 具有良好的协同效应。

③ 采用两步法合成了主链上含硅的三嗪成炭剂 MEA，将其与 APP 复配组成膨胀型阻燃体系用于阻燃 PLA。热重分析表明，MEA 的最大热分解温度为436℃，700℃ 时的残炭率高达 31%。元素分析测试显示 MEA 中含氮量较高（48.3%）。PLA/12%APP/4%MEA 复配阻燃体系不仅极限氧指数进一步升高至32.3%，同时通过 UL 94 V-0 级别，而且锥形量热测试结果显示，其热释放速率峰值、平均热释放速率、平均质量损失速率分别降低了 60%、48.5%、24.7%，这意味着 APP 和 MEA 在 PLA 基体中具有明显的协同阻燃效应。此外，复合材料的残炭率较 PLA/APP 复合材料也有一定程度的增加。SEM 证实，PLA/12%APP/4%MEA 复配阻燃体系的残炭表面不仅连续而致密，而且还均匀分散着 APP 小球颗粒。该特殊的微观形貌显著增强了炭层强度，能够有效地隔热隔氧，从而显著提高了 PLA 基体的阻燃性能。

④ 相比于 PLA/20%ADP，PLA/19%ADP/1%OMMT 复配阻燃体系不仅能通过垂直燃烧 UL 94 V-0 级别的测试，而且其热释放速率峰值、平均热释放速率、平均质量损失速率分别降低了 18.4%、24.9%、21.9%，这意味着 ADP 和 OMMT 在 PLA 基体中具有明显的协同阻燃效果。同时，材料的热稳定性较 PLA/ADP 复合材料也有一定程度的改善，其 T_{max} 提高了约 3℃，同时最大热分解速率也进一步降低。对 PLA 阻燃复合材料的残炭进行形貌和成分分析发现，PLA/19%ADP/1%OMMT 复配阻燃体系能够形成主要成分为 P—O—C—Si—Al 的连续且完整的残炭，并且呈现光滑致密的"类陶瓷"微观结构形貌，该炭层具有高强度和高致密度，能够有效地隔热隔氧。

参考文献

[1] Xuan S，Hu Y，Song L，et al. Synergistic effect of polyhedral oligomeric silsesquioxane on the flame retardancy and thermal degradation of intumescent flame retardant polylactide [J].

Combustion Science and Technology，2012，184（4）：456-468.

[2]　Suardana N P G，Ku M S，Lim J K. Effects of diammonium phosphate on the flammability and mechanical properties of bio-composites [J]. Materials & Design，2011，32（4）：1990-1999.

[3]　Liu X Q，Wang D Y，Wang X L，et al. Synthesis of organo-modified α-zirconium phosphate and its effect on the flame retardancy of IFR poly（lactic acid）systems [J]. Polymer Degradation and Stability，2011，96（5）：771-777.

[4]　Bourbigot S，Fontaine G，Gallos A，et al. Reactive extrusion of PLA and of PLA/carbon nanotubes nanocomposite：processing，characterization and flame retardancy [J]. Polymers for Advanced Technologies，2011，22（1）：30-37.

[5]　Zhu H，Zhu Q，Li J，et al. Synergistic effect between expandable graphite and ammonium polyphosphate on flame retarded polylactide [J]. Polymer Degradation and Stability，2011，96（2）：183-189.

[6]　Murariu M，Bonnaud L，Yoann P，et al. New trends in polylactide（PLA）-based materials："Green" PLA-calcium sulfate（nano）composites tailored with flame retardant properties [J]. Polymer Degradation and Stability，2010，95（3）：374-381.

[7]　Wang D Y，Gohs U，Kang N J，et al. Method for simultaneously improving the thermal stability and mechanical properties of poly（lactic acid）：effect of high-energy electrons on the morphological，mechanical，and thermal properties of PLA/MMT nanocomposites [J]. Langmuir，2012，28（34）：12601-12608.

[8]　Isitman N A，Kaynak C. Nanostructure of montmorillonite barrier layers：A new insight into the mechanism of flammability reduction in polymer nanocomposites [J]. Polymer Degradation and Stability，2011，96（12）：2284-2289.

[9]　Wang N，Zhang J，Fang Q，et al. Influence of mesoporous fillers with PP-g-MA on flammability and tensile behavior of polypropylene composites [J]. Composites Part B：Engineering，2013，44（1）：467-471.

[10]　Xia Y，Jian X G，Li J F，et al. Synergistic effect of montmorillonite and intumescent flame retardant on flame retardance enhancement of ABS [J]. Polymer-Plastics Technology and Engineering，2007，46（3）：227-232.

[11]　Liu Y，Wang J S，Deng C L，et al. The synergistic flame-retardant effect of O-MMT on the intumescent flame-retardant PP/CA/APP systems [J]. Polymers for Advanced Technologies，2010，21（11）：789-796.

[12]　Wang X，Xing W，Wang B，et al. Comparative study on the effect of beta-cyclodextrin and polypseudorotaxane as carbon sources on the thermal stability and flame retardance of polylactic acid [J]. Industrial & Engineering Chemistry Research，2013，52（9）：3287-3294.

[13]　Woo Y，Cho D. Effect of aluminum trihydroxide on flame retardancy and dynamic mechanical and tensile properties of kenaf/poly（lactic acid）green composites [J]. Advanced Composite Materials，2013，22（6）：451-464.

[14]　Ke C H，Li J，Fang K Y，et al. Synergistic effect between a novel hyperbranched charring agent and ammonium polyphosphate on the flame retardant and anti-dripping properties of polylactide [J]. Polymer Degradation and Stability，2010，95（5）：763-770.

[15]　Lai X，Zeng X，Li H，et al. Effect of polyborosiloxane on the flame retardancy and thermal

degradation of intumescent flame retardant polypropylene [J]. Journal of Macromolecular Science, Part B, 2013, 130906053927003.

[16] Zhang M, Ding P, Qu B. Flammable, thermal, and mechanical properties of intumescent flame retardant PP/LDH nanocomposites with different divalent cations [J]. Polymer Composites, 2009, 30 (7): 1000-1006.

[17] Feng C, Zhang Y, Liu S, et al. Synergistic effect of La_2O_3 on the flame retardant properties and the degradation mechanism of a novel PP/IFR system [J]. Polymer Degradation and Stability, 2012, 97 (5): 707-714.

[18] Li Y, Li B, Dai J, et al. Synergistic effects of lanthanum oxide on a novel intumescent flame retardant polypropylene system [J]. Polymer Degradation and Stability, 2008, 93 (1): 9-16.

[19] Liu X Q, Wang D Y, Wang X L, et al. Synthesis of functionalized α-zirconium phosphate modified with intumescent flame retardant and its application in poly (lactic acid) [J]. Polymer Degradation and Stability, 2013, 98 (9): 1731-1737.

[20] Hapuarachchi T D, Peijs T. Multiwalled carbon nanotubes and sepiolite nanoclays as flame retardants for polylactide and its natural fibre reinforced composites [J]. Composites Part A: Applied Science and Manufacturing, 2010, 41 (8): 954-963.

[21] Doğan M, Bayramlı E. Synergistic effect of boron containing substances on flame retardancy and thermal stability of clay containing intumescent polypropylene nanoclay composites [J]. Polymers for Advanced Technologies, 2011, 22 (12): 1628-1632.

[22] Serge, Bourbigot, Michel, et al. Zeolites: New synergistic agents for intumescent fire retardant thermoplastic formulations-criteria for the choice of the zeolite [J]. Fire and Materials, 1996, 20 (3): 145-154.

[23] Yi J, Yin H, Cai X. Effects of common synergistic agents on intumescent flame retardant polypropylene with a novel charring agent [J]. Journal of Thermal Analysis and Calorimetry, 2012, 111 (1): 725-734.

[24] Lewin M, Endo M. Catalysis of intumescent flame retardancy of polypropylene by metallic compounds [J]. Polymers for Advanced Technologies, 2003, 14 (1): 3-11.

[25] Su X, Yi Y, Tao J, et al. Synergistic effect of zinc hydroxystannate with intumescent flame-retardants on fire retardancy and thermal behavior of polypropylene [J]. Polymer Degradation and Stability, 2012, 97 (11): 2128-2135.

[26] Li G, Yang J, He T, et al. An Investigation of the thermal degradation of the intumescent coating containing MoO_3 and Fe_2O_3 [J]. Surface and Coatings Technology, 2008, 202 (13): 3121-3128.

[27] Liu Q, Song L, Lu H, et al. Study on combustion property and synergistic effect of intumescent flame retardant styrene butadiene rubber with metallic oxides [J]. Polymers for Advanced Technologies, 2009, 20 (12): 1091-1095.

[28] Weil E D, Patel N G. Iron compounds in non-halogen flame-retardant polyamide systems [J]. Polymer Degradation and Stability, 2003, 82 (2): 291-296.

[29] Wang X, Song Y, Bao J. Synergistic effects of nano-$Mn_{0.4}Zn_{0.6}Fe_2O_4$ on intumescent flame-retarded polypropylene [J]. Journal of Vinyl and Additive Technology, 2008, 14 (3): 120-125.

[30] Pérez E, Alvarez V, Pérez C J, et al. A comparative study of the effect of different rigid fillers

on the fracture and failure behavior of polypropylene based composites [J]. Composites Part B: Engineering, 2013, 52: 72-83.

[31] Goodarzi V, Hassan Jafari S, Ali Khonakdar H, et al. Assessment of role of morphology in gas permselectivity of membranes based on polypropylene/ethylene vinyl acetate/clay nanocomposite [J]. Journal of Membrane Science, 2013, 445: 76-87.

[32] Wang B, Huang H X. Effects of halloysite nanotube orientation on crystallization and thermal stability of polypropylene nanocomposites [J]. Polymer Degradation and Stability, 2013, 98 (9): 1601-1608.

[33] Li M, Li G, Jiang J, et al. Preparation, antimicrobial, crystallization and mechanical properties of nano-ZnO-supported zeolite filled polypropylene random copolymer composites [J]. Composites Science and Technology, 2013, 81: 30-36.

[34] Prashantha K. Processing and characterization of halloysite nanotubes filled polypropylene nanocomposites based on a masterbatch route: effect of halloysites treatment on structural and mechanical properties [J]. Express Polymer Letters, 2011, 5 (4): 295-307.

[35] Du B, Guo Z, Fang Z. Effects of organo-clay and sodium dodecyl sulfonate intercalated layered double hydroxide on thermal and flame behaviour of intumescent flame retarded polypropylene [J]. Polymer Degradation and Stability, 2009, 94 (11): 1979-1985.

[36] Tang Y, Hu Y, Song L, et al. Preparation and combustion properties of flame retarded polypropylene-polyamide-6 alloys [J]. Polymer Degradation and Stability, 2006, 91 (2): 234-241.

[37] Lai X, Zeng X, Li H, et al. Synergistic effect of phosphorus-containing montmorillonite with intumescent flame retardant in polypropylene [J]. Journal of Macromolecular Science, Part B, 2012, 51 (6): 1186-1198.

[38] Ren Q, Zhang Y, Li J, et al. Synergistic effect of vermiculite on the intumescent flame retardance of polypropylene [J]. Journal of Applied Polymer Science, 2011, 120 (2): 1225-1233.

[39] Dai X, Zhang Z, Wang C, et al. A novel montmorillonite with β-nucleating surface for enhancing β-crystallization of isotactic polypropylene [J]. Composites Part A: Applied Science and Manufacturing, 2013, 49: 1-8.

[40] Fang C, Nie L, Liu S, et al. Characterization of polypropylene-polyethylene blends made of waste materials with compatibilizer and nano-filler [J]. Composites Part B: Engineering, 2013, 55: 498-505.

[41] Krump H, Luyt A S, Hudec I. Effect of different modified clays on the thermal and physical properties of polypropylene-montmorillonite nanocomposites [J]. Materials Letters, 2006, 60 (23): 2877-2880.

[42] Hwang S S, Hsu P P. Effects of silica particle size on the structure and properties of polypropylene/silica composites foams [J]. Journal of Industrial and Engineering Chemistry, 2013, 19 (4): 1377-1383.

[43] Li S, Yuan H, Yu T, et al. Flame-retardancy and anti-dripping effects of intumescent flame retardant incorporating montmorillonite on poly (lactic acid) [J]. Polymers for Advanced Technologies, 2009, 20 (12): 1114-1120.

[44] Du B, Ma H, Fang Z. How nano-fillers affect thermal stability and flame retardancy of in-

tumescent flame retarded polypropylene [J]. Polymers for Advanced Technologies，2011，22 (7)：1139-1146.

[45] Xu Z Z，Huang J Q，Chen M J，et al. Flame retardant mechanism of an efficient flame-retardant polymeric synergist with ammonium polyphosphate for polypropylene [J]. Polymer Degradation and Stability，2013，98 (10)：2011-2020.

[46] Enescu D，Frache A，Lavaselli M，et al. Novel phosphorous-nitrogen intumescent flame retardant system. Its effects on flame retardancy and thermal properties of polypropylene [J]. Polymer Degradation and Stability，2013，98 (1)：297-305.

[47] Wen P，Wang X，Wang B，et al. One-pot synthesis of a novel s-triazine-based hyperbranched charring foaming agent and its enhancement on flame retardancy and water resistance of polypropylene [J]. Polymer Degradation and Stability，2014，110：165-174.

[48] Su X，Yi Y，Tao J，et al. Synergistic effect between a novel triazine charring agent and ammonium polyphosphate on flame retardancy and thermal behavior of polypropylene [J]. Polymer Degradation and Stability，2014，105：12-20.

[49] Wang X，Hu Y，Song L，et al. Effect of a triazine ring-containing charring agent on fire retardancy and thermal degradation of intumescent flame retardant epoxy resins [J]. Polymers for Advanced Technologies，2011，22 (12)：2480-2487.

[50] Qian L，Qiu Y，Sun N，et al. Pyrolysis route of a novel flame retardant constructed by phosphaphenanthrene and triazine-trione groups and its flame-retardant effect on epoxy resin [J]. Polymer Degradation and Stability，2014，107：98-105.

[51] Wang Y，Zhao J，Yuan Y，et al. Synthesis of maleimido-substituted aromatic s-triazine and its application in flame-retarded epoxy resins [J]. Polymer Degradation and Stability，2014，99：27-34.

[52] Hajibeygi M，Shabanian M，Khodaei-Tehrani M. New heat resistant nanocomposites reinforced silicate nanolayers containing triazine rings based on polyamide：Synthesis，characterization，and flame retardancy study [J]. Polymer Composites，2016，37 (1)：188-198.

[53] Mahapatra S S，Karak N. s-Triazine containing flame retardant hyperbranched polyamines：Synthesis，characterization and properties evaluation [J]. Polymer Degradation and Stability，2007，92 (6)：947-955.

[54] Li J，Wei P，Li L，et al. Synergistic effect of mesoporous silica SBA-15 on intumescent flame-retardant polypropylene [J]. Fire and Materials，2011，35 (2)：83-91.

[55] Ye L，Wu Q，Qu B. Synergistic effects of fumed silica on intumescent flame-retardant polypropylene [J]. Journal of Applied Polymer Science，2010，115 (6)：3508-3515.

[56] Wei L L，Wang D Y，Chen H B，et al. Effect of a phosphorus-containing flame retardant on the thermal properties and ease of ignition of poly (lactic acid) [J]. Polymer Degradation and Stability，2011，96 (9)：1557-1561.

[57] Li Q，Li B，Zhang S，et al. Investigation on effects of aluminum and magnesium hypophosphites on flame retardancy and thermal degradation of polyamide 6 [J]. Journal of Applied Polymer Science，2012，125 (3)：1782-1789.

[58] Zhao B，Hu Z，Chen L，et al. A phosphorus-containing inorganic compound as an effective flame retardant for glass-fiber-reinforced polyamide 6 [J]. Journal of Applied Polymer Science，2011，119 (4)：2379-2385.

［59］　Yan Y W，Huang J Q，Guan Y H，et al. Flame retardance and thermal degradation mechanism of polystyrene modified with aluminum hypophosphite ［J］. Polymer Degradation and Stability，2014，99：35-42.

［60］　Yang W，Song L，Hu Y，et al. Enhancement of fire retardancy performance of glass-fibre reinforced poly (ethylene terephthalate) composites with the incorporation of aluminum hypophosphite and melamine cyanurate ［J］. Composites Part B：Engineering，2011，42 (5)：1057-1065.

［61］　Yang W，Yuen R K K，Hu Y，et al. Development and characterization of fire retarded glass-fiber reinforced poly (1,4-butylene terephthalate) composites based on a novel flame retardant system ［J］. Industrial & Engineering Chemistry Research，2011，50 (21)：11975-11981.

［62］　Tang G，Wang X，Xing W，et al. Thermal degradation and flame retardance of biobased polylactide composites based on aluminum hypophosphite ［J］. Industrial & Engineering Chemistry Research，2012，51 (37)：12009-12016.

［63］　Jian RK，Chen L，Zhao B，et al. Acrylonitril-butadiene-styrene terpolymer with metal hypophosphites：flame retardance and mechanism research ［J］. Industrial & Engineering Chemistry Research，2014，53 (6)：2299-2307.

［64］　Wu N，Li X. Flame retardancy and synergistic flame retardant mechanisms of acrylonitrile-butadiene-styrene composites based on aluminum hypophosphite ［J］. Polymer Degradation and Stability，2014，105：265-276.

［65］　Fukushima K，Murariu M，Camino G，et al. Effect of expanded graphite/layered-silicate clay on thermal，mechanical and fire retardant properties of poly (lactic acid) ［J］. Polymer Degradation and Stability，2010，95 (6)：1063-1076.

［66］　Yuan B，Bao C，Guo Y，et al. Preparation and characterization of flame-retardant aluminum hypophosphite/poly (vinyl alcohol) composite ［J］. Industrial & Engineering Chemistry Research，2012，51 (43)：14065-14075.

［67］　Pan Y，Hong N，Zhan J，et al. Effect of graphene on the fire and mechanical performances of glass fiber-reinforced polyamide 6 composites containing aluminum hypophosphite ［J］. Polymer-Plastics Technology and Engineering，2014，53 (14)：1467-1475.

［68］　Yang W，Hu Y，Tai Q，et al. Fire and mechanical performance of nanoclay reinforced glass-fiber/PBT composites containing aluminum hypophosphite particles ［J］. Composites Part A：Applied Science and Manufacturing，2011，42 (7)：794-800.

［69］　Zhao B，Chen L，Long J W，et al. Aluminum hypophosphite versus alkyl-substituted phosphinate in polyamide 6：flame retardance，thermal degradation，and pyrolysis behavior ［J］. Industrial & Engineering Chemistry Research，2013，52 (8)：2875-2886.

第3章
纳米有机改性蒙脱土阻燃聚乳酸体系

3.1 不同种类纳米有机改性蒙脱土在聚乳酸中的阻燃行为

本节将 5% 不同种类的纳米级有机改性蒙脱土（OMMT）加入聚乳酸中并对其进行力学性能、阻燃性能测试和比较，再选出最优种类蒙脱土进一步改变比例加入聚乳酸体系中，探究有机蒙脱土对力学性能和阻燃性能的影响。

3.1.1 阻燃聚乳酸纳米复合材料的制备

将 PLA 和有机蒙脱土（样品配方见表 3.1）在 80℃ 烘干 12h 后，充分混合，在 190℃ 下经转矩流变仪熔融塑化 8min。所得材料在 190℃ 下模压成型，在磨具中预热 8min，排气 5 次，热压 8min，保压冷却 5min，最后用制样机切成测试样条。

表 3.1　PLA 及其阻燃复合材料的样品配方

样品	PLA 质量分数/%	有机蒙脱土质量分数(型号)/%
纯 PLA	100	0
PLA/DK-4	95	5(DK-4)
PLA/I.31PS	95	5(I.31PS)
PLA/I.34TCN	95	5(I.34TCN)
PLA/I.24TL	95	5(I.24TL)

3.1.2 极限氧指数和垂直燃烧测试分析

极限氧指数（LOI）是指试样在混合气体中，维持平衡燃烧所需的最低氧浓度。表 3.2 列出了纯 PLA、PAL/OMMT 复合材料的极限氧指数和垂直燃烧测试结果，可以明显地看出 PLA 以及 PLA/OMMT 都不能通过 UL 94 垂直燃烧测试。
其中，PLA/I.34TCN 的 LOI 值为 21.2%，相对于纯的 PLA（20.2%）增大了
1.0%，其他三种复合材料的 LOI 值均高于纯 PLA。LOI 的测试结果显示，四种
OMMT 都具有一定的阻燃效果。

表 3.2　纯 PLA 和 PLA/OMMT 复合材料的极限氧指数与垂直燃烧测试结果

样品	LOI/%	UL 94 测试结果
纯 PLA	20.2	无级别
PLA/DK-4	20.4	无级别
PLA/I.31PS	20.8	无级别
PLA/I.34TCN	21.2	无级别
PLA/I.24TL	20.3	无级别

3.1.3　锥形量热测试分析

锥形量热是评估材料燃烧行为的方法之一，经过测试可以预测材料在大型燃烧
试验时的热释放速率，来表征聚合物的阻燃性能。

纯 PLA 和 PLA/OMMT 阻燃复合材料的热释放速率（HRR）曲线如图 3.1 所
示，总热释放量（THR）曲线如图 3.2 所示，质量损失速率（MLR）曲线如图
3.3 所示，各组对应的重要参数在表 3.3 中列出。

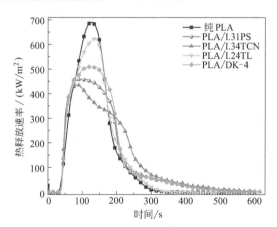

图 3.1　纯 PLA 和 PLA/OMMT 阻燃复合材料的 HRR 曲线

由图 3.1 所示的热释放速率曲线可以得出，纯 PLA 出现了很明显的尖峰，热释放
速率峰值为 691kW/m²，表明材料在点燃后燃烧非常迅速并且在很短的时间内燃烧完。
添加不同的有机蒙脱土降低了 PLA 的热释放速率峰值，其中 PLA/I.34TCN 的热释放
速率峰值最低，为 436kW/m²，相对于纯 PLA 减少了 36.9%，av-HRR 减少了 54.7%。
从表 3.3 可以看出 PLA/OMMT 阻燃复合材料的平均热释放速率（av-HRR）也有所下

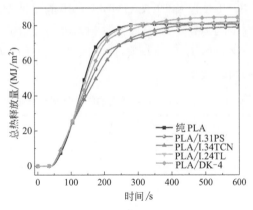

图 3.2　纯 PLA 和 PLA/OMMT 阻燃复合材料的 THR 曲线

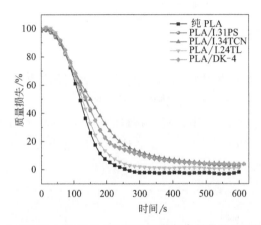

图 3.3　纯 PLA 和 PLA/OMMT 阻燃复合材料的 MLR 曲线

降。这和得出的 LOI 结果是一致的，所以 I.34TCN 的阻燃效果最好。

由图 3.2 可以看出，加入 I.31PS 的复合材料的总释热量为 79.1MJ/m²，比纯 PLA（80.5MJ/m²）减少了 1.7%，加入 I.24TL、I.34TCN 和 DK-4 分别增大 0.8%、1.7%、5.2%，说明这三种复合材料的燃烧强度增大了，这和极限氧指数测试结果一致。这可能是由于复合材料在燃烧时形成了更多的残炭，有效地防止材料进一步燃烧。

表 3.3　PLA 和 PLA/OMMT 阻燃复合材料的锥形量热测试结果

样品	pk-HRR /(kW/m²)	av-HRR /(kW/m²)	THR /(MJ/m²)	av-MLR /(g/s)
纯 PLA	691	310	80.5	0.124
PLA/DK-4	509	145	84.7	0.057
PLA/I.31PS	459	141	79.1	0.058
PLA/I.34TCN	436	140	81.9	0.057
PLA/I.24TL	624	143	81.2	0.058

由图 3.3 可以看出，加入有机蒙脱土复合材料的质量损失速率变得缓慢了，加入 I.34TCN 的复合材料的质量损失速率最低。这说明蒙脱土的加入能够减缓材料的燃烧。

3.1.4　残炭分析

图 3.4 所示是锥形量热测试后的残炭数码照片，图中 (a)(b)(c)(d)(e) 分别为纯 PLA、PLA/I.31PS、PLA/I.24TL、PLA/I.34TCN 和 PLA/DK-4 的残炭图片，根据这些图片可以看出燃烧后纯 PLA 没有剩余，而四种 PLA/OMMT 复合材料的残炭率明显增加。PLA/I.31PS 的残炭比较疏松，PLA/I.34TCN 和 PLA/DK-4 的残炭率大，其中 PLA/I.24TL 残炭率大且分布致密。结合前面的测试结果，说明 OMMT 具有一定的阻燃作用，可以促进 PLA 成炭，使燃烧产生的挥发性气体无法逸出，减缓和阻止了热量的传递和氧气的进入，从而达到阻燃效果。

图 3.4　纯 PLA 和 PLA/OMMT 阻燃复合材料锥形量热测试后的残炭照片

3.1.5　力学性能

由图 3.5 可以看出，加入 OMMT 的 PLA 的拉伸强度有所下降，其中加入 DK-4 的 PLA 的拉伸强度最低，为 33MPa，而阻燃 PLA 的冲击强度变化较大，

PLA/I. 24TL 和 PLA/DK-4 的冲击强度都比 PLA 大，PLA/I. 31PS 和 PLA/I. 34TCN 比 PLA 小，这说明 I. 24TL 和 DK-4 都具有增韧效果。这可能是由于在形成炭层时，OMMT 的含量在临界值时就会形成一个三维纳米网状结构，形成的网状结构有助于提高材料的冲击强度。

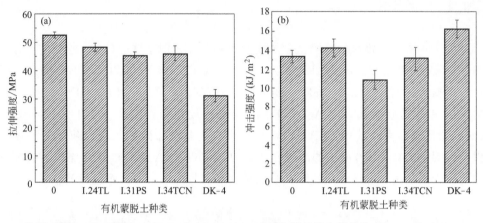

图 3.5　PLA 和 PLA/OMMT 复合材料的力学性能

3.1.6　小结

通过熔融法制备了四种 PLA/OMMT 复合材料，对其进行极限氧指数、垂直燃烧（UL 94）、锥形量热、拉伸和冲击测试表征。研究结果表明，加入四种有机蒙脱土会使 PLA 的 LOI 值增大，但增大效果不明显，其中 I. 34TCN/PLA 的 LOI 值为 21.2%，表明 I. 34TCN 的阻燃效果相对来说是比较好的，与锥形量热测试结果一致。

加入有机蒙脱土的 PLA 的拉伸强度有所下降，而阻燃 PLA 的冲击强度变化较大，PLA/I. 24TL 和 PLA/DK-4 的冲击强度都比 PLA 的大，而 PLA/I. 31PS 和 PLA/I. 34TCN 比 PLA 小，这说明 I. 24TL 和 DK-4 在冲击强度上起到了增强作用。

3.2　不同含量的 I. 34TCN 阻燃聚乳酸体系

由上述 3.1 节中的结论可以知道，I. 34TCN 的阻燃效果优于其他三种，并且对材料的力学性能影响不大，因此 I. 34TCN 是最优的有机蒙脱土。进一步改变 I. 34TCN 的比例加入 PLA 中，研究其对 PLA 阻燃和力学性能的影响。

3.2.1　PLA/I.34TCN 纳米复合材料的制备

将 PLA 和 I.34TCN（配方见表 3.4）在 80℃烘干 12h 后，充分混合，在 190℃下经转矩流变仪熔融塑化 8min。所得材料在 190℃下模压成型，在磨具中预热 8min，排气 5 次，热压 8min，保压冷却 5min；最后用制样机切成测试样条。

表 3.4　PLA/I.34TCN 复合材料的样品配方

样品	PLA 质量分数/%	I.34TCN 质量分数/%
纯 PLA	100	0
PLA/1%I.34TCN	99	1
PLA/3%I.34TCN	97	3
PLA/6%I.34TCN	94	6
PLA/9%I.34TCN	91	9
PLA/12%I.34TCN	88	12
PLA/15%I.34TCN	85	15

3.2.2　PLA/I.34TCN 纳米复合材料的阻燃性能

由表 3.5 可以看出，加入 1%、3% I.34TCN 的极限氧指数比纯 PLA（20.2%）降低了，分别为 19.8%、20.1%，I.34TCN 的添加量在 6%～15%的极限氧指数高于纯 PLA，其中 15%阻燃 PLA 的 LOI 为 22.0%，但是都无法通过 UL 94 垂直燃烧测试。同时发现改变 I.34TCN 的添加量对阻燃性能的增强作用不是很明显。

表 3.5　纯 PLA 和不同比例 PLA/I.34TCN 复合材料的极限氧指数与垂直燃烧测试结果

样品	LOI/%	UL 94 测试结果
纯 PLA	20.2	无级别
PLA/1%I.34TCN	19.8	无级别
PLA/3%I.34TCN	20.1	无级别
PLA/6%I.34TCN	21.4	无级别
PLA/9%I.34TCN	21.5	无级别
PLA/12%I.34TCN	21.8	无级别
PLA/15%I.34TCN	22.0	无级别

3.2.3　PLA/I.34TCN 纳米复合材料的力学性能

由图 3.6 可以看出，随着 I.34TCN 添加量的增加，材料的拉伸强度和冲击强度下降，但含 12%I.34TCN 的阻燃 PLA 的拉伸强度为 29.1MPa，高于 9%和

15％，从图 3.6(b) 也可以看出含 12％I.34TCN 的阻燃 PLA 的冲击强度也高于相邻两种复合材料。力学性能下降的原因可能是 I.34TCN 的分子量小，PLA 有酯基，两者的相容性差。所以，在一些对 PLA 的力学性能有要求的情况下，需要对 PLA 继续改性，使其在提高阻燃性的同时保持或者增大力学性能。

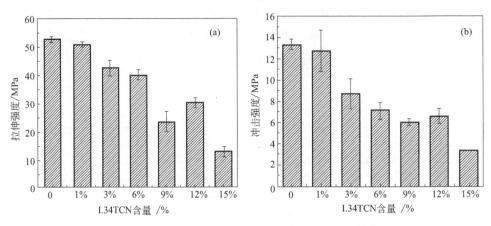

图 3.6　PLA 及 PLA/I.34TCN 复合材料的力学性能

3.2.4　小结

改变 I.34TCN 的比例加入 PLA 中，进行了阻燃和力学性能测试，结果显示，加入 1％和 3％的阻燃 PLA 材料的 LOI 值较纯 PLA 降低，6％、9％、12％、15％的 LOI 值增大，但增幅小，阻燃效果不明显。

I.34TCN 的加入使 PLA 的拉伸强度和冲击强度均有所下降，但含 12％ I.34TCN 的阻燃 PLA 的拉伸强度和冲击强度高于 9％和 15％的 PLA/I.34TCN 复合材料。

3.3 硅烷化纳米有机改性蒙脱土阻燃聚乳酸体系

3.3.1　硅烷化纳米有机改性蒙脱土的制备

3.3.1.1　KH550 处理蒙脱土

合成纳米阻燃剂（KH550）的配方如表 3.6 所示。首先使用容量为 500mL 的三口烧瓶，先将 6.4g OMMT（原料 I.34TCN）分散在 235mL 乙醇和 115mL 水的混合溶液中，然后在剧烈搅拌的同时进行超声处理 1h 后，使 OMMT 完全分散在溶剂中。然后将 4.8g 硅烷偶联剂 KH550 加入上述混合物中，并在回流温度以下搅拌 6h。再将所得的产物用乙醇和水的混合溶剂去除残留混合物中的 KH550，最后用丙酮洗涤可以使产物干燥后蓬松易磨，洗涤过程中多次抽真空过滤以确保无残留。抽滤后的样品在真空烘箱中干燥过夜，保持温度在 60℃。然后将其研磨成细粉（10～20μm），尽量达到纳米级别，得到最终产物纳米阻燃剂 OMMT-KH550，共计 7.0g。使用过的乙醇/水溶剂收集在烧瓶中再循环利用。

表 3.6　合成纳米阻燃剂（**KH550**）的配方

样品	用量	样品	用量
I.34TCN	6.4g	无水乙醇/水	235mL/115mL
KH550	4.8g	制备所得 OMMT	7.0g

3.3.1.2　KH560 处理蒙脱土

合成纳米阻燃剂（KH560）的配方如表 3.7 所示。首先使用容量为 500mL 的三口烧瓶，先将 7.2g OMMT（原料 I.34TCN）分散在 235mL 乙醇和 115mL 水的混合溶液中，然后在剧烈搅拌的同时进行超声处理 1h 后，使 OMMT 完全分散在溶剂中。然后将 5.4g 硅烷偶联剂 KH560 加入上述混合物中，并在回流温度以下搅拌 6h。再将所得的产物用乙醇和水的混合溶剂去除残留混合物中的 KH560，最后用丙酮洗涤可以使产物干燥后蓬松易磨，洗涤过程中多次抽真空过滤以确保无残留。抽滤后的样品在真空烘箱中干燥过夜，保持温度在 60℃。然后将其研磨成细粉（10～20μm），尽量达到纳米级别，得到最终产物纳米阻燃剂 OMMT-KH560，共计 6.8g。使用过的乙醇/水溶剂收集在烧瓶中再循环利用。

表 3.7　合成纳米阻燃剂（**KH560**）的配方

样品	用量	样品	用量
I.34TCN	7.2g	无水乙醇/水	235mL/115mL
KH560	5.4g	制备所得 OMMT	6.8g

3.3.2　硅烷化纳米有机改性蒙脱土的结构与性能

3.3.2.1　红外光谱结果分析

图 3.7 所示为硅烷化蒙脱土红外光谱图。

纳米阻燃剂 OMMT-KH550 在 2923cm^{-1}、2854cm^{-1} 处是—CH$_2$ 伸缩振动峰，而且 I.34TCN 原有的 1036cm^{-1} 处的 Si—O 伸缩振动峰和 600～400cm^{-1} 处

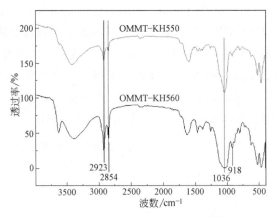

图 3.7　硅烷化蒙脱土红外光谱图

Si—O 和 Al—O 的弯曲振动峰都保留着，说明接枝反应并没有改变 OMMT 的特征基团，也证明了 I.34TCN 与 KH550 硅烷偶联剂成功反应生成纳米阻燃剂。

纳米阻燃剂 OMMT-KH560 在 918cm^{-1} 处有环氧基团的特征峰，并且在 3600cm^{-1} 处有 Si—OH 振动峰，1100~1000cm^{-1} 处有 Si—O—Si 振动峰。且 I.34TCN 原有的 1036cm^{-1} 处的 Si—O 伸缩振动峰和 600~400cm^{-1} 处 Si—O 和 Al—O 的弯曲振动峰都保留着，说明接枝反应并没有改变 OMMT 的特征基团。也证明了 I.34TCN 与 KH560 硅烷偶联剂成功反应生成纳米阻燃剂。

3.3.2.2　热重测试结果分析

图 3.8 所示为蒙脱土及硅烷化蒙脱土的 TG 曲线。

OMMT（I.34TCN）热降解过程分成两个步骤：①在 100℃时，由于脱去 OMMT 物理吸附的水造成第一个质量损失，约 3%；100~300℃没有降解。②300~700℃，质

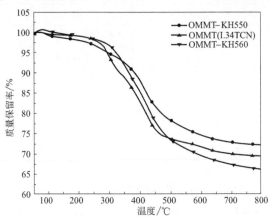

图 3.8　蒙脱土及硅烷化蒙脱土的 TG 曲线

量损失急剧增加，幅度最大，此为第二个质量损失，最后残炭率约为 70％。

纳米阻燃剂 OMMT-KH550/OMMT-KH560 热降解过程分成三个步骤：①脱去物理吸附水造成的质量损失减少至约 1％。原因可能是 KH550 或 KH560 的一部分进入 I. 34TCN 的层间，替换了物理吸附水的位置。②100～300℃，质量损失缓慢增加。③300～700℃，质量损失急剧增加，最后纳米阻燃剂 OMMT-KH550 残炭率约为 72％，纳米阻燃剂 OMMT-KH560 残炭率约为 65％。这表明，KH550、KH560 成功接枝到 OMMT 上。

综上所述，用 KH550 处理的纳米阻燃剂由于开始释放氨气等质量损失较明显，而最后的氨基不分解所以残炭率高。而 KH560 处理的纳米阻燃剂最后由于环氧基团分解，造成质量损失，致使残炭率低。无论是 KH550 还是 KH560 处理的 OMMT，都能使 OMMT 的最大分解温度得到提高。

3.3.2.3　小结

本小节运用接枝改性的方法合成了用硅烷偶联剂 KH550 处理过的纳米阻燃剂 OMMT-KH550 和用硅烷偶联剂 KH560 处理过的纳米阻燃剂 OMMT-KH560。采用了红外光谱分析和热重分析的方法，分别对 KH550 处理纳米阻燃剂和 KH560 处理纳米阻燃剂的结构和性能进行了表征。红外结果表明 KH550 和 KH560 都成功地接枝到 OMMT 表面，成功制备了纳米阻燃剂。热重结果表明纳米阻燃剂 OMMT-KH550 和 OMMT-KH560 的最大分解温度都明显提升。

3.3.3　硅烷化纳米有机改性蒙脱土阻燃聚乳酸的阻燃性能

3.3.3.1　PLA/OMMT-KH550 复合材料的制备

以不同配比，如表 3.8 所示，将 PLA 和 OMMT-KH550 纳米阻燃剂经人工预混后加入转矩流变仪中进行熔融共混。完毕后经压机压片成型，物料在模具中预热 5min，排气 3 次，在 10MPa 下压制 8min，保压冷却 10min，再取出。然后根据标准样条（测试极限氧指数的样条，100mm×6.5mm×3.2mm；垂直燃烧测试的样条，130mm×13mm×3.2mm；锥形量热测试，长宽均为 100mm）进行切割，最后进行性能测试。

表 3.8　**PLA/OMMT-KH550 复合材料的样品配方**　　　　单位：g

样品	PLA	OMMT-KH550
PLA/1％OMMT-KH550	178.2	1.8
PLA/3％OMMT-KH550	176.4	3.6
PLA/5％OMMT-KH550	171.0	9.0
PLA/7％OMMT-KH550	167.4	12.6

3.3.3.2　PLA/OMMT-KH560 复合材料的制备

以不同配比，如表 3.9 所示，将 PLA 和 OMMT-KH560 纳米阻燃剂经人工预混后加入转矩流变仪中进行熔融共混。完毕后经压机压片成型，物料在模具中预热 5min，排气 3 次，在 10MPa 下压制 8min，保压冷却 10min，再取出。然后根据标准样条（测试极限氧指数的样条，100mm×6.5mm×3.2mm；垂直燃烧测试的样条，130mm×13mm×3.2mm；锥形量热测试，长宽均为 100mm）进行切割，最后进行性能测试。

表 3.9　PLA/OMMT-KH560 复合材料的样品配方　　　　单位：g

样品	PLA	OMMT-KH560
PLA/1%OMMT-KH560	178.2	1.8
PLA/3%OMMT-KH560	176.4	3.6
PLA/5%OMMT-KH560	171.0	9.0
PLA/7%OMMT-KH560	167.4	12.6

3.3.3.3　极限氧指数和垂直燃烧测试结果分析

PLA 及 PLA/OMMT-KH550 材料的极限氧指数与垂直燃烧测试结果以及测试时的实验现象，如表 3.10 所示。可以看出，加入一定配比（大于 1%）的 KH550 处理后的纳米阻燃剂，复合材料阻燃性能提高。当 KH550 处理后的纳米阻燃剂添加量达到 5% 时，PLA/OMMT-KH550 复合材料阻燃效果最好。虽然有滴落并引燃脱脂棉，且复合材料的点燃时间（t_{1max}、t_{2max}）之和大于 30s，UL 94 属于无级别，但是 LOI 值达到 22.1%，比纯 PLA 的 LOI 值 20.1% 有所提升。当 KH550 处理后的纳米阻燃剂添加量到达 7% 时，PLA/OMMT-KH550 复合材料阻燃效果明显降低，LOI 值为 19.3%。说明经过 KH550 处理过后的纳米阻燃剂（添加量 3% 和 5%）能提高 PLA 的极限氧指数，但是 PLA 的熔融滴落现象较为严重，使得垂直燃烧的测试结果不太理想。

表 3.10　PLA 及 PLA/OMMT-KH550 复合材料的极限氧指数与垂直燃烧测试结果

样品	LOI/%	t_{1max}[2]/s	t_{2max}[3]/s	引燃脱脂棉	滴落	UL 94 级别
纯 PLA	20.1	39	—[1]	是	是	NR
PLA/1% OMMT-KH550	18.9	20	—	是	是	NR
PLA/3% OMMT-KH550	20.8	7	—	是	是	NR
PLA/5% OMMT-KH550	22.1	30	—	是	是	NR
PLA/7% OMMT-KH550	19.3	32	—	是	是	NR

① 样品一直燃烧到夹具，直到燃烧完全。

② 五个试样在首次点燃 10s 后的最大燃烧时间。

③ 第二次点燃 10s 后五个试样的最大燃烧时间。

PLA 及 PLA/OMMT-KH560 材料的极限氧指数与垂直燃烧测试结果以及测试时的实验现象，如表 3.11 所示。可以看出，加入一定配比（大于 1%）的 KH560 处理后的纳米阻燃剂，复合材料阻燃性能提高。当 KH560 处理后的纳米阻燃剂添加量达到 5% 时，PLA/OMMT-KH560 复合材料阻燃效果最好。虽然有滴落并引燃脱脂棉，且复合材料的点燃时间（t_{1max}、t_{2max}）之和大于 30s，UL 94 属于无级别，但是 LOI 值达到 23.3%，比相同添加量 PLA/5% OMMT-KH550 的阻燃效果更好。当 KH560 处理后的纳米阻燃剂添加量到达 7% 时，PLA/OMMT-KH560 复合材料阻燃效果降低，LOI 值为 22.3%。说明经过 KH560 处理过后的纳米阻燃剂（添加量 3%～7%）能提高 PLA 的极限氧指数，虽然聚乳酸的熔融滴落现象稍减弱，但垂直燃烧的测试结果仍不太理想。

表 3.11　PLA/OMMT-KH560 复合材料的极限氧指数与垂直燃烧测试结果

样品	LOI/%	t_{1max}[②]/s	t_{2max}[③]/s	引燃脱脂棉	滴落	UL 94 级别
纯 PLA	20.1	39	—[①]	是	是	NR
PLA/1% OMMT-KH560	18.8	8	—	是	是	NR
PLA/3% OMMT-KH560	21.6	10	—	是	是	NR
PLA/5% OMMT-KH560	23.3	12.9	—	是	是	NR
PLA/7% OMMT-KH560	22.3	30	—	是	是	NR

① 样品一直燃烧到夹具，直到燃烧完全。

② 五个试样在首次点燃 10s 后的最大燃烧时间。

③ 第二次点燃 10s 后五个试样的最大燃烧时间。

3.3.3.4　锥形量热测试结果分析

表 3.12 为 PLA 及 PLA 复合材料的锥形量热测试结果。

表 3.12　纯 PLA、PLA/OMMT-KH550、KH560 复合材料的锥形量热测试结果

样品	TTI /s	pk-HRR /(kW/m²)	av-HRR /(kW/m²)	THR /(kW/m²)	av-EHC /(MJ/kg)	av-COY /(kg/kg)	av-CO₂Y /(kg/kg)	av-MLR /(g/s)	残炭率（质量分数）/%	TSR /(m²/m²)
纯 PLA	31	715	327	87	19	0.012	1.95	0.15	0.2	32.7
PLA/5% OMMT-KH550	36	746	130	99	22	0.034	2.64	0.05	4.0	97
PLA/5% OMMT-KH560	29	497	132	102	22	0.035	2.52	0.05	5.0	103

图 3.9 为 PLA 及 PLA 复合材料的热释放速率曲线图，由图可以看出，PLA/OMMT-KH550 复合材料的热释放速率曲线有典型的尖峰，与纯的 PLA 热释放速

率曲线基本相同。而 PLA/OMMT-KH560 复合材料的热释放速率曲线没有典型的尖峰，且较为平缓，热释放速率峰值为 $497kW/m^2$。两种复合材料都在较长的时间才燃烧殆尽，燃烧时火势不大，且没有大量烟尘。这说明纳米阻燃剂在燃烧过程中产生了一定的阻燃作用，且用 KH560 处理后的纳米阻燃剂效果明显更好，能够明显提高材料的阻燃性能。

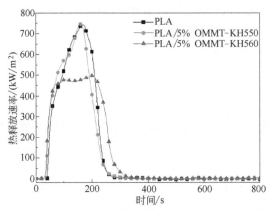

图 3.9　PLA 及 PLA/OMMT-KH550、KH560 复合材料的热释放速率曲线

图 3.10 为 PLA 及 PLA 复合材料的质量损失曲线图，由图可以看出，PLA/5%OMMT-KH550 复合材料的质量损失曲线比纯 PLA 平缓，PLA/5%OMMT-KH560 复合材料的质量损失曲线更加平缓，并且最终残炭率明显增加。这表明 KH550 和 KH560 处理后的纳米阻燃剂的加入能够使复合材料的燃烧过程变得缓和，从而提高材料的阻燃性能。

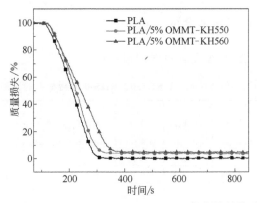

图 3.10　PLA 及 PLA/OMMT-KH550、KH560 复合材料的质量损失曲线

3.3.3.5　残炭分析

图 3.11 为锥形量热测试后样品的残炭照片，由图可以看出，加入 OMMT-KH550 纳米阻燃剂后的 PLA 复合材料，其锥形量热测试后的残炭表面都呈现出很

图 3.11　PLA/OMMT-KH550、KH560 复合材料锥形量热测试后的残炭照片

(a) PLA/5% OMMT-KH550；(b) PLA/5% OMMT-KH560

多小的块状结构，相对平整，高度较低，为 0.5cm。这说明，OMMT-KH550 对于 PLA 的分子结构没有影响，因此残炭率较少，在燃烧过程中只形成了强度低且不完整的炭层表面。

而加入 OMMT-KH560 纳米阻燃剂的 PLA 复合材料，其锥形量热测试后的残炭表面都呈现出很多小的块状结构，较为粗糙，高度更高，为 1cm。这说明，OMMT-KH560 能够使 PLA 基体产生交联结构而使体系残炭率增加，使其在燃烧过程中形成了相对强度更高且相对致密的炭层表面，减慢燃烧效果相对强些，阻燃效果更好。

图 3.12 为放大 2000 倍时，PLA/5% OMMT-KH550 和 PLA/5% OMMT-

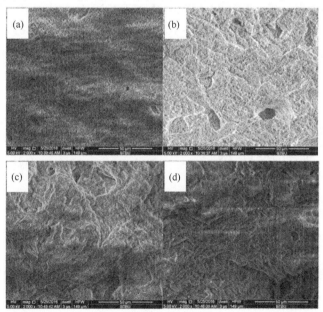

图 3.12　PLA/OMMT-KH550、KH560 残炭 SEM 照片

(a) PLA/5% OMMT-KH550 残炭表面；(b) PLA/5% OMMT-KH550 残炭内部；
(c) PLA/5% OMMT-KH560 残炭表面；(d) PLA/5% OMMT-KH560 残炭内部

KH560 残炭表面及内部的扫描电镜照片。由图可以看出，PLA/5％ OMMT-KH550 内部结构中有多处的孔洞和破裂，是密集交错、封闭的类似层状或网状的薄膜层结构。并且残炭表面为大量完整的平面结构，有轻微破裂和孔洞。这说明燃烧时形成了一定强度的残炭表面，阻止或减慢了燃烧。

PLA/5％ OMMT-KH560 内部结构为连续的褶皱状，几乎没有破裂和孔洞，而残炭表面结构交错，不平整且较为粗糙，但也是完整且封闭的结构。由完整性可以看出，燃烧时 OMMT-KH560 纳米阻燃剂能够促使形成强度较高且致密有效的阻燃屏障，阻止或减慢了燃烧，比 PLA/5％ OMMT-KH560 的阻燃效果更好。

3.3.4　小结

本章节介绍了用自制的纳米阻燃剂通过熔融共混法制备 PLA/OMMT-KH550 和 PLA/OMMT-KH560 两种复合材料。通过极限氧指数、垂直燃烧和锥形量热测试了复合材料的阻燃性能，还通过残炭照片和扫描电镜来观察残炭结构、形貌和阻燃机理。

复合材料在纳米阻燃剂添加量为 1％～7％时，具有良好的阻燃效果。并且随着纳米阻燃剂 OMMT-KH550 和 OMMT-KH560 添加量的增加，复合材料的阻燃性能都表现出先上升后下降的趋势。PLA/5％OMMT-KH550 和 PLA/5％OMMT-KH560 的阻燃效果最好。并且 PLA/5％OMMT-KH560 的阻燃性能优于 PLA/5％OMMT-KH550，且 PLA/5％OMMT-KH560 比 PLA/5％OMMT-KH550 的残炭更多，主要原因是 OMMT-KH560 在材料中发挥交联阻燃的作用机理，而OMMT-KH550 发挥促进滴落的阻燃作用。

3.4　硅烷化纳米有机改性蒙脱土与膨胀型阻燃剂复配阻燃聚乳酸体系

3.4.1　复配阻燃聚乳酸复合材料的制备

3.4.1.1　PLA/APP/EA/KH550 复合材料的制备

以不同的配比，如表 3.13 所示，将 PLA、APP、EA 及经过 KH550 处理后的纳米阻燃剂经人工预混后加入转矩流变仪中进行熔融共混。混合完毕后经压机压片成型，物料在模具中预热 5min，排气 3 次，在 10MPa 下压制 8min，保压冷却 10min，再取出。然后根据标准样条（测试极限氧指数的样条，长 10cm，宽 6.5mm；垂直燃烧测试的样条，长 13cm，宽 13mm；锥形量热测试，长宽都为

10cm）进行切割，最后进行性能测试。

表 3.13　PLA/APP/EA/KH550 复合材料的样品配方　　　单位：g

样品	PLA	APP	EA	OMMT-KH550
PLA/APP/EA/OMMT-KH550（9∶3∶1）	164	18	6	2
PLA/APP/EA/OMMT-KH550（9∶3∶3）	160	18	6	6
PLA/APP/EA/OMMT-KH550（9∶3∶5）	156	18	6	10
PLA/APP/EA/OMMT-KH550（9∶3∶7）	152	18	6	14

注：表格中的样品比例为 APP、EA 与 OMMT-KH550 的质量比。

3.4.1.2　PLA/APP/EA/KH560 复合材料的制备

以不同的配比，如表 3.14 所示，将 PLA、APP、EA 及经过 KH560 处理后的纳米阻燃剂经人工预混后加入转矩流变仪中进行熔融共混。完毕后经压机压片成型，物料在模具中预热 5min，排气 3 次，在 10MPa 下压制 8min，保压冷却 10min，再取出。然后根据标准样条（测试极限氧指数的样条，长 10cm，宽 6.5mm；垂直燃烧测试的样条，长 13cm，宽 13mm；锥形量热测试，长宽都为 10cm）进行切割，最后进行性能测试。

表 3.14　PLA/APP/EA/KH560 复合材料的样品配方　　　单位：g

样品	PLA	OMMT-KH560	APP	EA
PLA/APP/EA/OMMT-KH560（9∶3∶1）	164	2	18	6
PLA/APP/EA/OMMT-KH560（9∶3∶3）	160	6	18	6
PLA/APP/EA/OMMT-KH560（9∶3∶5）	156	10	18	6
PLA/APP/EA/OMMT-KH560（9∶3∶7）	152	14	18	6

注：表格中样品的比例为 APP、EA 与 OMMT-KH560 的质量比。

3.4.2　极限氧指数和垂直燃烧测试分析

PLA 及 PLA/APP/EA/OMMT-KH550 材料的极限氧指数与垂直燃烧测试结果以及测试时的实验现象，如表 3.15 所示。可以清楚地看出加入一定配比的 APP、EA 和 KH550 处理的纳米蒙脱土后的阻燃 PLA 复合材料阻燃性能显著提高，说明协同阻燃体系对 PLA 基体有良好的阻燃效果。用 KH550 改性之后的 OMMT 比未改性的效果好，随着 OMMT-KH550 添加量的增加，性能持续提高，当 OMMT-KH550 添加量达到 7％时，极限氧指数值达到 32.6％，并且能够通过垂直燃烧 UL 94 V-0 级别。

表 3.15　PLA/APP/EA/OMMT-KH550 复合材料的极限氧指数与垂直燃烧测试结果

样品	LOI/%	t_{1max}②	t_{2max}③	引燃脱脂棉	滴落	UL 94 级别
纯 PLA	20.1	39	—①	是	是	NR
PLA/APP/EA(9∶3)	29.8	10.9	4.1	否	是	V-1
PLA/APP/EA/I.34TCN(9∶3∶1)	28.9	38	15.9	是	是	NR
PLA/APP/EA/OMMT-KH550(9∶3∶1)	32.6	5.7	7.1	否	是	V-1
PLA/APP/EA/OMMT-KH550(9∶3∶3)	29.6	6.1	11.9	否	是	V-1
PLA/APP/EA/OMMT-KH550(9∶3∶5)	30	14.3	40	否	是	NR
PLA/APP/EA/OMMT-KH550(9∶3∶7)	32.6	3.5	1	否	否	V-0

① 样品一直燃烧到夹具，直到燃烧完全。

② 五个试样在首次点燃 10s 后的最大燃烧时间。

③ 第二次点燃 10s 后五个试样的最大燃烧时间。

注：表格中样品的比例为除 PLA 之外的其他组分的质量比。

　　PLA 及 PLA/APP/EA/OMMT-KH560 材料的极限氧指数与垂直燃烧测试结果以及测试时的实验现象，如表 3.16 所示。可以清楚地看出加入一定配比的 APP、EA 和 KH560 处理的纳米蒙脱土后的阻燃 PLA 复合材料阻燃性能显著提高，说明协同阻燃体系对 PLA 基体有良好的阻燃效果。用 KH560 改性之后的 OMMT 比未改性的效果好，随着 OMMT-KH560 添加量的增加，性能先提高后降低，当 OMMT-KH560 添加量达到 3% 时，极限氧指数值达到 34.1%，比 KH550 最佳配比时还高，并且能够通过垂直燃烧 UL 94 V-0 级别。还发现用 KH560 处理后的纳米阻燃剂，垂直燃烧时间相对于用 KH550 的都要长。

表 3.16　PLA/APP/EA/OMMT-KH560 复合材料的极限氧指数与垂直燃烧测试结果

样品	LOI/%	t_{1max}②	t_{2max}③	引燃脱脂棉	滴落	UL 94 级别
纯 PLA	20.1	39	—①	是	是	NR
PLA/APP/EA(9∶3)	29.8	10.9	4.1	否	是	V-1
PLA/APP/EA/I.34TCN(9∶3∶1)	28.9	38	15.9	是	是	NR
PLA/APP/EA/OMMT-KH560(9∶3∶1)	32.6	40	36	否	是	NR
PLA/APP/EA/OMMT-KH560(9∶3∶3)	34.1	3	5	否	否	V-0
PLA/APP/EA/OMMT-KH560(9∶3∶5)	30.8	10.7	13.3	是	是	V-2
PLA/APP/EA/OMMT-KH560(9∶3∶7)	28.1	30	4.5	是	是	V-2

① 样品一直燃烧到夹具，直到燃烧完全。

② 五个试样在首次点燃 10s 后的最大燃烧时间。

③ 第二次点燃 10s 后五个试样的最大燃烧时间。

注：表格中样品的比例为除 PLA 之外的其他组分的质量比。

3.4.3　锥形量热测试分析

如图 3.13 所示，PLA 的热释放速率曲线有典型的尖峰，峰值高达 $696kW/m^2$。而阻燃 PLA 的热释放速率曲线没有典型的尖峰。如图 3.13(a) 所示，APP 和 EA 的加入明显降低了 PLA 基体的 pk-HRR，峰值下降到 $286kW/m^2$。再加入最低配比 1% 的 I.34TCN，比单加膨胀型阻燃剂的热释放速率峰值高，说明不处理的 OMMT 不能与膨胀型阻燃剂产生协同阻燃效果。加入 OMMT-KH550 之后，复合材料的热释放速率峰值与单加膨胀型阻燃剂的材料相比都有明显下降，说明经过 KH550 处理的 OMMT 能够与膨胀型阻燃剂产生显著的协同阻燃效果。加入 7% 的 KH550 比 1% 的热释放速率进一步下降。如表 3.17 所示，当加入相同配比 1%KH550 和 1%KH560 处理的阻燃剂时，可以进一步降低复合材料的 pk-HRR，说明膨胀型阻燃剂与纳米阻燃剂复配使用产生协同阻燃效果，能够提高材料的阻燃性能。

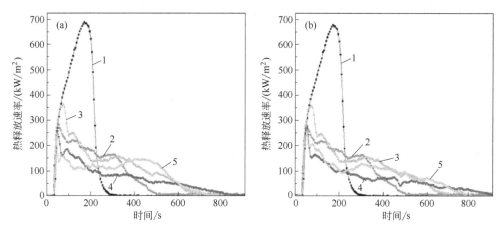

图 3.13　PLA、PLA/APP/EA/OMMT-KH560 复合材料的热释放速率曲线

1—PLA；2—PLA/APP/EA；3—PLA/APP/EA/I.34TCN（9∶3∶1）；
4—PLA/APP/EA/OMMT-KH560（9∶3∶1）；5—PLA/APP/EA/OMMT-KH560（9∶3∶3）

如图 3.13(b) 所示，在 APP 和 EA 加入的基础上，分别加入最佳配比（7% KH550 和 3% KH560）的纳米阻燃剂与 PLA 进行复配。发现材料在较长的时间才燃烧殆尽，且燃烧缓慢，燃烧时火势较小，没有大量烟尘。PLA 复合材料的 pk-HRR 进一步降低，说明复合材料的阻燃性能也进一步提高。PLA/APP/EA/KH550（9∶3∶7）复合材料的热释放速率峰值最低为 $225kW/m^2$，同时材料的平均热释放速率也相对较低，为 $94kW/m^2$。其复合材料的阻燃性能相对最好。

综上所述，在复配体系中，OMMT-KH560 含量的增加会使协同阻燃效应下降，与极限氧指数和垂直燃烧的测试结果有差异，说明 OMMT-KH560 的阻燃作用不仅仅是阻隔作用。

图 3.14 所示为 PLA 及其阻燃复合材料的质量损失曲线图。在 APP 和 EA 配比（9：3）保持不变的情况下，随着 I.34TCN 和阻燃纳米蒙脱土的加入，复合材料的质量损失曲线越来越趋于平缓，并且最终残炭率逐渐增加。这表明 APP、EA 和纳米阻燃剂的加入能够使复合材料的燃烧过程变得缓和，从而提高了材料的阻燃性能。复配阻燃剂的使用产生了协同阻燃效果，从而进一步提高了材料的阻燃性能。观察图 3.14 可以发现，PLA/APP/EA/OMMT-KH550（9：3：7）复合材料的质量损失曲线走势相对最为平缓，并且残炭率相对最多，残炭剩余达 18％（质量分数）。这表明产生了明显的协同阻燃效应。

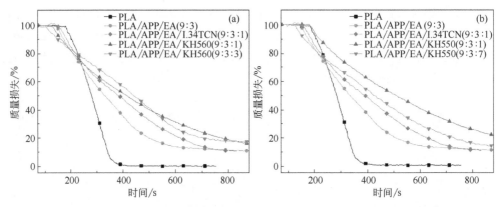

图 3.14　PLA、PLA/APP/EA/OMMT-KH560 复合材料的质量损失曲线

纯 PLA 及其阻燃复合材料的锥形量热测试结果见表 3.17。

表 3.17　纯 PLA、PLA/APP/EA/OMMT-KH560 复合材料的锥形量热测试结果

样品	TTI /s	pk-HRR /(kW/m²)	av-HRR /(kW/m²)	THR /(kW/m²)	av-EHC /(MJ/kg)	av-COY /(kg/kg)	av-CO₂Y /(kg/kg)	av-MLR /(g/s)	残炭率（质量分数）/％	TSR /(m²/m²)
纯 PLA	31	696	327	87	19	0.012	1.95	0.15	0.2	32.7
PLA/APP/EA (9：3)	26	286	82	71	16	0.066	1.87	0.05	10	376
PLA/APP/ EA/I.34TCN (9：3：1)	30	363	132	89	19	0.054	2.09	0.06	11	677
PLA/APP/ EA/OMMT-KH550(9：3：1)	26	258	72	63	15	0.086	1.85	0.04	14	253
PLA/APP/ EA/OMMT-KH550(9：3：7)	27	225	94	72	18	0.076	2.13	0.04	18	224

续表

样品	TTI /s	pk-HRR /(kW/m²)	av-HRR /(kW/m²)	THR /(kW/m²)	av-EHC /(MJ/kg)	av-COY /(kg/kg)	av-CO₂Y /(kg/kg)	av-MLR /(g/s)	残炭率（质量分数） /%	TSR /(m²/m²)
PLA/APP/EA/OMMT-KH560(9∶3∶1)	27	276	72	62	15	0.087	1.82	0.04	16	364
PLA/APP/EA/OMMT-KH560(9∶3∶3)	28	289	97	75	17	0.090	2.05	0.04	13	189

3.4.4　残炭分析

如图 3.15 所示，加入复配后的阻燃剂，复合材料锥形量热测试后的残炭表面都较为完整、光滑、致密 [图（e）（f）由于膨胀过高，取出时碰到仪器造成破碎，图示为破碎之后的高度]。而且随着添加量的增加，残炭的表面高度也随之增高，比单独添加 OMMT-KH550 或 OMMT-KH560 纳米阻燃剂时都高。这说明，一方面，在燃烧过程中形成了强度较高且致密的炭层表面，阻止或减慢了燃烧。另一方面，复配阻燃剂的使用产生了协同阻燃效应（膨胀效果更好），能够提高材料的阻燃性能。

图 3.15　PLA 阻燃复合材料锥形量热测试后的残炭照片

(a) PLA/APP/EA（9∶3）；(b) PLA/APP/EA/I.34TCN（9∶3∶1）；(c) PLA/APP/EA/OMMT-KH550（9∶3∶1）；(d) PLA/APP/EA/OMMT-KH560（9∶3∶1）；(e) PLA/APP/EA/OMMT-KH550（9∶3∶7）；(f) PLA/APP/EA/OMMT-KH560（9∶3∶3）

观察残炭表面及内部的 SEM 照片（图 3.16，同为 2000 的放大倍数）可以分析得出，PLA/APP/EA/1%KH550 内部结构为连续的褶皱状，几乎没有破裂和孔洞。残炭表面结构为大量完整、交错、封闭的网状薄膜或是泡孔结构，由完整性可以看出，泡孔的强度较高，能够形成致密有效的阻燃屏障，阻止或减慢了燃烧。

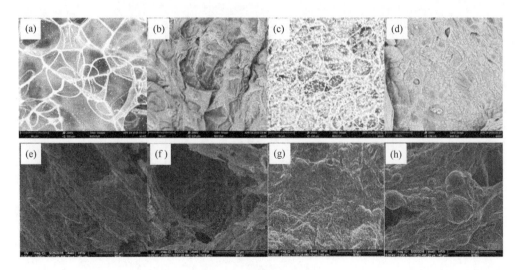

图 3.16　残炭的 SEM 照片

（a）PLA/APP/EA/1%OMMT-KH550 残炭表面；（b）PLA/APP/EA/1%OMMT-KH550 残炭内部；
（c）PLA/APP/EA/1%OMMT-KH560 残炭表面；（d）PLA/APP/EA/1%OMMT-KH560 残炭内部；
（e）PLA/APP/EA/7%OMMT-KH550 残炭表面；（f）PLA/APP/EA/7%OMMT-KH550 残炭内部；
（g）PLA/APP/EA/3%OMMT-KH560 残炭表面；（h）PLA/APP/EA/3%OMMT-KH560 残炭内部

　　PLA/APP/EA/1%KH560 内部结构也有褶皱状结构但较少，多为平坦块状结构，有轻微破裂和孔洞。残炭表面结构更为交错，也是完整而封闭的网状薄膜或泡孔结构。由完整性可以看出，泡孔的强度较高，能够形成致密有效的阻燃屏障，阻止或减慢了燃烧，但阻燃效果可能没有 PLA/APP/EA/1%OMMT-KH550 的好。

3.4.5　小结

　　将 OMMT-KH550 纳米阻燃剂、OMMT-KH560 纳米阻燃剂、PLA 和膨胀阻燃体系 APP/EA 通过熔融共混的方法，可成功制备 PLA/APP/EA/OMMT-KH550 和 PLA/APP/EA/OMMT-KH560 共两个系列的复合材料。通过极限氧指数、垂直燃烧和锥形量热测试了复合材料的阻燃性能，还通过残炭照片和扫描电镜来确定残炭结构和阻燃机理。结果表明阻燃剂与膨胀型阻燃剂复配使用能使聚乳酸产生更优异的阻燃性能，经过处理的 OMMT 都能与膨胀型阻燃剂产生协同阻燃效应。APP/EA/OMMT-KH550（9∶3∶7）和 APP/EA/OMMT-KH560（9∶3∶3）阻燃效果最好。而且随着纳米阻燃剂添加量的增加，复合材料的残炭表面更加膨胀和致密，说明纳米阻燃剂对聚乳酸材料的燃烧起到阻隔作用，从而显著提高其阻燃性能。

第 **4** 章
磷腈/三嗪双基分子阻燃
聚乳酸体系

为提高 PLA 树脂的阻燃性，一种常用有效的途径就是通过熔融共混的方式将阻燃剂加入 PLA 基体中[1]。为获取具有高效阻燃性能的 PLA，研究者们成功开发出了多种类型的阻燃剂用于 PLA 中。目前公开报道的关于 PLA 阻燃改性的研究中，大多采用添加型阻燃剂，设计、合成新型的磷氮复合型阻燃剂、纳米阻燃剂等阻燃效率高、环境友好的 "绿色" 阻燃剂成为近年来研究者们关注的重点。其中，磷氮系阻燃剂对 PLA 树脂阻燃性能的提升尤为明显。磷氮系阻燃剂不仅兼具磷系阻燃剂和氮系阻燃剂的双重特点，并且在燃烧过程中分子内可以形成磷-氮协同阻燃效应，能更有效地提高基体的阻燃性。此外，近年来，一种新型的阻燃剂逐渐被研究者们关注——构建具有两种或两种以上不同阻燃基团的新分子，这些分子利用基团协同效应来达到高效阻燃高分子材料的效果[2,3]。

到目前为止，还未曾有基于磷腈和三嗪分子阻燃剂的相关报道，并且所报道过的双基分子在 PLA 中的应用较少。本章中，笔者合成几种基于磷腈和三嗪的双基分子，并将它们作为阻燃剂或阻燃协效剂与其他阻燃剂共同用于 PLA 的阻燃改性。在此基础上，探索不同的磷腈/三嗪双基分子阻燃剂对 PLA 阻燃性能的影响规律及磷腈/三嗪双基分子与其他阻燃剂如聚磷酸铵和六苯氧基环三磷腈对 PLA 的协同阻燃作用。另外，还将在磷腈/三嗪双基分子中原位掺杂纳米级金属化合物，并用于阻燃 PLA，旨在提高其阻燃性能和热稳定性，并进一步探究基于磷腈/三嗪双基分子的原位掺杂纳米级金属化合物对 PLA 阻燃性能的影响及其阻燃机理。

4.1 端氨基磷腈/三嗪双基分子阻燃聚乳酸体系

本节中，笔者设计并合成了一种磷腈/三嗪双基分子（HTTCP，标记为 A1），该双基分子包含磷腈和三嗪两种基团，其中磷腈基团骨架结构由磷、氮单双键交替排列而成，三嗪基团骨架由碳、氮元素单双键交替排列。将此磷腈/三嗪双基分子与聚磷酸铵（APP）通过熔融共混添加到 PLA 中，通过极限氧指数、垂直燃烧、锥形量热仪测试和热失重测试研究其对 PLA 阻燃性能及热稳定性的影响。

4.1.1　端氨基磷腈/三嗪双基分子

4.1.1.1　HTTCP 的合成

（1）六氯环三磷腈与乙二胺反应生成中间产物 M1

取无水碳酸钾 20g 置于 500mL 三口烧瓶中，三口烧瓶另一口装温度计；取乙二胺（4.32g）的 1,4-二噁烷溶液（25mL），在 5～10℃ 条件下加入三口烧瓶中；用恒压滴液漏斗向其中缓慢滴加六氯环三磷腈（4.17g）的 1,4-二噁烷溶液（60mL），约 30min 滴加完毕，逐渐升温至 20℃，继续反应 2h。

（2）三聚氯氰与 M1 反应生成中间产物 M2

向上述 M1 体系中加入 20g 无水碳酸钾；冰浴条件下，缓慢滴加三聚氯氰（13.28g）的 1,4-二噁烷溶液（120mL），边滴加边搅拌，滴加完毕后继续反应 2h。

（3）乙二胺与 M2 反应生成终产物 HTTCP

将 M2 体系逐渐升温至 40℃，加入无水碳酸钾（10g）；缓慢滴加乙二胺（4.32g）的 1,4-二噁烷溶液（20mL），滴加完毕后逐渐升温至 50℃，冷凝回流，搅拌条件下反应 3h；再将上述体系逐渐升温至 90℃，加入无水碳酸钾（10g）；缓慢滴加乙二胺（4.32g）的 1,4-二噁烷溶液（20mL），滴加完毕后逐渐升温至 100℃，冷凝回流，搅拌，反应 3h，观察实验现象。

（4）过滤与干燥

用蒸馏水将上述体系洗至中性，将得到的白色固体置于烘箱中 120℃ 干燥 12h，得到产物 HTTCP。其结构式如图 4.1 所示，产率为 80％。

4.1.1.2　HTTCP 的结构与性能

图 4.2 为 HTTCP 的红外光谱图，由图中可以看出，在 $3263cm^{-1}$ 附近的强而宽的峰归因于—NH—键的不对称和对称伸缩振动，其弯曲振动峰出现在 $1590cm^{-1}$ 处。在 $2944cm^{-1}$ 处出现的峰归因于—CH_2—基团的伸缩振动。$1265cm^{-1}$、$1112cm^{-1}$、$1074cm^{-1}$ 和 $875cm^{-1}$ 处的吸收表明磷腈环的存在。$1436cm^{-1}$ 处的吸收峰对应于三嗪环的 C ═N 键。此外，$1334cm^{-1}$ 处的峰属于 $C_{三嗪}$—NH—的振动，该基团是三嗪和乙二胺反应生成的。$1396cm^{-1}$ 对应于 P—N—C 的振动，表明乙二胺与六氯环三磷腈成功反应。

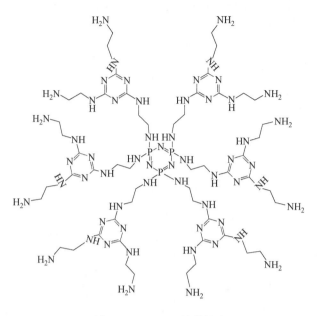

图 4.1　HTTCP 的结构式

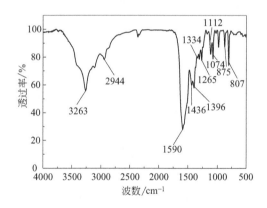

图 4.2　HTTCP 的红外光谱图

为了进一步确定 HTTCP 的分子结构，对 HTTCP 做了[1]H SSNMR、^{13}C SS-NMR 分析，如图 4.3 所示。由[1]H SSNMR 谱图可以看出，—NH$_2$ 的氢质子特征吸收峰出现在 2.89 化学位移处，而 7.01 化学位移处的吸收峰对应—P—NH—键中氢质子的振动。—CH$_2$—CH$_2$—基团中氢质子的振动对应 2.78～2.67 化学位移处。从[13]C SSNMR 谱图中可得，40.59 和 166.01 处分别对应了分子中的—CH$_2$—CH$_2$—和三嗪环上的 C 的振动吸收峰。结合上述红外分析可知，已成功合成了目标产物 HTTCP。

为了研究 HTTCP 的热稳定性，对其进行了 TGA 测试，测试结果如图 4.4 所

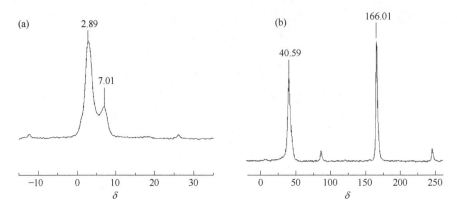

图 4.3　HTTCP 的固体核磁共振氢谱（a）、碳谱（b）

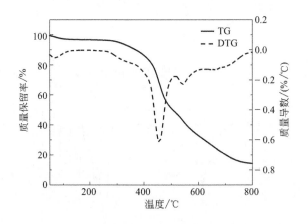

图 4.4　HTTCP 的 TG 与 DTG 曲线

示。从图中可以看出，阻燃剂的主要分解出现在 320～470℃之间，分解 1% 的温度高达 258℃；在 468℃时，热分解速率达到最大值，说明阻燃剂的热稳定性好；800℃时的残炭率为 20%（质量分数），说明阻燃剂具有很好的成炭性，由此推测 HTTCP 可以作为一种很好的成炭剂添加到高分子材料中。

4.1.2　HTTCP 阻燃聚乳酸的制备

首先将 PLA 置于 80℃恒温干燥 24h；然后将合成好的 HTTCP 与 APP 以一定的配比（如表 4.1 所示）与 PLA 经人工预混后加入转矩流变仪中，熔融共混 8min，流变仪参数设定分别为 190℃、50r/min；然后模压成型，物料在模具中预热 8min，排气 5 次，在 8MPa 下压制 1min，保压冷却 1min；最后用制样机切成标准燃烧测试样条。

表 4.1　HTTCP 阻燃 PLA 复合材料的配方比例

样品	成分(质量分数)/%		
	PLA	HTTCP	APP
纯 PLA	100	0	0
PLA-25％ APP	75	0	25
PLA-25％ HTTCP	75	25	0
PLA-HTTCP/APP(1∶1)	75	12.5	12.5
PLA-HTTCP/APP(1∶2)	75	8.3	16.6
PLA-HTTCP/APP(2∶1)	75	16.6	8.3

4.1.3　HTTCP 阻燃聚乳酸的阻燃性能

4.1.3.1　极限氧指数和垂直燃烧测试结果

对于可燃或易燃的高分子材料来说，极限氧指数（LOI）和垂直燃烧测试（UL 94）是表征其阻燃性能十分重要的技术指标。因此，对所有试样进行了极限氧指数和垂直燃烧测试。表 4.2 为 PLA 复合材料的极限氧指数及垂直燃烧的测试结果。由表 4.2 中 LOI 数据结果可以看出，纯 PLA 的 LOI 值仅为 20.2％，当添加 25％的 HTTCP 之后，PLA 复合材料的 LOI 值升至 25.2％。保持阻燃剂的总质量分数为 25％，将 HTTCP 与 APP 分别以 1∶1 与 1∶2 的比例进行复配使用，PLA 复合材料的 LOI 值分别高达 41.3％和 40.8％，达到了难燃级别。从垂直燃烧结果可以看出，纯 PLA 为无级别，单独添加 25％ HTTCP 时的复合材料也是无级别，而 HTTCP 与 APP 的添加质量比为 1∶1 与 1∶2 时，对应的复合材料均能达到 UL 94 V-0 级别，并且在燃烧测试过程中，没有滴落现象。由此可得出，将 HTTCP 与 APP 复配使用时，PLA 的阻燃性能得到很大程度的提高，由此说明，在 PLA 复合材料燃烧过程中，HTTCP 与 APP 之间存在协同阻燃效应。

表 4.2　PLA 及 HTTCP 阻燃 PLA 复合材料的极限氧指数与垂直燃烧测试结果

样品	LOI/%	$t_1^{①}$/s	$t_2^{②}$/s	滴落	UL 94 级别
纯 PLA	20.2	38.2	—	是	NR
PLA-25％ APP	28.7	25.4	38.5	是	V-2
PLA-25％ HTTCP	25.2	27.3	—	是	NR
PLA-HTTCP/APP(1∶1)	41.3	1	9.8	否	V-0
PLA-HTTCP/APP(1∶2)	40.8	0	0.4	否	V-0
PLA-HTTCP/APP(2∶1)	30.3	1	7.72	是	V-1

① 每组样品 5 根试样在第一次点燃 10s 之后持续燃烧的平均时间。

② 每组样品 5 根试样在第二次点燃 10s 之后持续燃烧的平均时间。

4.1.3.2 锥形量热测试结果

锥形量热仪是基于物质燃烧耗氧原理的一种火灾测试设备，被广泛地应用于评估材料的燃烧行为。为了更深入地探究 HTTCP 和 APP 在 PLA 基体中的阻燃机理，将所制的 PLA 复合材料试样进行了锥形量热测试。纯 PLA 及阻燃 PLA 复合材料的热释放速率（HRR）曲线如图 4.5 所示，质量损失曲线如图 4.6 所示，总热释放（THR）曲线如图 4.7 所示，热释放速率峰值（pk-HRR）、平均热释放速率（av-HRR）、总热释放量（THR）、平均有效燃烧热（av-EHC）、平均质量损失速率（av-MLR）以及残炭率的数据如表 4.3 所示。

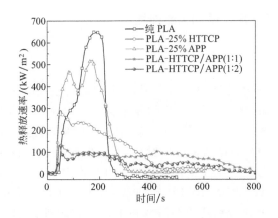

图 4.5　纯 PLA 及阻燃 PLA 复合材料的热释放速率曲线

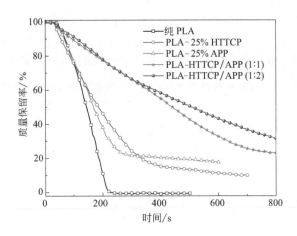

图 4.6　纯 PLA 及 HTTCP 阻燃 PLA 复合材料的质量损失曲线

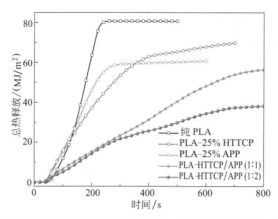

图 4.7　纯 PLA 及 HTTCP 阻燃 PLA 复合材料的总热释放曲线

表 4.3　纯 PLA 及 HTTCP 阻燃 PLA 复合材料锥形量热测试数据

样品	pk-HRR /(kW/m²)	av-HRR /(kW/m²)	THR /(MJ/m²)	av-EHC /(MJ/kg)	av-MLR /(g/s)	残炭率（质量分数）/%
纯 PLA	649	172	81	22.6	0.069	0
PLA-25％APP	389	119	67.8	17.0	0.064	17.6
PLA-25％HTTCP	290	100	71.3	19.6	0.06	10
PLA-HTTCP/APP(1∶1)	135	70.8	56.6	16.1	0.04	23
PLA-HTTCP/APP(1∶2)	130	44	39.3	11.8	0.04	31.6

由图 4.5 可以看出，纯 PLA 的热释放速率曲线呈现出典型的尖峰，热释放速率峰值高达 $649kW/m^2$，表明材料在很短的时间内就燃烧殆尽，而且燃烧时火势很大，燃烧过程很剧烈。阻燃剂的加入显著降低了 PLA 基体的热释放速率峰值（pk-HRR），同时从表 4.3 可以看出，阻燃复合材料的 av-HRR 也大幅度地下降，并且 THR 下降明显。与纯 PLA 相比，分别单独添加 25％HTTCP、25％APP 时，pk-HRR 分别下降 55.3％、40.0％；当阻燃剂添加总量保持 25％，HTTCP 与 APP 配比为 1∶2 的复合材料的热释放速率曲线最为平缓，其 pk-HRR、av-HRR、THR 分别下降 80％、74％、51％。说明添加的阻燃剂赋予了复合材料优异的阻燃特性，并且进一步证实 HTTCP 和 APP 对 PLA 存在协同阻燃的作用。

质量损失曲线可以揭示阻燃剂对基体材料的成炭作用。由图 4.6 可知，在燃烧结束后，纯 PLA 的残炭率几乎为零，这说明纯 PLA 的成炭能力极差。单独添加 25％ APP 和 HTTCP 的 PLA 复合材料，残炭率分别为 17.6％和 10％，这说明，单独添加 25％ APP 或 HTTCP 也能提高 PLA 复合材料的成炭性能。然而，当 HTTCP 和 APP 复配使用时，PLA 基体的残炭率明显升高，其中当 HTTCP 与 APP 配比为 1∶1 和 1∶2 时，复合材料的残炭率高达 23％和 31.6％。由此表明，HTTCP 与 APP 复配使用时，能有效提高 PLA 机体的成炭能力。这是由于 HT-

TCP 与 APP 之间的协同作用可以促进更多有效炭层的生成，这种炭层能有效阻止热量的传递及可燃性气体的入侵，从而保护基体进一步的燃烧和分解[4]。

由图 4.7 可以看出，相比于纯的 PLA，阻燃 PLA 复合材料的总热释放量（THR）均有所下降。其中，PLA-HTTCP/APP（1∶1）和 PLA-HTTCP/APP（1∶2）复合材料的 THR 值分别下降了 30% 和 51%。而相对于单加 25% APP 和 HTTCP 的复合材料，PLA-HTTCP/APP（1∶1）和 PLA-HTTCP/APP（1∶2）复合材料的 THR 值均降低至少 16.5%。这说明，相比于纯 PLA，所有的阻燃复合材料的燃烧强度都降低，尤其当 HTTCP 与 APP 复配使用时，PLA-HTTCP/APP 复合材料的燃烧强度得到显著降低，这主要归因于 HTTCP 与 APP 在燃烧过程中产生了协同作用。而由表 4.3 可得，复合材料 PLA-HTTCP/APP（1∶2）的平均有效燃烧热（av-EHC）与纯 PLA、PLA-25% APP、PLA-25% HTTCP 相比，分别降低了 47.8%、30.6%、39.8%，这说明，在燃烧过程中，HTTCP 和 APP 的复配使用，不仅在凝聚相机理中发挥作用，促进生成了更多的残炭，还在气相阻燃机理中发挥了阻燃作用。

4.1.3.3　残炭形貌

为了进一步探究阻燃剂 HTTCP、APP 及两者复配使用时的阻燃机理，锥形量热测试后，对样品的残炭进行了宏观形貌分析。图 4.8 为纯 PLA 及 HTTCP/APP 阻燃 PLA 复合材料残炭的数码照片。从图中可以看出，纯 PLA 燃烧后仅剩下少量残炭且破碎严重。分别单独添加 25% HTTCP、25% APP 后，残炭率增多，但炭层

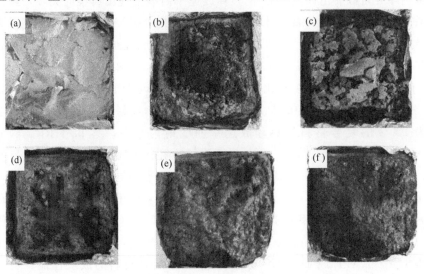

图 4.8　纯 PLA 及 PLA 复合材料残炭的数码照片
(a) 纯 PLA；(b) PLA-25% APP；(c) PLA-25% HTTCP；(d) PLA-HTTCP/APP（1∶1）；
(e) PLA-HTTCP/APP（1∶2）；(f) PLA-HTTCP/APP（2∶1）

的膨胀效果并不明显，并且残炭表面有多处裂缝或孔洞，这种炭层只能在较低水平上起到隔热作用。而当 HTTCP 与 APP 复配使用时，特别是当 HTTCP 与 APP 复配比例为 1:2 时，复合材料燃烧后形成的炭层完整致密并且膨胀效果十分明显，这种膨胀炭层可以有效抑制热量向基体内扩散以及阻挡基体内可燃性挥发物的释放，从而为 PLA 带来更好的阻燃性能。由此可以进一步看出，HTTCP 与 APP 复配使用时，存在较强的协同阻燃作用。

为了更深入地研究炭层的阻隔保护作用，对阻燃复合材料的残炭表面进行了微观形貌分析。图 4.9 为阻燃 PLA 复合材料残炭表面的扫描电镜图像。从图中可以看出，单加 25％ HTTCP 的阻燃 PLA 复合材料的残炭层出现了较多的孔洞，而 HTTCP 与 APP 复配后，复合材料的残炭层孔洞明显减少，尤其是二者的比例为 1:2 时，可以观察到残炭层存在大量致密的闭合炭泡孔，闭合的泡孔一方面能够有效阻止热量的传递，另一方面可以防止外界氧气的进一步入侵，阻隔气体交换，发挥优异的阻隔保护作用，从而有效防止基体的进一步裂解与燃烧。

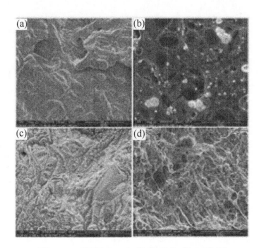

图 4.9 阻燃 PLA 的残炭扫描电镜图

(a) PLA-25％APP；(b) PLA-25％HTTCP；(c) PLA-HTTCP/APP (1:1)；
(d) PLA-HTTCP/APP (1:2)

4.1.4 HTTCP 阻燃聚乳酸的热稳定性

为了探究 HTTCP 的加入对 PLA 复合材料的热性能影响，对样品进行了热失重测试，图 4.10 为纯 PLA 及 HTTCP 阻燃 PLA 复合材料的热失重曲线，表 4.4 是其对应的热重分析测试数据。由图 4.10 可以看出，纯 PLA 的热稳定性极差，在氮气氛围中 330℃下有一阶分解，400℃后几乎已分解完全。单独加入 25％APP 时，基体在 382℃和 565℃出现了两阶分解，残炭率有所提升（7.5％）。这说明 PLA-25％APP 生成的中间炭层不稳定。而单独添加 25％HTTCP 以及将 HTTCP 与 APP 复配时，残炭率升至 14％左右。具体来讲，PLA-25％HTTCP 复合材料相比于纯 PLA 的初始分解温度为 323℃，最大分解温度在 357℃，700℃时剩余 14.6％的残炭率。由此说明，HTTCP 的成炭性能比较好，可以作为一种成炭剂。复合材料 PLA-HTTCP/APP（1：2）的最大分解温度出现在 378℃，并且剩余 14.9％的残炭率；PLA-HTTCP/APP（2：1）的最大分解温度出现在 373℃，并且剩余 16.3％的残炭率，随着 HTTCP 比例的增大，PLA 复合材料的最终残炭率呈上升的趋势。另外，由表中各复合材料在 700℃下残炭的理论计算值可以看出，单加 25％ APP 的复合材料的实际残炭率低于理论值，除此之外，单加 25％ HTTCP 以及 HTTCP/APP 复配体系的复合材料的实际残炭率均高于理论计算值，特别是 PLA-HTTCP/APP（2：1）复合材料的实际残炭率高于理论值近 2.3 倍。由此说明，HTTCP 和 APP 在高温下发生了一定的作用，生成能促进成炭的产物，从而提高了 PLA 阻燃复合材料的成炭性能[4]。综上可以得出结论，HTTCP 的加入使 PLA 复合材料的热性能得到很大提高。

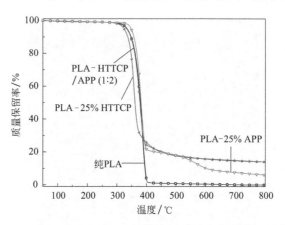

图 4.10　纯 PLA 及 HTTCP 阻燃 PLA 复合材料的热失重曲线

表 4.4　纯 PLA 及 HTTCP 阻燃 PLA 复合材料热重分析测试数据

编号	样品	$T_{5\%}$ /℃	T_{max} /℃	700℃的残炭率（质量分数）/％	700℃的理论残炭率（质量分数）/％
1	纯 PLA	333	385	0.1	—
2	PLA-25％ APP	347	382	7.5	11.2
3	PLA-25％ HTTCP	323	357	14.6	5.1
4	PLA-HTTCP/APP(1：1)	329	377	13.9	8.1
5	PLA-HTTCP/APP(1：2)	332	378	14.9	9.1
6	PLA-HTTCP/APP(2：1)	326	373	16.3	7.1

4.1.5　HTTCP 阻燃聚乳酸的力学性能

图 4.11 为纯 PLA 及 HTTCP 阻燃 PLA 复合材料的力学性能测试结果（样品

编号同表 4.4）。可以看出，单独添加阻燃剂 HTTCP 或 HTTCP/APP 体系后，PLA 复合材料的拉伸强度［图 4.11(a)］和断裂伸长率［图 4.11(b)］都有所下降，其中单独添加 25％HTTCP 的 PLA 复合材料与 PLA-HTTCP/APP（1∶1）的拉伸强度和断裂伸长率下降都比较小，尤其是复合材料 PLA-HTTCP/APP（1∶1）的拉伸强度保持在近 45MPa，断裂伸长率保持在近 1.6％，能够满足部分使用需求。而复合材料 PLA-HTTCP/APP（2∶1）的拉伸强度和断裂伸长率与纯 PLA 相比下降幅度较大。添加阻燃剂后造成材料力学性能下降，一方面是由于阻燃剂分子量小，与 PLA 高分子基体的相容性较差，另一方面是由于阻燃剂的添加量较大（25％）。因此，对于某些对材料力学性能要求高的场合，还需要继续改性才能达到 PLA 阻燃性能提高的同时其力学性能不下降，或同时得到提高。

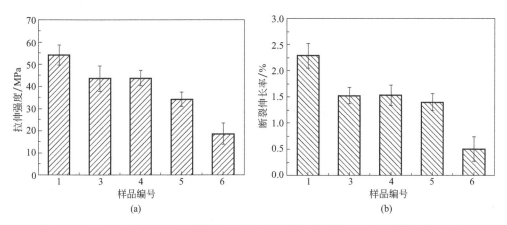

图 4.11　纯 PLA 及 HTTCP 阻燃 PLA 复合材料的拉伸强度（a）和断裂伸长率（b）

4.1.6　小结

本小节介绍了一种磷腈/三嗪双基分子 HTTCP 的制备方法，产率为 80％，通过红外光谱，固体核磁共振氢谱、碳谱和热重分析测试，对其结构和热性能进行了表征。将其应用到聚乳酸树脂中，研究结果表明，当单独添加 25％HTTCP 作为阻燃剂时，材料的阻燃性能有一定程度的提高。当将 HTTCP 与 APP 复配使用时，材料的阻燃性能得到大幅度提升。尤其是当 HTTCP 与 APP 以质量比为 1∶1 和 1∶2 的比例进行复配时，阻燃聚乳酸树脂的 LOI 值能达到 40％以上，通过 UL 94 V-0 级别的测试且没有滴落现象；同时，热释放速率峰值与纯 PLA 相比都下降了近 80％。残炭的数码照片和扫描电镜照片显示，当 HTTCP 与 APP 以 1∶1 和 1∶2 的比例复配使用时，生成的炭层致密完整，且呈闭合泡孔结构。该炭层能够有效隔绝氧气和热交换，从而保护基体不受进一步的分解和燃烧，发挥凝聚相阻燃作用。

4.2 三种不同端基的磷腈/三嗪双基分子在聚乳酸中的阻燃行为对比

基于 4.1 节中磷腈/三嗪双基分子 HTTCP 的合成及其在 PLA 中应用的实验过程和实验结果，HTTCP 与 APP 之间能发挥协同阻燃的作用，在极限氧指数测试、垂直燃烧测试以及锥形量热测试中，PLA-HTTCP/APP 复合材料能达到较好的阻燃效果。实验结果表明，HTTCP 在燃烧过程中可以充当一种良好成炭剂的角色，与 APP 复配使用能促进基体成炭。这主要归因于 HTTCP 的端氨基与 APP 在燃烧过程中能发生化学反应。为了验证这一推测，笔者设计并合成了 3 种含不同端基的磷腈/三嗪双基分子，并分别将它们与 APP 按照一定的比例添加到 PLA 中，通过一系列的测试手段，探究含不同端基的磷腈/三嗪双基分子对 PLA 的阻燃性能、热稳定性的影响规律及其阻燃作用机理。

4.2.1 三种磷腈/三嗪双基分子的制备

合成总路线如图 4.12 所示。

A1 的合成：具体合成步骤见"4.1.1.1　HTTCP 的合成"。

A2 的合成：前两步与 A1 的合成过程相同，得到中间产物 M2；之后将 M2 体系逐渐升温至 40℃，加入无水碳酸钾（10g）；缓慢滴加苯胺（6.70g）的 1,4-二噁烷溶液（20mL），滴加完毕后逐渐升温至 50℃，冷凝回流，搅拌条件下反应 3h；再将上述体系逐渐升温至 90℃，加入无水碳酸钾（10g）；缓慢滴加苯胺（6.70g）的 1,4-二噁烷溶液（20mL），滴加完毕后逐渐升温至 100℃，冷凝回流，搅拌，反应 3h。用蒸馏水将上述体系洗至中性，将得到的淡黄色固体置于烘箱中 105℃干燥 12h，研磨得淡黄色粉末产物 A2，产率为 81%。

A3 的合成：前两步与 A1 的合成过程（1）～（2）相同，得到中间产物 M2；之后将 M2 体系逐渐升温至 40℃，加入无水碳酸钾（10g）；缓慢滴加对苯二胺（7.78g）的 1,4-二噁烷溶液（20mL），滴加完毕后逐渐升温至 50℃，冷凝回流，搅拌条件下反应 3h；再将上述体系逐渐升温至 90℃，加入无水碳酸钾（10g）；缓慢滴加对苯二胺（7.78g）的 1,4-二噁烷溶液（20mL），滴加完毕后逐渐升温至 100℃，冷凝回流，搅拌，反应 3h。用蒸馏水将上述体系洗至中性，将得到的褐色固体置于烘箱 105℃干燥 12h，研磨得褐色粉末产物 A3，产率为 84.9%。

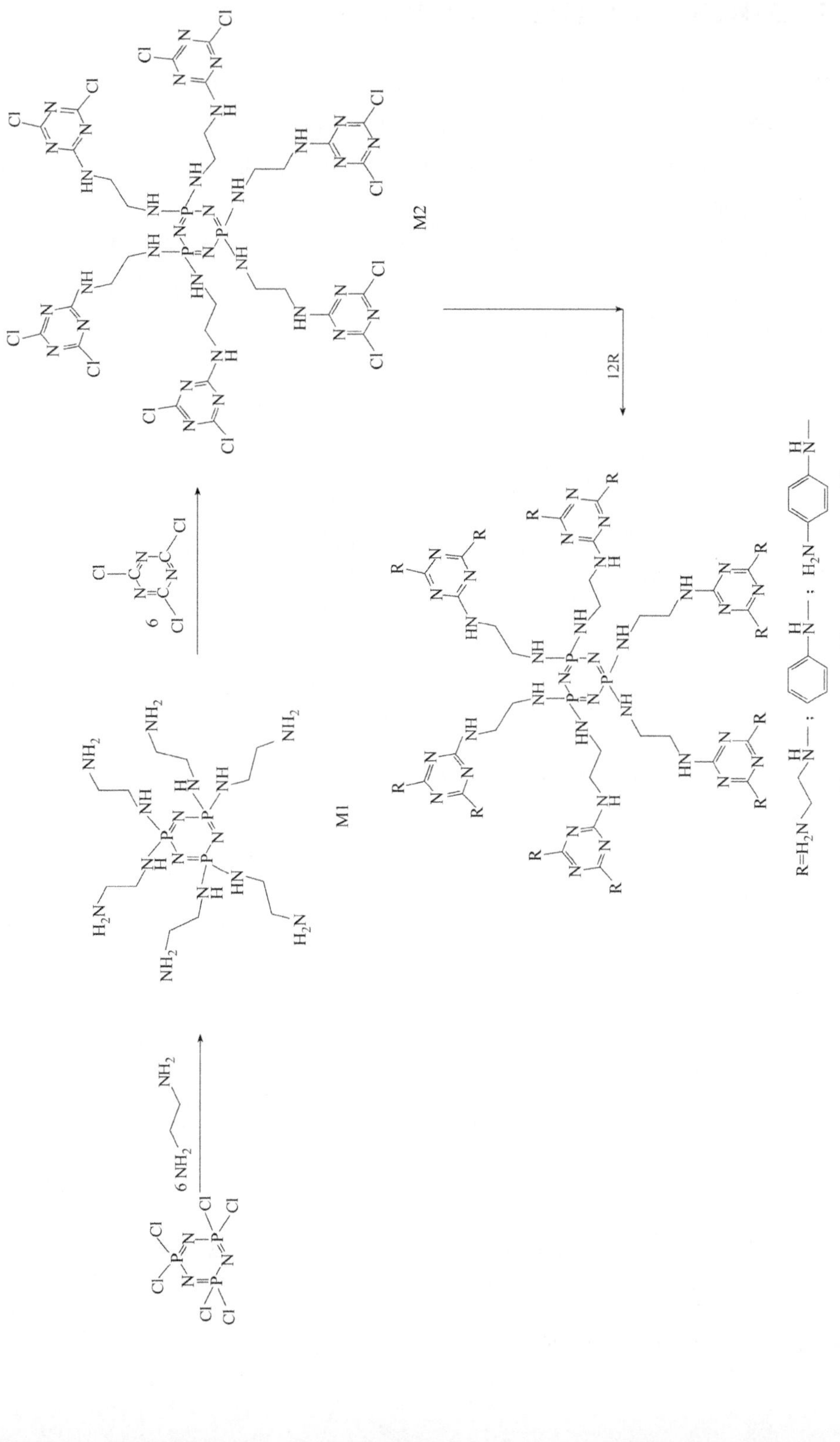

图 4.12 含不同端基的磷腈/三嗪双基分子的合成路线图

4.2.2 三种磷腈/三嗪双基分子的结构和性能对比

图 4.13 为含不同端基的磷腈/三嗪双基分子的红外光谱图。从图中可以看出，对于三条曲线，$1399cm^{-1}$ 处对应三嗪基团，$983cm^{-1}$ 和 $877cm^{-1}$ 对应磷腈环中磷氮单双键交替的骨架结构特征吸收峰，这些峰在所有的曲线中都能被观察到。对于 A2 的谱图曲线，$3404cm^{-1}$ 处为仲胺—NH—Ph 的伸缩吸收峰，$785cm^{-1}$ 和 $700cm^{-1}$ 为苯环的单取代特征吸收峰。对于 A3 的谱图曲线，$3404cm^{-1}$ 和 $1631cm^{-1}$ 处的强吸收峰归属于—NH_2 基团，$703cm^{-1}$ 为苯环的双取代特征吸收峰。这些峰的出现基本证明了双基分子 A2、A3 的成功合成。

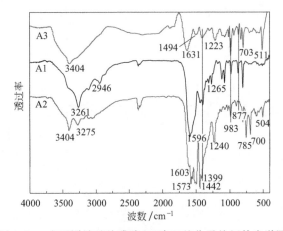

图 4.13　含不同端基的磷腈/三嗪双基分子的红外光谱图

为进一步确定 A2、A3 的结构，对其做了 ^{1}H SSNMR、^{13}C SSNMR 分析，如图 4.14、图 4.15 所示。其中固态核磁共振氢谱的谱图曲线用高斯拟合的方法对其进行了分峰处理。

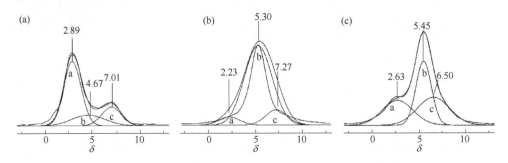

图 4.14　含不同端基的磷腈/三嗪双基分子的固体核磁共振氢谱图 ❶

(a) A1；(b) A2；(c) A3

---

❶ 扫描本书封底二维码，可查看彩色原图。

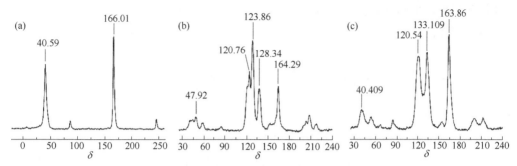

图 4.15　含不同端基的磷腈/三嗪双基分子的固体核磁共振碳谱图

(a) A1；(b) A2；(c) A3

A2 的 ^{1}H SSNMR 谱图：$\delta=7.27$（24H，—NH—峰 c），$\delta=5.30$（60H，Ar-H 峰 b），$\delta=2.23$（24H，—CH$_2$—CH$_2$—峰 a）。A3：$\delta=6.50$（24H，—NH—峰 c），$\delta=5.45$（48H，Ar—H 峰 b），$\delta=2.63$（48H，—NH$_2$，—CH$_2$—CH$_2$—，峰 a）。

A2 的 ^{13}C SSNMR 谱图：$\delta=47.92$（12C，—CH$_2$—CH$_2$—中的 C），$\delta=164.29$（18C，三嗪环上的 C），$\delta=120.76$，123.86（60C，苯环上的 C），$\delta=128.34$（12C，苯环中不含 H 的 C）。A3 的 ^{13}C SSNMR 谱图：$\delta=40.409$（12C，—CH$_2$—CH$_2$—中的 C），$\delta=163.86$（18C，三嗪环上的 C），$\delta=120.54$（48C，苯环上的 C），$\delta=133.109$（24C，苯环中不含 H 的 C）。结合上述红外分析可知，已成功合成了目标产物 A2、A3。

图 4.16 为三种含不同端基的磷腈/三嗪双基分子 A1、A2、A3 的热重分析图。从图 4.16(a) 可以看出，A3 具有比 A1、A2 更高的初始分解温度（$T_{5\%}$），高达 370℃，且 700℃时 A3 的残炭率高达 64.1%；由图 4.16(b) 可知，A2 的最大分解温度（T_{max}）低于 A1 和 A3，而 A3 的 T_{max} 则高达 566℃。A1、A2、A3 三种阻燃剂相比，A3 具有最高的初始分解温度、最大的分解温度，且在高温下仍保持最

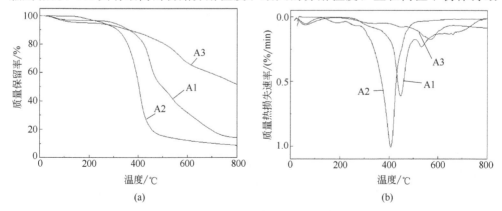

图 4.16　含不同端基的磷腈/三嗪双基分子的 TGA 图 (a) 和 DTG 图 (b)

高的残炭率。由此可见，A3 的热稳定性和成炭性都比较好；三种阻燃剂的热稳定性和成炭性能排序为 A3＞A1＞A2。

4.2.3　三种磷腈/三嗪双基分子阻燃聚乳酸的制备

首先将 PLA 置于 80℃恒温干燥 24h；然后将合成好的磷腈/三嗪双基分子 A1、A2、A3 分别与 APP 以一定的配比（如表 4.5 所示）与 PLA 经人工预混后加入转矩流变仪中，熔融共混 8min，流变仪参数设定分别为 190℃、50r/min；完毕后模压成型，物料在模具中预热 8min，排气 5 次，在 8MPa 下压制 1min，保压冷却 1min；最后用制样机切成标准燃烧测试样条。

表 4.5　含不同端基的磷腈/三嗪双基分子阻燃 PLA 复合材料的配方比例

样品	各成分质量分数/%				
	PLA	APP	A1	A2	A3
纯 PLA	100	0	0	0	0
PLA-20APP	80	20	0	0	0
PLA-20A1/APP(1∶1)	80	10	10	0	0
PLA-20A2/APP(1∶1)	80	10	0	10	0
PLA-20A3/APP(1∶1)	80	10	0	0	10

4.2.4　三种磷腈/三嗪双基分子阻燃聚乳酸的热稳定性

图 4.17 为纯 PLA 及不同磷腈/三嗪双基分子阻燃 PLA 复合材料的热失重曲线，表 4.6 为对应的数据分析。由图可以看出，纯 PLA 的热稳定性极差，在氮气氛围中 330℃下有一阶分解，400℃后几乎已分解完全。PLA-20APP 和 PLA-

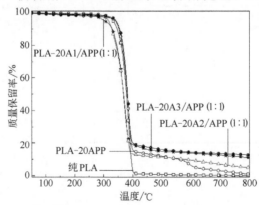

图 4.17　纯 PLA 及不同磷腈/三嗪双基分子阻燃 PLA 复合材料的热失重曲线

20A3/APP（1∶1）复合材料的初始分解温度均高于纯 PLA，PLA-20A3/APP（1∶1）在 700℃时的残炭率也最大（13.43%）。单独加入 20%APP 时，基体在 385℃和 587℃出现了两阶分解，残炭率为 0.93%。PLA-20A3/APP（1∶1）和 PLA-20A1/APP（1∶1）样品在 700℃时的残炭率分别为 13.43%和 12.50%。由此可以看出，A1/APP 体系的加入能够提高 PLA 复合材料的成炭效果，PLA-20A3/APP（1∶1）复合材料的热稳定性和成炭效果最好。

表 4.6 不同磷腈/三嗪双基分子阻燃 PLA 复合材料的热重分析数据

样品	$T_{5\%}$/℃	T_{max}/℃	700℃的残炭率（质量分数）/%
纯 PLA	333	385	0.01
PLA-20APP	347	385,587	0.93
PLA-20A1/APP(1∶1)	306	372	12.50
PLA-20A2/APP(1∶1)	320	377	4.85
PLA-20A3/APP(1∶1)	344	385	13.43

4.2.5 三种磷腈/三嗪双基分子在聚乳酸中的阻燃行为对比

4.2.5.1 极限氧指数和垂直燃烧测试结果

表 4.7 为不同磷腈/三嗪双基分子 A1、A2、A3 阻燃 PLA 复合材料的极限氧指数和垂直燃烧测试结果。由表可以看出，纯 PLA 的 LOI 值为 20.2%，保持 20%的添加量，分别将 A1、A3 与 APP 以 1∶1 复配使用，复合材料的 LOI 值分别达到 34.3%、29.7%，而 A2 与 APP 以 1∶1 复配时的复合材料的 LOI 值只有 24.3%。从极限氧指数测试结果可以看出，带有端氨基的磷腈/三嗪双基分子 A1、A3 与 APP 复配体系对聚乳酸的阻燃性能有明显的提高。从垂直燃烧测试结果可以看出，其中只有 PLA-20A1/APP（1∶1）达到 UL 94 V-0 级别，并且在燃烧测试过程中，没有滴落现象，而其他的阻燃聚乳酸复合材料只能通过 UL 94 V-2 级别。综合极限氧指数和锥形量热的测试结果，可以看出，三种磷腈/三嗪双基分子分别与 APP 复配阻燃 PLA 时，A1 的阻燃效率最高，三种阻燃剂的阻燃效果排序为 A1＞A3＞A2。

表 4.7 不同磷腈/三嗪双基分子阻燃 PLA 复合材料的极限氧指数和垂直燃烧测试结果

样品	LOI/%	UL 94 级别	滴落
纯 PLA	20.2	NR	是
PLA-20APP	28.1	V-2	是
PLA-20A1/APP(1∶1)	34.3	V-0	否
PLA-20A2/APP(1∶1)	24.3	V-2	是
PLA-20A3/APP(1∶1)	29.7	V-2	是

4.2.5.2　锥形量热测试结果

图 4.18 为纯 PLA 及不同磷腈/三嗪双基分子阻燃 PLA 复合材料的热释放速率曲线，由图可以看出，纯 PLA 的热释放速率曲线呈现出典型的尖峰，热释放速率峰值高达 $769kW/m^2$，材料在很短的时间内就燃烧殆尽，而且燃烧时火势很大，燃烧过程很剧烈。阻燃剂的加入显著降低了 PLA 基体的热释放速率峰值。与纯 PLA 相比，PLA-20A1/APP（1∶1）和 PLA-20A3/APP（1∶1）的 pk-HRR 分别降低了 68.3%、50.1%。与单加 20% APP 的复合材料相比，pk-HRR 值分别降低了 42.0%、8.8%。由此可以看出，在复合材料燃烧过程中，A1/APP 和 A3/APP 体系在阻燃聚乳酸的燃烧过程中达到了较好的协同阻燃效果。而 A1 和 A3 的分子结构中都有端氨基，由此可以推测，A1 和 A3 分子中的端氨基在燃烧过程中与 APP、PLA 基体进行反应，生成具有交联结构的不易分解的产物，促进成炭，生成的炭层能有效隔绝热量交换，保护基体不进一步分解和燃烧，从而在凝聚相阻燃机理中发挥主导作用[4]。而 PLA-20A2/APP（1∶1）的 pk-HRR 值为 $668kW/m^2$，相比于纯 PLA 降低了 13.1%，却比 PLA-20APP 的 pk-HRR 值还高，和极限氧指数的测试结果相对应，A2 与 APP 的复配使用没有达到有效的协同作用，这可能是由于 A2 分子式结构中缺乏端氨基基团，而端氨基可以和 APP 在燃烧过程中发生反应，促进成炭。

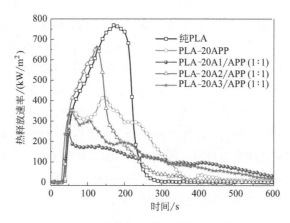

图 4.18　纯 PLA 及不同磷腈/三嗪双基分子阻燃 PLA 复合材料
的热释放速率曲线

图 4.19 为纯 PLA 及阻燃 PLA 复合材料的总热释放量曲线。从图中可以看出，相比于纯 PLA，阻燃 PLA 复合材料的总热释放量都有所下降，其中 PLA-20A1/APP（1∶1）和 PLA-20A3/APP（1∶1）的 THR 值分别降低了 40.9%、27.7%。由图 4.20 复合材料的质量损失曲线和表 4.8 的锥形量热数据可得，

PLA-20A1/APP（1：1）和 PLA-20A3/APP（1：1）的质量损失曲线下降缓慢，其平均质量损失速率分别为 0.06g/s、0.07g/s，相比于纯 PLA，分别下降了 66.7％、61.1％，相比于 PLA-20APP 分别下降了 45.5％、36.4％。此外，PLA-20A1/APP（1：1）和 PLA-20A3/APP（1：1）复合材料的最终残炭率分别为 23.0％和 20.0％，而 PLA-20A2/APP（1：1）复合材料的最终残炭率仅为 9.3％，比 PLA-20APP 的最终残炭率还低（15％）。上述结果进一步说明带有端氨基基团的磷腈/三嗪双基分子 A1（A3）和 APP 复配使用时，在燃烧过程中存在协同阻燃的作用，端氨基与 APP 进行反应促进生成更多的有效炭层，阻隔热量和氧气的内外交换，保护下层基体不进一步裂解和燃烧，从而在凝聚相中发挥阻燃作用。

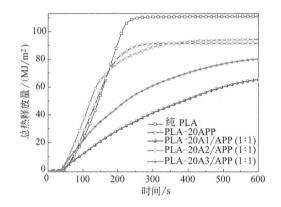

图 4.19　纯 PLA 及不同磷腈/三嗪双基分子阻燃 PLA
复合材料的总热释放量曲线

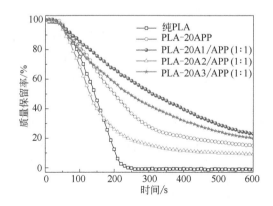

图 4.20　纯 PLA 及不同磷腈/三嗪双基分子阻燃 PLA
复合材料的质量损失曲线

表 4.8 纯 PLA 及不同磷腈/三嗪双基分子阻燃 PLA 复合材料的锥形量热测试数据

样品	pk-HRR /(kW/m²)	av-HRR /(kW/m²)	THR /(MJ/m²)	av-EHC /(MJ/kg)	av-MLR /(g/s)	残炭率 (质量 分数)/%	TSR /(m²/m²)
纯 PLA	769	280	111.0	24.7	0.18	0.0	335
PLA-20APP	421	144	91.5	20.1	0.11	15.0	1091
PLA-20A1/APP(1∶1)	244	85	65.6	18.9	0.06	23.0	165
PLA-20A2/APP(1∶1)	668	133	94.5	18.4	0.14	9.3	1169
PLA-20A3/APP(1∶1)	384	126	80.2	19.6	0.07	20.0	414

有效燃烧热（EHC）表示在某时刻 t 时，所测得的热释放速率与质量损失速率之比，它反映了挥发性气体在气相火焰中的燃烧程度[5]。由表 4.8 可得，在所有阻燃 PLA 复合材料中，PLA-20A2/APP（1∶1）复合材料的平均有效燃烧热是最低的，为 18.4MJ/kg，纯 PLA 的 av-EHC 值为 24.7MJ/kg，同时，PLA-20A2/APP（1∶1）复合材料的总烟释放量为最高，达 1169m²/m²。由此可以推测，虽然 A2/APP 体系在凝聚相中没有发挥良好的成炭作用，但是其在气相中发挥了作用。A2/APP 体系的复合材料在燃烧过程中，燃烧时释放大量的烟，伴随的热量未能被隔绝在凝聚相生成的炭层中，因此，对于 PLA-20A2/APP（1∶1）复合材料来说，其阻燃 PLA 基体的机理主要归结于气相阻燃机理。

为了更精确地比较含不同端基的磷腈/三嗪双基分子阻燃剂 A1、A2、A3 及 APP 对聚乳酸在阻燃作用上的差异，对阻燃复合材料的阻燃性能进行定量计算。根据德国研究者 Schartel[6,7] 的理论，在锥形量热测试中，热释放速率峰值 pk-HRR 表征了材料燃烧时的最大热释放强度。而阻燃复合材料的 pk-HRR 值下降可归因于三部分：①气相中的火焰抑制效应；②凝聚相中的成炭效应；③炭层屏蔽和保护效应，表明膨胀的炭层对热量的交换传递和挥发性气体的释放阻隔延缓。这三种效应可以根据 PLA 复合材料与纯 PLA 相关数据的对比实现定量分析。相应的计算如式（4.1）、式（4.2）和式（4.3）所示，计算结果如表 4.9 所示。

$$火焰抑制效应 = 1 - EHC_{FR}/EHC_{纯} \tag{4.1}$$

$$成炭效应 = 1 - TML_{FR}/TML_{纯} \tag{4.2}$$

$$屏蔽保护效应 = 1 - (pk\text{-}HRR_{FR}/pk\text{-}HRR_{纯})/(THR_{FR}/THR_{纯}) \tag{4.3}$$

表 4.9 阻燃 PLA 复合材料的定量分析结果

样品	火焰抑制效应/%	成炭效应/%	屏蔽保护效应/%
PLA-20APP	18.6	15.0	33.6
PLA-20A1/APP(1∶1)	23.5	23.0	46.3
PLA-20A2/APP(1∶1)	25.5	9.3	−2.0
PLA-20A3/APP(1∶1)	20.6	20.0	30.9

　　表 4.9 为磷腈/三嗪双基分子 A1、A2、A3 及 APP 阻燃 PLA 复合材料的三种阻燃效应的定量计算结果。结果表明，含有 APP、A1/APP 和 A3/APP 阻燃体系的复合材料在燃烧过程中是由气相中的火焰抑制效应、凝聚相中的成炭效应和炭层屏蔽保护效应三种效应共同作用的。其中 A1/APP 体系发挥的三种效应的数值对于三种阻燃复合材料来说都是较高的，尤其是炭层屏蔽保护效应。这说明，A1/APP 体系在凝聚相中生成的炭层致密厚实，能起到良好的屏蔽保护效应，阻隔热量和气体交换，从而保护基体不进一步分解和燃烧。然而，含有 A2/APP 阻燃体系的 PLA 复合材料在燃烧过程中只有气相中的火焰抑制效应和凝聚相中的成炭效应。其中 PLA-20A2/APP 复合材料的凝聚相中的成炭效应只有 9.3%，是所有复合材料中最低的，甚至低于 PLA-20APP 的凝聚相成炭效应（15%）。值得注意的是，PLA-20A2/APP 复合材料在气相中的火焰抑制效应却是所有阻燃 PLA 复合材料中最高的，这进一步证明，A2/APP 体系的复合材料在燃烧过程中主要是气相阻燃机理。综合以上结果，带有端氨基基团的磷腈/三嗪双基分子 A1、A3 与 APP 进行复配阻燃 PLA 时，起到良好的协同阻燃作用，特别是在凝聚相机理中发挥重要作用。其中 A1 与 APP 的协同阻燃效应最强，A3 与 APP 的复配体系阻燃效果次于 A1，这是由于 A1、A2、A3 端基与 APP 的反应活性会影响其对 PLA 的阻燃效果。A3 分子结构中含有大量苯环基团：这些苯环的存在，一方面降低了 $-NH_2$ 与 APP 的反应活性，另一方面，苯环的位阻效应使 A3 与 APP 的反应概率降低，因而 A3 与 APP 的协同阻燃效果不如 A1。而 A2/APP 体系的阻燃效果差，归结原因是 A2 分子结构中缺乏端氨基，这极大地降低了 A2 与 APP 的反应活性，导致 A2 与 APP 在复合材料燃烧过程中没有起到协同阻燃作用。

4.2.5.3　残炭形貌

　　图 4.21 为纯 PLA 及三种不同的磷腈/三嗪双基分子复配 APP 阻燃 PLA 复合材料锥形量热测试后残炭的数码照片。从图 4.21(a) 中可以看出，纯 PLA 燃烧后仅剩下少量残炭且破碎严重。阻燃 PLA 复合材料样品 PLA-20APP［图 4.21(b) 和 (f)］和 PLA-20A2/APP（1∶1）［图 4.21(d) 和 (h)］的炭层的膨胀效果不明显，并且残炭表面有多处裂缝或孔洞，这种炭层只能在较低水平上起到隔热作用。而样品 PLA-20A1/APP（1∶1）［图 4.21(c) 和 (g)］和 PLA-20A3/APP（1∶1）［图 4.21(e) 和 (i)］的炭层完整致密，并且膨胀效果十分明显，这种膨胀炭层可以有效抑制热量向基体内扩散以及阻挡基体内可燃性挥发物的释放，从而为 PLA 带来更好的阻燃性能。由此看出，具有端氨基的磷腈/三嗪双基分子 A1 和 A3 与 APP 复配使用时，促进更多有效炭层的生成，从而在凝聚相中发挥优异的协同阻燃作用。

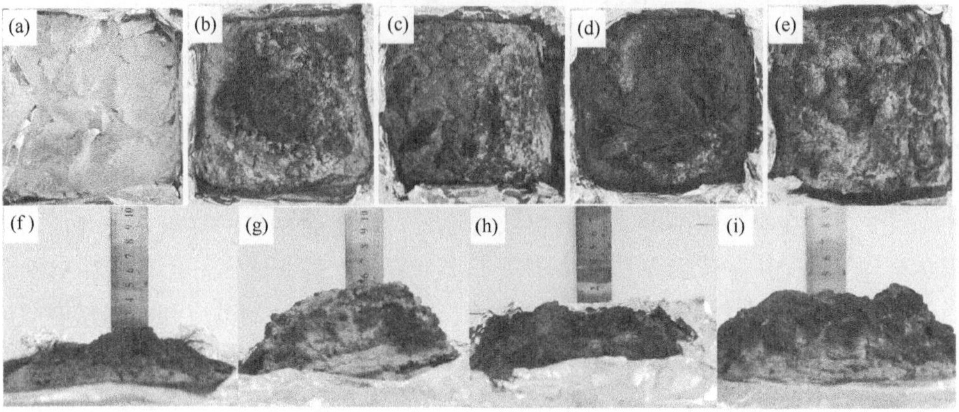

图 4.21　样品的残炭数码照片

（a）纯 PLA；（b）、（f）PLA-25 APP；（c）、（g）PLA-20A1/APP（1∶1）；

（d）、（h）PLA-20A2/APP（1∶1）；（e）、（i）PLA-20A3/APP（1∶1）

　　为了更深入地研究炭层的阻隔保护作用，对阻燃复合材料的残炭表面进行了微观形貌分析。图 4.22 为四组样品残炭表面的扫描电镜照片。从图 4.22(a) 和 （c）中可以看出，PLA-20APP 和 PLA-20A2/APP（1∶1）的残炭层出现了较多的孔洞，而 PLA-20A1/APP（1∶1）［图 4.22(b)］和 PLA-20A3/APP（1∶1）［图 4.22(d)］样品的残炭层孔洞明显减少，并且可以明显地观察到残炭层存在致密的炭泡孔，这些炭泡孔能有效阻止热量的交换，发挥阻隔保护作用；其中 PLA-20A1/APP（1∶1）的炭孔更小更密，能更有效地起到阻隔保护作用，从而防止基

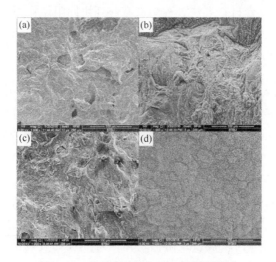

图 4.22　样品的残炭扫面电镜数码照片

（a）PLA-20APP；（b）PLA-20A1/APP（1∶1）；（c）PLA-20A2/APP（1∶1）；

（d）PLA-20A3/APP（1∶1）

体的燃烧。由此进一步证明，A1 与 APP 的复配阻燃体系在凝聚相中发挥了最强的屏蔽阻隔作用。与 APP 复配阻燃 PLA 时，三种磷腈/三嗪双基分子阻燃剂的阻燃效果排序为 A1＞A3＞A2。

4.2.5.4　裂解气体的 TGA-FTIR 分析

热失重红外联用分析技术可以直接检测出材料在热失重过程中产生的主要气体碎片，从而获得其裂解方式。为能更清晰地了解含不同端基的磷腈/三嗪双基分子 A1、A2、A3 阻燃 PLA 复合材料裂解过程中产生的不同碎片的化学结构，探究其气相阻燃效应的机理，对 PLA/A1（A2、A3）/APP 及 PLA/APP 复合材料进行了热失重红外联用分析测试，图 4.23 给出了阻燃 PLA 复合材料在不同温度下的红外光谱图。所有的样品测试初始温度为 50℃，升温速率为 20℃/min，升至 700℃。选取所有样品在升温过程中红外波谱变化较明显时，每个温度下对应的红外光谱图，进行对比分析。

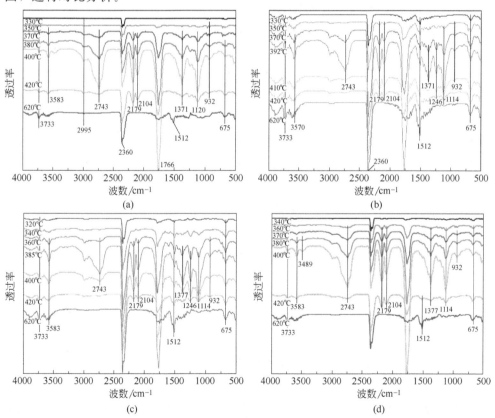

图 4.23　PLA 阻燃复合材料在不同温度下的气相裂解产物红外光谱图

（a）PLA-20APP；（b）PLA-20A1/APP（1∶1）；（c）PLA-20A2/APP（1∶1）；（d）PLA-20A3/APP（1∶1）

由图 4.23(a) 可知，PLA-20APP 复合材料在整个分解过程中，红外光谱图对应的主要吸收峰有：$3583cm^{-1}$、$2995cm^{-1}$、$2360cm^{-1}$、$1766cm^{-1}$ 和 $1120cm^{-1}$，分别对应的气相产物为水、烃类化合物、二氧化碳、羰基化合物和脂肪醚键，同时这些也是 PLA 基体在分解过程中的主要裂解产物[8,9]。这些峰的强度在 330～400℃时随温度升高逐渐增强，在 400℃时达到最大，之后逐渐减弱。并且可以发现，380～420℃时在 $932cm^{-1}$ 处有吸收峰，对应的是氨气分子的振动吸收。这些氨气分子可起到稀释可燃气体、延缓燃烧的作用[10]。另外，在 370～420℃之间出现的 $2104cm^{-1}$ 和 $2179cm^{-1}$ 对应复合材料在分解过程中生成的碳氮化合物中的 N＝C＝N 键；620℃下在 $1512cm^{-1}$ 处的吸收峰对应于一些气态肼类化合物中的 —NH—键；$2743cm^{-1}$、$1371cm^{-1}$ 和 $675cm^{-1}$ 处的吸收峰对应由酯键断裂并与其他离子反应生成的醛基。相比之下，由图 4.23(d) 可以看出，PLA-A3/APP（1∶1）复合材料在 330～620℃之间主要的吸收峰和 PLA-20APP 几乎相同，也就是说，PLA-A3/APP（1∶1）复合材料在 340～620℃之间释放的气体产物和 PLA-20APP 相同，二者都是通过释放含氮化合物和不可燃烧的气体（包括 H_2O、CO_2 和 NH_3）来稀释可燃气体浓度，从而阻止材料进一步燃烧，以此来达到气相阻燃的效果。

图 4.23(b) 为 PLA-A1/APP（1∶1）复合材料在 330～620℃之间分解的气相产物的红外光谱图，可以看出，其主要的吸收峰和 PLA-20APP 类似，包括 $3570cm^{-1}$、$3733cm^{-1}$（H_2O）、$2360cm^{-1}$（CO_2）和 $932cm^{-1}$（NH_3），这些物质通过稀释可燃气体来达到气相的火焰抑制效应。值得注意的是，除了这些共同的吸收峰，PLA-A1/APP（1∶1）复合材料在 370～420℃之间于 $1246cm^{-1}$ 处出现了明显的吸收峰，对应的是磷氧自由基（PO_2·）[11,12]，而 PO_2· 可以起到终止自由基的猝灭作用，终止燃烧的链反应，达到气相阻燃的效果。由图 4.23(c) 可以看出，在 PLA-A2/APP（1∶1）分解过程中，出现的气相产物和 PLA-A1/APP（1∶1）相同，也就是说 PLA-A2/APP（1∶1）复合材料和 PLA-A1/APP（1∶1）复合材料的气相阻燃机理是相同的，都是通过稀释效应和自由基猝灭效应来共同达到火焰抑制作用。而 PLA-A2/APP（1∶1）的这一表现和锥形量热测试结果中的 av-EHC 达到最低值的结果是一致的。

综上所述，从 PLA 复合材料气相裂解产物的红外光谱图中可以得出，当磷腈/三嗪双基分子 A1、A2、A3 与 APP 进行复配阻燃 PLA 时，在气相阻燃机理中，A1、A2 相比于 A3 能达到更好的阻燃效果。这是由于 A1/APP 和 A2/APP 阻燃体系在燃烧分解过程中，不仅能释放难燃气体（包括 H_2O、CO_2 和 NH_3）来稀释可燃气体的浓度，还能释放磷氧自由基（PO_2·）发挥自由基猝灭作用，而 A3/APP 阻燃体系只发挥了气体稀释效应。

4.2.6　三种磷腈/三嗪双基分子在聚乳酸中的阻燃机理分析

通过以上对不同端基的磷腈/三嗪双基分子阻燃 PLA 复合材料的残炭宏观和微观形貌的分析，基于锥形量热测试数据的定量分析、热重红外联用技术的分析，可以得出不同端基的磷腈/三嗪双基分子阻燃 PLA 的阻燃机理，具体如下。

磷腈/三嗪双基分子 A1 与 APP 复配阻燃 PLA 的机理可归结于以下四部分：①凝聚相的成炭作用；②生成的膨胀炭层的屏蔽保护作用；③气相机理中 PO_2· 的自由基猝灭作用；④气相中释放 H_2O、CO_2、NH_3 和含氮化合物稀释可燃气体的浓度（稀释效应）。相比于 A1/APP 阻燃体系，A3/APP 阻燃体系缺少气相中 PO_2· 的自由基猝灭作用，而 A2/APP 阻燃体系只发挥了气相的自由基淬灭作用和稀释效应两部分阻燃作用（③和④），因此三种阻燃剂的阻燃效果排序为 A1＞A3＞A2。

4.2.7　小结

本节介绍了三种含不同端基的磷腈/三嗪双基分子 A1、A2、A3 的制备方法，通过红外光谱，固体核磁共振氢谱、碳谱和热重分析测试，对其结构和热性能进行了表征。将其用于阻燃 PLA 树脂。研究结果表明，将这三种双基分子与 APP 复配使用时，阻燃 PLA 复合材料的 LOI 值均有提高，但只有添加 A1/APP 体系的复合材料通过 UL 94 V-0 级测试且没有滴落现象，其 LOI 值达到 34.3％；且 PLA-20A1/APP（1∶1）复合材料的热释放速率峰值与纯 PLA 相比，下降了 68.3％；与 APP 复配阻燃 PLA 时，三种磷腈/三嗪双基分子阻燃剂的阻燃效果排序为 A1＞A3＞A2。

4.3　端氨基磷腈/三嗪双基分子与六苯氧基环三磷腈复配阻燃聚乳酸体系

基于 4.1 节中磷腈/三嗪双基分子 HTTCP 的合成及其在聚乳酸中应用的实验过程和实验结果，以及 4.2 节中三种不同端基的磷腈/三嗪双基分子在聚乳酸中阻燃行为对比的结果可知，当带有端氨基的磷腈/三嗪双基分子 HTTCP 与 APP 进行复配阻燃聚乳酸时，二者之间能发挥良好的协同阻燃作用，在极限氧指数测试、垂直燃烧测试以及锥形量热测试中，PLA/HTTCP/APP 阻燃复合材料均表现出非常好的阻燃效果，并且研究发现，HTTCP/APP 体系无论是气相的火焰抑制效应、凝聚相的成炭效应还是炭层的屏蔽保护作用都比较强。而这良好的阻燃效果不仅归功于 HTTCP 与 APP 之间在燃烧过程中发生的化学作用，还源于 HTTCP 中的磷腈和三嗪基团之间的基团协同作用。然而由于 HTTCP 分子结构中磷腈基团较少，三嗪基团较多（参见图 4.1），磷腈和三嗪基团比例不平衡，基团协同效应体现并不充分。因此本节选取一种市场上较成熟的产品，含磷腈基团的化合物六苯氧基环三磷腈（HPCTP）作为阻燃协效剂，与 HTTCP 复配，阻燃改性聚乳酸，探究磷腈和三嗪的比例变化对聚乳酸的阻燃性能的影响规律并探究其阻燃机理。

4.3.1　HTTCP/HPCTP 复配阻燃聚乳酸的制备

首先将 PLA 置于 80℃恒温干燥 24h；然后将阻燃剂 HTTCP 与 HPCTP 以一定的配比与 PLA 经人工预混后加入转矩流变仪中，熔融共混 8min，流变仪参数设定分别为 190℃、50r/min；完毕后模压成型，物料在模具中预热 8min，排气 4s，在 10MPa 下压制 3min，保压冷却 15min；最后用制样机切成标准燃烧测试样条。表 4.10 为复合材料的配方以及各复合材料中磷腈和三嗪基团的摩尔比。

表 4.10　PLA 及 PLA/HTTCP/HPCTP 复合材料的配方比例

样品	各成分质量分数/%			磷腈与三嗪基团的摩尔比
	PLA	HTTCP	HPCTP	
纯 PLA	100	0	0	—
PLA-20HTTCP/HPCTP(1∶1)	80	10	10	25∶5
PLA-20HTTCP/HPCTP(1∶2)	80	6.7	13.3	9∶5
PLA-20HTTCP/HPCTP(1∶3)	80	5	15	11∶5

4.3.2　HTTCP/HPCTP 阻燃聚乳酸的阻燃性能

4.3.2.1　极限氧指数和垂直燃烧测试结果

表 4.11 为阻燃 PLA 复合材料的极限氧指数和垂直燃烧测试结果。由表可以看出，当磷腈/三嗪双基分子 HTTCP 与富含磷腈基团的 HPCTP 分别以质量比 1∶1、1∶2 和 1∶3 的比例进行复配使用时，PLA 复合材料的 LOI 值分别为 25.3%、25.4%和 26.0%；其中复合材料 PLA-20HTTCP/HPCTP（1∶1）和 PLA-20HTTCP/HPCTP（1∶2）的 UL 94 测试结果均为 V-2 级别，PLA-20HTTCP/HPCTP（1∶2）的 t_1 和 t_2 均小于 10s，但是滴落物都引燃脱脂棉，因此判定为 UL 94 V-2 级别，而复合材料 PLA-20HTTCP/HPCTP（1∶3）则达到了 UL 94 V-0 级别。由此初步判定，磷腈/三嗪双基分子 HTTCP 与富含磷腈基团的 HPCTP 复配使用时，磷腈和三嗪基团比例变化对 PLA 的阻燃效果具有影响。

其中当磷腈和三嗪基团的摩尔比为 11：5 时，复合材料 PLA/HTTCP/HPCTP 的极限氧指数和垂直燃烧测试结果达到最佳。

表 4.11 PLA 及 PLA/HTTCP/HPCTP 复合材料的极限氧指数和垂直燃烧测试结果

样品	LOI/%	t_1[①]/s	t_2[②]/s	滴落	UL 94 级别
纯 PLA	20.2	38.2	—	是	NR
PLA-20HTTCP/HPCTP(1：1)	25.3	13.7	0.82	是	V-2
PLA-20HTTCP/HPCTP(1：2)	25.4	9.26	0.38	是	V-2
PLA-20HTTCP/HPCTP(1：3)	26.0	5.18	0.82	是	V-0

① 5 根试样在第一次引燃 10s 之后持续燃烧的平均时间。

② 5 根试样在第二次引燃 10s 之后持续燃烧的平均时间。

4.3.2.2 锥形量热测试结果

图 4.24 为纯 PLA 及 HPCTP 阻燃 PLA 复合材料的热释放速率曲线。可以看出，相比于纯 PLA，复合材料的 pk-HRR 值均有所下降。其中 PLA-20HTTCP/HPCTP（1：1）的 pk-HRR 值最低，相比纯 PLA 的 pk-HRR 值降低了 22.2%。复合材料 PLA-20HTTCP/HPCTP（1：2）和 PLA-20HTTCP/HPCTP（1：3）的 pk-HRR 值相比于纯 PLA，分别下降了 7.6%、15.2%。由表 4.10 可知，三种复合材料的磷腈与三嗪基团的摩尔比排序为 PLA-20HTTCP/HPCTP（1：1）＞PLA-20HTTCP/HPCTP（1：3）＞PLA-20HTTCP/HPCTP（1：2）。结果表明，在燃烧过程中，随着磷腈与三嗪基团的比例增加，复合材料的热释放速率峰值逐渐降低，当磷腈/三嗪基团比例为 25：5 时，即复合材料 PLA-20HTTCP/HPCTP（1：1）能够使 PLA 的热释放速率降低最多，在燃烧过程中，能最大限度地减小火势。

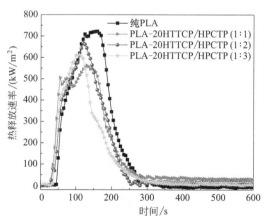

图 4.24 纯 PLA 及 HPCTP 阻燃 PLA 复合材料的热释放速率曲线

图 4.25 为纯 PLA 及 PLA 复合材料的总热释放量曲线。从图中可以看出，相比纯 PLA 的 THR 值，阻燃 PLA 复合材料的 THR 值均有下降。结合表 4.12 中锥形量热测试的具体数据可得，其中复合材料 PLA-20HTTCP/HPCTP（1∶3）的 THR 值下降程度最大，相比纯 PLA 降低了 24.4%。PLA-20HTTCP/HPCTP（1∶2）的 THR 值相比纯 PLA 降低了 13.1%，而 PLA-20HTTCP/HPCTP（1∶1）的 THR 值则下降程度较小，其对应的曲线在 600s 处仍有逐渐上升的趋势。由此说明，虽然 PLA-20HTTCP/HPCTP（1∶1）的热释放速率峰值降低程度最大，但是在燃烧过程中，其总热释放量最大，而 PLA-20HTTCP/HPCTP（1∶3）的总热释放量最小，即当磷腈/三嗪基团比例为 11∶5 时，复合材料的总热释放量最小。

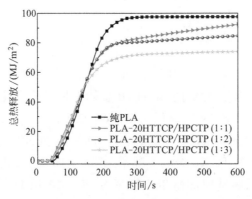

图 4.25　纯 PLA 及 HPCTP 阻燃 PLA 复合材料的总热释放量曲线

图 4.26 为所有样品的平均热释放速率曲线，从图中可看出，所有复合材料的 av-HRR 值在点火约 150s 之后均低于纯 PLA，其中复合材料 PLA-20HTTCP/HPCTP（1∶1）与 PLA-20HTTCP/HPCTP（1∶2）的 av-HRR 值整体都比较相近。PLA-20HTTCP/HPCTP（1∶3）的 av-HRR 值最低，且其 av-HRR 值与纯

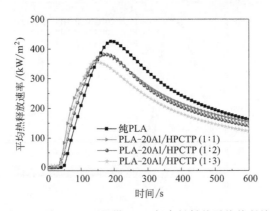

图 4.26　纯 PLA 及 HPCTP 阻燃 PLA 复合材料的平均热释放速率曲线

PLA 相比降低程度最大（降低了 59.9%）。表 4.12 为所有样品锥形量热测试的数据结果。

表 4.12　纯 PLA 及 HPCTP 阻燃 PLA 复合材料的锥形量热测试数据

样品	pk-HRR /(kW/m^2)	av-HRR /(kW/m^2)	THR /(MJ/m^2)	av-EHC /(MJ/kg)	av-MLR /(g/s)	残炭率 （质量 分数)/%	TSR /(m^2/m^2)
纯 PLA	722	304	97.5	19.9	0.11	2.53	70.3
PLA-20HTTCP/HPCTP(1∶1)	562	153	92.4	25.9	0.11	2.52	1128
PLA-20HTTCP/HPCTP(1∶2)	667	140	84.7	18.2	0.12	2.11	1389
PLA-20HTTCP/HPCTP(1∶3)	612	122	73.7	18.8	0.08	2.57	1371

从表 4.12 中可以看出，复合材料 PLA-20HTTCP/HPCTP（1∶2）和 PLA-20HTTCP/HPCTP（1∶3）的平均有效燃烧热与纯 PLA 相比分别降低了 8.5% 和 5.5%。特别地，复合材料 PLA-20HTTCP/HPCTP（1∶3）的平均热释放速率和平均质量损失速率均为最低，最终残炭率最高，相比于纯 PLA，复合材料 PLA-20HTTCP/HPCTP（1∶3）的 av-MLR 值降低了 27.3%。综合锥形量热测试结果可以得出，在复合材料燃烧过程中，虽然 PLA-20HTTCP/HPCTP（1∶1）的热释放速率峰值最低，但是其总热释放量、平均热释放速率都是最高的，而 PLA-20HTTCP/HPCTP（1∶3）的热释放速率峰值较低，总热释放量最小、平均热释放速率最低，因此，PLA-20HTTCP/HPCTP（1∶3）的总体阻燃效率最高，即当磷腈/三嗪基团比例为 11∶5 时，复合材料的阻燃效率最好。由此说明，磷腈/三嗪基团比例的最佳平衡值为 11∶5，基团比例值过高（25∶5）或过低（9∶5）都不利于双基团发挥优良的阻燃协同作用。

根据德国研究者 Schartel[6,7] 的理论以及对应的公式 [式(4.1)、式(4.2) 和式(4.3)]，同样对 PLA-HTTCP/HPCTP 复合材料的阻燃性能进行定量计算，计算结果如表 4.13 所示。结果表明，复合材料 PLA-20HTTCP/HPCTP（1∶1）在燃烧过程中只有炭层屏蔽保护效应，而复合材料 PLA-20HTTCP/HPCTP（1∶2）和 PLA-20HTTCP/HPCTP（1∶3）在燃烧过程中都只发挥了气相中的火焰抑制效应。

表 4.13　HTTCP/HPCTP 阻燃 PLA 复合材料的定量分析结果

样品	火焰抑制效应/%	成炭效应/%	屏蔽保护效应/%
PLA-20HTTCP/HPCTP(1∶1)	−30	0	17.9
PLA-20HTTCP/HPCTP(1∶2)	8.5	−0.4	−6.3
PLA-20HTTCP/HPCTP(1∶3)	5.5	0.04	−12.2

4.3.2.3　残炭的形貌

图 4.27 为 PLA 及 PLA/HTTCP/HPCTP 复合材料的残炭数码照片，图 4.28 为对应的 PLA 复合材料残炭的扫描电镜照片。从图 4.27(a) 可以看出，纯 PLA 燃烧过后残炭剩余很少，而 PLA/HTTCP/HPCTP 复合材料的残炭都明显增多。然而残炭表面都有裂缝和空洞，这说明，PLA/HTTCP/HPCTP 复合材料在燃烧过程中虽然对 PLA 基体能起到阻燃作用，降低 PLA 基体在燃烧过程中的燃烧强度和总热释放量，但是生成的炭层强度不够，因此被内部热量和气体冲破。进一步观察残炭的微观形貌（图 4.28）可以发现，PLA/HTTCP/HPCTP 复合材料的残炭表面都有许多孔洞，其中 PLA-20HTTCP/HPCTP（1∶1）的孔洞多而密，PLA-20HTTCP/HPCTP（1∶3）的孔洞比较大，PLA-20HTTCP/HPCTP（1∶2）残炭表面的孔洞相对来说比较少。由此进一步得出结论，磷腈/三嗪双基分子 HTTCP 和六苯氧基环三磷腈 HPCTP 复配阻燃 PLA 时，在凝聚相中发挥的作用较小。

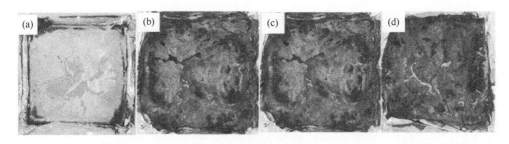

图 4.27　PLA 及 PLA/HTTCP/HPCTP 样品的残炭数码照片
(a) 纯 PLA；(b) PLA-20HTTCP/HPCTP（1∶1）；(c) PLA-20HTTCP/HPCTP（1∶2）；
(d) PLA-20HTTCP/HPCTP（1∶3）

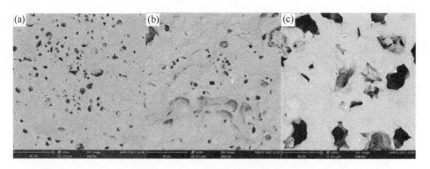

图 4.28　PLA 及 PLA/HTTCP/HPCTP 样品的残炭扫描电镜照片
(a) PLA-20HTTCP/HPCTP（1∶1）；(b) PLA-20HTTCP/HPCTP（1∶2）；
(c) PLA-20HTTCP/HPCTP（1∶3）

4.3.3　HTTCP/HPCTP 阻燃聚乳酸的热稳定性

图 4.29 为纯 PLA 及 HPCTP 阻燃 PLA 复合材料的热重分析曲线，其对应的具体数据如表 4.14 所示。可以看出，纯 PLA 的初始分解温度（$T_{5\%}$）为 328.8℃，复合材料 PLA-20HTTCP/HPCTP（1∶1）、PLA-20HTTCP/HPCTP（1∶2）和 PLA-20HTTCP/HPCTP（1∶3）的初始分解温度均高于纯 PLA 17℃左右，其中 PLA-20HTTCP/HPCTP（1∶3）的 $T_{5\%}$ 最高，同时复合材料 PLA-20HTTCP/HPCTP（1∶3）的最大分解温度（$T_{\max}$）也最高。由此可以得出，PLA/HTTCP/HPCTP 复合材料的热稳定性较好，且 HPCTP 的组分比例越高，材料的热稳定性越好。然而，从高温下（700℃）的残炭率数据可以看出，纯 PLA 在 700℃的残炭率只有 2.33%，在复合材料中，PLA-20HTTCP/HPCTP（1∶1）的残炭率最高（10.31%），PLA-20HTTCP/HPCTP（1∶2）的次之，PLA-20HTTCP/HPCTP（1∶3）的残炭率最少。由此可以得出，在复合材料 PLA/HTTCP/HPCTP 中，PLA-20HTTCP/HPCTP（1∶1）的成炭效果最好，且 HTTCP 的组分比例越高，材料的成炭性能越好。

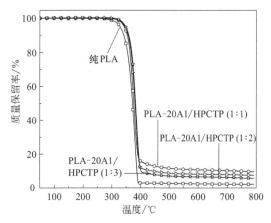

图 4.29　纯 PLA 及 HPCTP 阻燃 PLA 复合材料的热失重曲线

表 4.14　纯 PLA 及 HPCTP 阻燃 PLA 复合材料的热重数据

样品	$T_{5\%}$/℃	$T_{\max}$/℃	700℃的残炭率（质量分数）/%
纯 PLA	328.8	378.6	2.33
PLA-20HTTCP/HPCTP(1/1)	342.8	375.6	10.31
PLA-20HTTCP/HPCTP(1/2)	345.7	384.0	7.94
PLA-20HTTCP/HPCTP(1/3)	348.0	385.3	6.25

4.3.4 HTTCP/HPCTP 阻燃聚乳酸的力学性能

HTTCP/HPCTP 体系阻燃 PLA 复合材料的力学性能测试结果如图 4.30 所示。由图 4.30(a) 可以看出，添加 HTTCP/HPCTP 阻燃体系的 PLA 复合材料的拉伸强度均有所下降，但其中 PLA-20HTTCP/HPCTP（1∶1）的拉伸强度保持在 41.2MPa，随着 HTTCP/HPCTP 体系中 HPCTP 比例的增大，复合材料的拉伸强度和断裂伸长率值呈逐渐下降的趋势。由图 4.30(b) 可以看出，PLA-HTTCP/HPCTP 复合材料的断裂伸长率也均有所下降，但 PLA-20HTTCP/HPCTP（1∶2）断裂伸长率保持在近 1.7%，能够满足部分场合下材料的使用需求。而复合材料 PLA-20HTTCP/HPCTP（1∶3）的拉伸强度和断裂伸长率与纯 PLA 相比下降幅度较大。添加 HTTCP/HPCTP 阻燃体系后造成材料力学性能下降一方面是由于阻燃剂分子量小，HPCTP 中存在大量苯环结构，与 PLA 高分子基体的相容性较差，另一方面是由于阻燃剂的添加量较大（20%）。因此，对于一些对材料力学性能要求高的场合，则需要进一步改性才能达到 PLA 阻燃性能提高的同时其力学性能不下降，或同时得到提高。

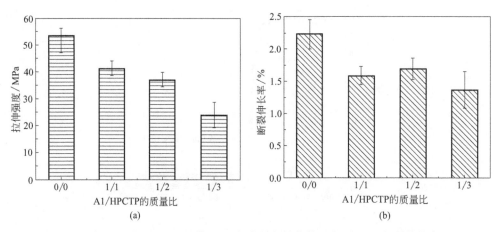

图 4.30 纯 PLA 及 HPCTP 阻燃 PLA 复合材料的拉伸强度（a）和断裂伸长率（b）

4.3.5 小结

在本小节中，将 HTTCP 与 HPCTP 以不同的质量比例添加到 PLA 中，得到三种具有不同磷腈/三嗪基团摩尔比的 PLA 复合材料，对其进行阻燃性能和热性能测试。结果表明，复合材料 PLA-20HTTCP/HPCTP（1∶3）（磷腈/三嗪基团的摩尔比为 11∶5）的 LOI 值为 26%，且能达到 UL 94 V-0 级别，在锥形量热测试中，与纯 PLA 相比，PLA-20HTTCP/HPCTP（1∶3）的 HRR 值降低 15.2%，THR 值降低了 24.4%，av-EHC 值降低了 5.5%。磷腈/三嗪双基分子 HTTCP 和含磷腈基团的 HPCTP 复配阻燃 PLA 时，磷腈/三嗪基团的摩尔比最佳值为 11∶5，此时得到的阻燃 PLA 复合材料的阻燃性能最好。阻燃效应定量分析结果表明，复合材料 PLA-20HTTCP/HPCTP（1∶1）在燃烧过程中只有炭层屏蔽保护效应，而复合材料 PLA-20HTTCP/HPCTP（1∶2）和 PLA-20HTTCP/HPCTP（1∶3）在燃烧过程中都只发挥了气相中的火焰抑制效应。残炭的宏观及微观结果表明，在 HTTCP/HPCTP 阻燃体系对 PLA 进行阻燃改性的过程中，在凝聚相的阻燃作用较小。复合材料的热重分析结果表明，磷腈/三嗪双基分子 HTTCP 与含磷腈基团的 HPCTP 复配使用能有效提高 PLA 基体的热稳定性。

4.4 磷腈/三嗪双基分子原位掺杂纳米氧化锌阻燃聚乳酸体系

三种端基不同的磷腈/三嗪双基分子阻燃剂用于阻燃 PLA 时，端基为氨基的磷腈/三嗪双基分子阻燃剂（HTTCP）与 APP 复配阻燃 PLA 的阻燃效果最好[13,14]。为了进一步提高 PLA 的阻燃效果，将纳米阻燃剂引入磷腈/三嗪阻燃 PLA 体系中[17,18]。但是，许多有关报道表明纳米阻燃剂不能通过简单熔融共混的方式在高分子基体里达到纳米级分散。因此，在本节中，利用原位掺杂的方式在磷腈/三嗪双基分子中引入纳米氧化锌，合成了一种新型磷腈/三嗪双基分子原位掺杂纳米氧化锌阻燃剂（A4-*d*-ZnO），并用于阻燃 PLA，以进一步提高磷腈/三嗪双基分子阻燃 PLA 材料的阻燃性能，同时解决纳米氧化锌分散不均匀的问题。

4.4.1 磷腈/三嗪双基分子原位掺杂纳米氧化锌

4.4.1.1 A4-*d*-ZnO 的合成

将乙二胺（4.32g，0.072mol）、1,4-二噁烷（25mL）、三乙胺（7.28g，0.072mol）加入 500mL 三口烧瓶中，并置于冰浴条件下搅拌，待溶液温度降到 5℃左右后，将六氯环三磷腈（4.172g，0.012mol）溶于 1,4-二噁烷（30mL）并加入恒压滴液漏斗中，向三口烧瓶中缓慢滴加 1h，滴完以后在 5℃左右条件下搅拌 2h，得到 M1。

同时，将三聚氯氰（13.284g，0.072mol）溶于 1,4-二噁烷（150mL）并加入另一个 500mL 三口烧瓶中，待溶液温度冷却至 5℃左右后，将 KH550（15.9g，0.072mol）与三乙胺（7.28g，0.072mol）混合后加入恒压滴液漏斗中，向三口烧瓶中缓慢滴加 0.5h，之后继续在 5℃左右搅拌 3h，得到 M2。

然后将 M1 与 M2 混合，并加入三乙胺（7.28g，0.072mol），然后将混合物温度提高到 50℃左右搅拌 3h，得到 M3。之后将反应体系温度升到 90～100℃，将 KH550（15.9g，0.072mol）与三乙胺（7.28g，0.072mol）混合后加入恒压滴液漏斗中，向三口烧瓶缓慢滴加 0.5h，之后继续在 100℃下搅拌 3h，然后降温，减压蒸馏去除溶剂，得到 A4。

最后将 90mL 乙醇、10mL 去离子水加入上述反应体系，搅拌 1h 后将温度升到 80℃。另外，9.56g 纳米氧化锌粉在 80℃的真空干燥箱中干燥 4h，然后将其放入 75mL 乙醇中超声分散 1h 制备纳米氧化锌悬浮液。然后将纳米氧化锌悬浮液加入反应体系中在 80℃下搅拌 3h。随后将混合物冷却至室温，然后过滤，用蒸馏水洗涤，在 80℃的真空干燥烘箱中烘至恒重，得到 16g 的淡黄色固体（A4-d-ZnO）（产率为 80%）。A4-d-ZnO 的合成路线如图 4.31 所示。

4.4.1.2　A4-d-ZnO 的结构与性能

图 4.32(a) 为 A4-d-ZnO 的傅里叶转换红外光谱图，由图中可以看出，在 3304cm^{-1} 处为—NH—的伸缩振动吸收峰，2927cm^{-1} 处为—CH$_2$—的伸缩振动吸收峰，1228cm^{-1} 和 1187cm^{-1} 处为磷腈环的特征吸收峰，1500cm^{-1} 处对应三嗪环上 C=N 吸收峰。此外，518cm^{-1} 和 599cm^{-1} 处 P—Cl 的吸收峰消失以及 1373cm^{-1} 处 P—N—C 的吸收峰出现说明乙二胺与六氯环三磷腈成功反应，876cm^{-1} 处 C—Cl 的吸收峰消失以及 1327cm^{-1} 处三嗪环—NH—的吸收峰出现说明三聚氯氰与乙二胺或 KH550 反应。另外，1084cm^{-1}、811cm^{-1} 和 434cm^{-1} 处分别为 Si—O、Si—C 和 Si—O—ZnO 的特征吸收峰，说明 KH550 与 ZnO 反应[14,19]。除了 434cm^{-1} 处的特征吸收峰外，A4-d-ZnO 的傅里叶转换红外光谱与 A4 的非常类似。

图 4.32(b) 为 A4-d-ZnO 的 ^{13}C SSNMR 曲线。从图中可以看出，163.41 和 70.52 处为三嗪环上 C 的化学位移，40.07、22.15 和 12.13 处分别为乙二胺和 γ-氨丙基三乙氧基硅烷中 N—CH$_2$—C 和 C—CH$_2$—Si 上 C 的化学位移，说明三聚氯氰上的氯已经被乙二胺和 KH550 取代[20-22]。

为了进一步表征 A4-d-ZnO 的化学结构，通过 XPS 分析了 A4-d-ZnO 中各元素的含量，图 4.32 (c) 为 A4-d-ZnO 的 XPS 曲线，相应的数据列举在表 4.15 中。从图中可以看出，在 101eV、153eV、285eV、398eV、532eV 和 979eV 的峰分别归属于 Si 2p、P 2p、C 1s、N 1s、O 1s 和 Zn 2p$^{3/2}$。另外，从表 4.15 可以看出，A4-d-ZnO 中的 Si、P、C、N、O 和 Zn 元素含量（质量分数）分别为 9.9%、1.3%、50.4%、16.8%、15.9% 和 5.7%，根据上述结果算出氧化锌的掺杂率达到 7.2%，XPS 结果说明 A4-d-ZnO 被成功合成。

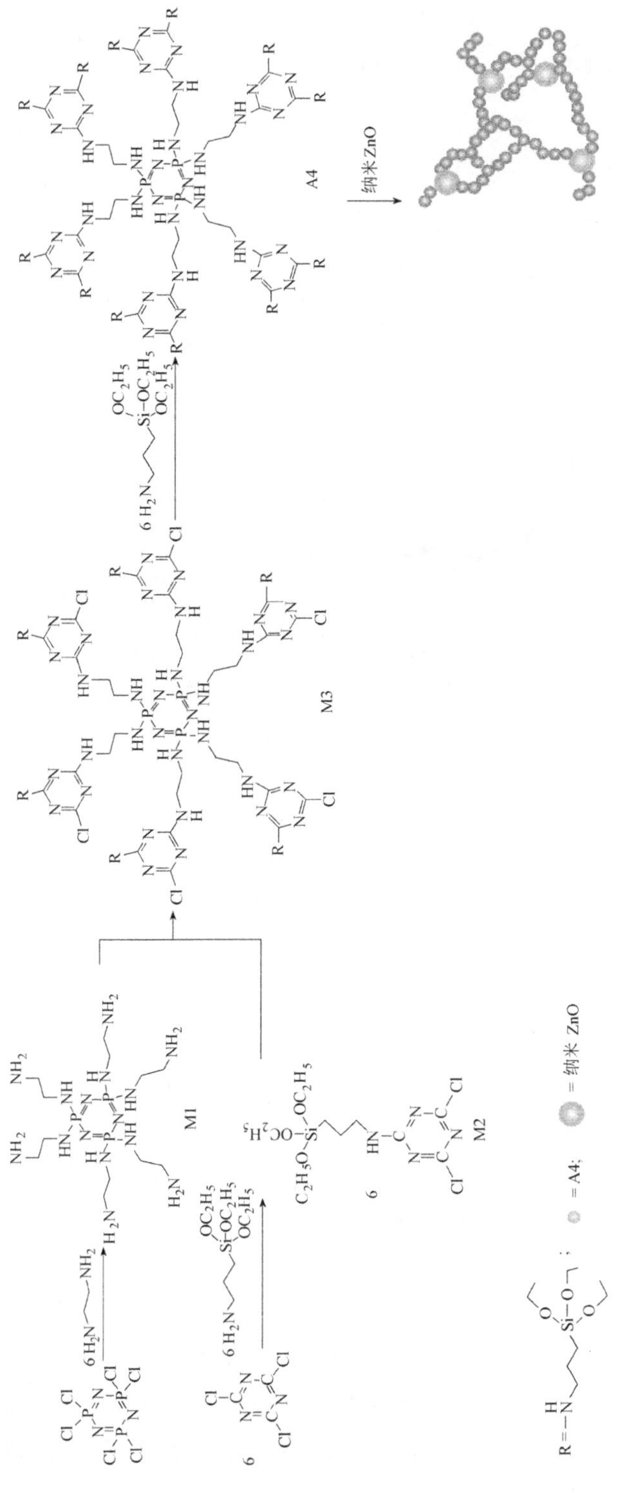

图 4.31　磷腈/三嗪双基分子原位掺杂纳米氧化锌阻燃剂（A4-d-ZnO）的合成路线

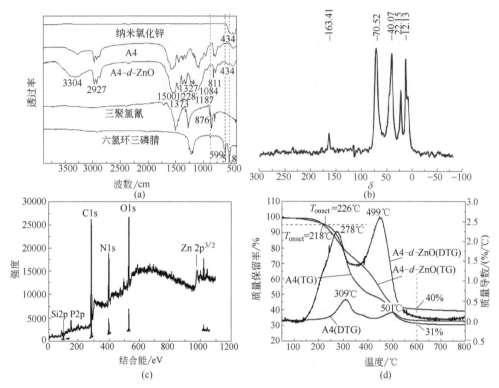

图 4.32 A4-*d*-ZnO 的傅里叶变换红外光谱图（a）、^{13}C SSNMR 谱图（b）、
XPS 谱图（c）以及 TGA 与 DTG 曲线（d）

表 4.15 A4-*d*-ZnO 的表面各元素含量

样品	C 质量分数 /%	N 质量分数 /%	O 质量分数 /%	P 质量分数 /%	Si 质量分数 /%	Zn 质量分数 /%
A4-*d*-ZnO	50.4	16.8	15.9	1.3	9.9	5.7

　　通过 SEM 与 TEM 对 A4-*d*-ZnO 和 ZnO 的微观结构进行了表征，如图 4.33
所示。从 SEM 图中可以看出纳米氧化锌 [图 4.33(b)] 为规则的柱状结构，而从
图 4.33(a) 中可以看出与纳米氧化锌结构相似的、均匀分散的白色颗粒为原位掺
杂的纳米氧化锌，颜色较暗的连续部分为磷腈/三嗪双基分子 A4，说明通过原位掺
杂的方式纳米氧化锌均匀分散在 A4 化合物中。通过 TEM 可以更清楚地看见纳米
氧化锌的形貌，从图 4.33（c）、（d）中可以看出，原位掺杂的纳米氧化锌的表面
比纳米氧化锌的粗糙，并且有灰色物质包裹在原位掺杂的纳米氧化锌表面，该灰色
物质为磷腈/三嗪双基分子 A4，这说明通过原位掺杂的方式确实合成了 A4-*d*-ZnO
阻燃剂。通过对图 4.33(e) 虚线区域进行能谱扫描得到各元素分布结果 [图 4.33
(f)]，可以从图中看出 A4-*d*-ZnO 表面的元素主要为 Si、C 和 Zn，结合图 4.33(f)

和图 4.33(e) 可以得出图 4.33(e) 中较亮部分 Zn 含量较高，说明纳米氧化锌均匀分散在 A4 化合物中，与 SEM 结果一致。所有结果都说明 A4-*d*-ZnO 被成功合成。

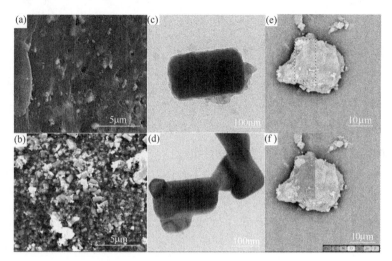

图 4.33　A4-*d*-ZnO（a）与纳米 ZnO（b）的 SEM 图，A4-*d*-ZnO（c）与
纳米 ZnO（d）的 TEM 图以及 A4-*d*-ZnO［(e) 和（f）］的 EDS 图
（红色代表 C，蓝色代表 Zn，粉色代表 Si）❶

图 4.32(d) 为 A4-*d*-ZnO 和 A4 在 N_2 氛围下的 TG 和 DTG 曲线，以及标明了其质量损失 5% 时的温度（T_{onset}）、最大分解温度（T_{max}）和在 600℃ 时最终残炭率。从图中可以看出，A4-*d*-ZnO 在 N_2 氛围下出现两阶分解，第一阶分解的质量损失为 30%，第二阶分解的质量损失同样为 30%，第一阶分解的 T_{max} 为 278℃，第二阶分解的 T_{max} 为 453℃。另外，A4-*d*-ZnO 的 T_{onset} 为 218℃ 以及在 600℃ 时的最终残炭率为 40%（质量分数）。与此相对应的，A4 在 N_2 氛围下第一阶分解的质量损失为 50%，第二阶分解的质量损失同样为 20%，在 600℃ 时的最终残炭率为 31%，说明了与 A4 相比，A4-*d*-ZnO 具有更好的热稳定性和成炭能力。

4.4.2　A4-*d* -ZnO 阻燃聚乳酸的制备

先将磷腈/三嗪双基分子原位掺杂纳米氧化锌阻燃剂（A4-*d*-ZnO）和 PLA 分别置于 120℃ 和 80℃ 下恒温干燥 24h，然后将 A4-*d*-ZnO 以一定比例（如表 4.16 所示）与 PLA 经人工预混后加入转矩流变仪中，熔融共混 8min，流变仪参数设定分别为 190℃、50r/min，然后模压成型，物料在模具中预热 8min，排气 10 次，在 10MPa 下压制 1min，保压冷却 1min；最后用制样机切成标准燃烧测试样条。

---

❶ 扫描本书封底二维码，可查看彩色原图。

表 4.16　PLA 及 PLA/A4-*d*-ZnO 复合材料的配方

样品	各成分质量分数/%	
	PLA	A4-*d*-ZnO
纯 PLA	100	0
PLA/1%A4-*d*-ZnO	99	1
PLA/5%A4-*d*-ZnO	95	5
PLA/10%A4-*d*-ZnO	90	10

4.4.3　A4-*d*-ZnO 阻燃聚乳酸的热性能

4.4.3.1　A4-*d*-ZnO 阻燃聚乳酸的热稳定性

图 4.34(a) 和 (b) 分别为纯 PLA 和 PLA/A4-*d*-ZnO 复合材料在氮气和空气氛围下的 TG 曲线，相对应的 T_{onset}、T_{max} 和在 600℃时的最终残炭率列在表 4.17 中。从表中可以看出，在空气氛围下大部分 PLA 复合材料的 T_{onset} 都高于在氮气氛围下。无论在氮气氛围还是空气氛围下，PLA 复合材料的 T_{onset} 基本随着 A4-*d*-ZnO 添加量的增加而降低，这主要是 A4-*d*-ZnO 的起始分解温度较低导致的。另外在氮气氛围下当 A4-*d*-ZnO 添加量从 5% 提高到 10% 时，PLA 复合材料的 T_{onset} 趋向于稳定。在氮气氛围和空气氛围下，随着 A4-*d*-ZnO 添加量的增加，PLA 复合材料的 T_{max} 也逐渐降低，T_{max} 的降低是由于 A4-*d*-ZnO 的催化断链作用。然而，无论在氮气还是空气氛围下，PLA 复合材料在 600℃时的最终残炭率都随着 A4-*d*-ZnO 的添加量增加而增加，且氮气氛围下 PLA 复合材料的实际残炭率比理论残炭率多，这说明 A4-*d*-ZnO 的加入增强了材料的成炭能力。

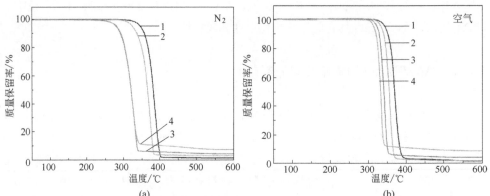

图 4.34　纯 PLA 及 PLA/A4-*d*-ZnO PLA 复合材料在 N₂ 氛围下 (a) 及在空气氛围下 (b) 的 TG 曲线

1—PLA；2—PLA/1%A4-*d*-ZnO；3—PLA/5%A4-*d*-ZnO；4—PLA/10%A4-*d*-ZnO

表 4.17 纯 PLA 及 PLA/A4-*d*-ZnO PLA 复合材料的 TG 数据

样品	氮气氛围				空气氛围			
	T_{onset} /℃	T_{max} /℃	残炭率（质量分数）/%	理论残炭率（质量分数）/%	T_{onset} /℃	T_{max} /℃	残炭率（质量分数）/%	理论残炭率（质量分数）/%
PLA	348	387	1.5	1.5	345	377	1.7	1.7
PLA/1%A4-*d*-ZnO	326	373	3.0	1.9	336	361	2.0	2.3
PLA/5%A4-*d*-ZnO	282	332	4.2	3.4	327	348	4.2	5.0
PLA/10%A4-*d*-ZnO	282	327	7.2	5.4	316	338	8.8	8.2

注：理论残炭率＝A4-*d*-ZnO 在 600℃的残炭率×A4-*d*-ZnO 在 PLA 复合材料中的比例＋PLA 在 600℃的残炭率×PLA 在 PLA 复合材料中的比例。

4.4.3.2 A4-*d*-ZnO 阻燃聚乳酸的熔融和结晶行为

图 4.35 为纯 PLA 与 PLA 复合材料的 DSC 曲线，具体数据列在表 4.18 中。从图 4.35 中可以看出纯 PLA 具有一个玻璃化转变过程，一个熔融峰和一个冷结晶峰。从表 4.16 中可以看出纯 PLA 的熔点（T_m）和玻璃化转变温度（T_g）分别为 148.7℃和 59.7℃。当 1%A4-*d*-ZnO 加入 PLA 中时，与纯 PLA 相比，PLA/1%A4-*d*-ZnO 的 T_g 基本没有变化，熔点有所提高，结晶度（X_c）从 2.13%提高到 2.58%，说明少量的 A4-*d*-ZnO 促进了 PLA 的结晶。当 5%A4-*d*-ZnO 加入 PLA 中后，T_g 降到 55.0℃，出现两个熔融峰，分别为 144.4℃和 152.0℃[23,24]，结晶度降到 0.77%。当添加量达到 10%时，两个熔融峰靠近，结晶度（1.73%）比 PLA/5%A4-*d*-ZnO 提高 125%。这说明 A4-*d*-ZnO 一方面起到催化断链的作用，另一方面具有增强诱导成核作用。当 A4-*d*-ZnO 添加量较小时，断链不明显，分子

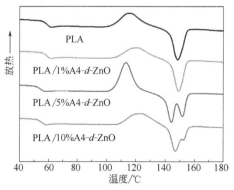

图 4.35 纯 PLA 和 PLA/A4-*d*-ZnO 复合材料的 DSC 曲线

量变化不大，T_m 和 T_g 没有明显变化，此时诱导成核作用占优势，表现为结晶度提高；而当 A4-d-ZnO 添加量较大时，催化断链作用使得 PLA 分子链断裂，分子量减小，T_m 和 T_g 都减小，结晶度下降。

表 4.18　纯 PLA 和 PLA/A4-d-ZnO 复合材料的 DSC 数据

样品	T_g/℃	T_{m1}/℃	T_{m2}/℃	ΔH_m/(J/g)	ΔH_c/(J/g)	X_c/%
PLA	59.7	148.7	—	22.27	20.29	2.13
PLA/1%A4-d-ZnO	59.5	149.3	—	20.92	18.54	2.58
PLA/5%A4-d-ZnO	55.0	144.4	152.0	30.47	29.79	0.77
PLA/10%A4-d-ZnO	56.0	147.0	153.1	20.83	19.38	1.73

4.4.4　A4-d-ZnO 阻燃聚乳酸的阻燃性能

4.4.4.1　极限氧指数和垂直燃烧测试结果

纯 PLA 以及阻燃 PLA 的极限氧指数和垂直燃烧测试结果列于表 4.19 中。纯 PLA 的 LOI 值只有 20.2%，PLA/1% A4-d-ZnO、PLA/5% A4-d-ZnO 和 PLA/10%A4-d-ZnO 的 LOI 值分别为 20.5%、24.0% 和 24.9%，PLA/5% A4-d-ZnO 的 LOI 值比 PLA/1%A4-d-ZnO 提高 14.6%。垂直燃烧测试结果显示纯 PLA 极易燃烧，燃烧时伴随滴落，为无级别。A4-d-ZnO 对 PLA 材料的垂直燃烧结果产生了巨大影响，只要加入 1%A4-d-ZnO 就能使 PLA 复合材料通过 UL 94 V-2 级别。随着 A4-d-ZnO 添加量的增加，垂直燃烧级别没有改变，这是由于 PLA 复合材料燃烧时产生的滴落物引燃了脱脂棉，但移开点火器后自熄时间缩短，PLA/5%A4-d-ZnO 的自熄时间为 6.9s。PLA/1%A4-d-ZnO 和 PLA/5%A4-d-ZnO 的垂直燃烧测试过程截图如图 4.36 所示，可以观察到 PLA/1%A4-d-ZnO 和 PLA/5%A4-d-ZnO 的滴落物可以带走一部分热量，从而抑制材料燃烧，然后自熄。

表 4.19　纯 PLA 和 PLA/A4-d-ZnO 复合材料的极限氧指数和垂直燃烧测试结果

样品	LOI/%	t_1/s	t_2/s	UL 94 级别	是否有滴落
PLA	20.2	38.8	—	NR	是
PLA/1%A4-d-ZnO	20.5	6.2	14.0	V-2	是
PLA/5%A4-d-ZnO	24.0	2.1	10.0	V-2	是
PLA/10%A4-d-ZnO	24.9	3.9	3.0	V-2	是

4.4.4.2　微型量热测试结果

微型量热测试（MCC）是一种评估材料燃烧性能非常有效的手段，它是用耗氧

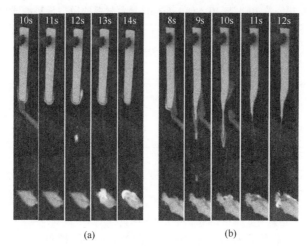

图 4.36　PLA/1％A4-*d*-ZnO（a）与 PLA/5％A4-*d*-ZnO
（b）在垂直燃烧测试中的燃烧照片

量来测量材料燃烧时产生热量的多少和速度，可以得到许多重要参数，例如比热释放速率（HRR）、总热释放量（THR）、热释放能力（HRC）和达到热释放速率峰值时的温度（$T_{pk\text{-}HRR}$），这些参数被认为是使用微量样品预测火灾危害的重要参数[25,26]。

图 4.37 为 PLA 及 PLA/A4-*d*-ZnO 复合材料的 HRR 曲线，相对应的数据列于表 4.20 中。从图 4.37 中可以看出，纯 PLA 具有最高的热释放速率峰值（pk-HRR），为 728W/g。与之相比，PLA/1％A4-*d*-ZnO 和 PLA/5％A4-*d*-ZnO 分别下降了 17％ 和 31％，说明低添加量 A4-*d*-ZnO 可以有效提高 PLA 材料的阻燃性能。然而当 A4-*d*-ZnO 的添加量从 5％增加到 10％，PLA/10％A4-*d*-ZnO 的 pk-HRR 从 502W/g 提高到 530W/g，说明在 PLA 材料中添加 10％A4-*d*-ZnO 能最大限度地降低 pk-HRR 值。

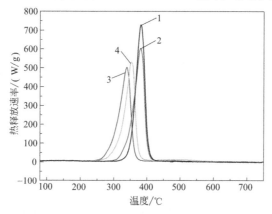

图 4.37　PLA 及 PLA/A4-*d*-ZnO 复合材料的 HRR 曲线
1—PLA；2—PLA/1％A4-*d*-ZnO；3—PLA/5％A4-*d*-ZnO；4—PLA/10％A4-*d*-ZnO

表 4.20　纯 PLA 与 PLA/A4-*d*-ZnO 复合材料的微型量热测试数据

样品	pk-HRR /(W/g)	THR /(kJ/g)	HRC /[J/(g·K)]	$T_{pk\text{-}HRR}$ /℃
纯 PLA	728	16.1	448	380
PLA/1％A4-*d*-ZnO	603	15.7	369	376
PLA/5％A4-*d*-ZnO	502	15.5	306	333
PLA/10％ A4-*d*-ZnO	530	15.7	322	348

THR 是 MCC 测试结果中的另一个重要参数，由 HRR 曲线积分得到。从表 4.20 中可以看出纯 PLA 具有最高的 THR 值，为 16.1kJ/g。与之相比，添加 A4-*d*-ZnO 后 PLA 复合材料具有更低的 THR 值，其中 PLA/5％A4-*d*-ZnO 的 THR 值最低。

HRC 经常被用来预测和评估火灾危险性，HRC 值越低，材料阻燃性能越好。纯 PLA 的 HRC 值最高，为 448J/g·K。随着 A4-*d*-ZnO 添加量的增加，PLA 复合材料的 HRC 值逐渐降低，当添加量达到 5％时达到最低值，变化规律与 pk-HRR 一致。

从表 4.20 中可以看出，纯 PLA 的 $T_{pk\text{-}HRR}$ 为 380℃，PLA/1％ A4-*d*-ZnO、PLA/5％A4-*d*-ZnO 和 PLA/10％ A4-*d*-ZnO 的 $T_{pk\text{-}HRR}$ 都向更低的温度移动，分别为 376℃、333℃和 348℃。这是由于 A4-*d*-ZnO 的催化断链作用使 PLA 的分子量减小，分解温度降低，该结果与热重测试结果一致。

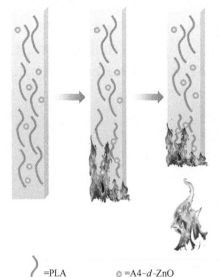

=PLA　　◎=A4-*d*-ZnO

图 4.38　A4-*d*-ZnO 在 PLA 材料中的阻燃机理

4.4.5　A4-*d*-ZnO 阻燃聚乳酸的阻燃机理

根据上述测试结果，我们推测了 A4-*d*-ZnO 在 PLA 材料中的阻燃机理，A4-*d*-ZnO 能够催化 PLA 断链并能够起到气相猝灭和稀释作用，所以可以使 PLA 复合材料在火焰滴落后快速熄灭。阻燃机理示意图如图 4.38 所示。

4.4.6　A4-*d*-ZnO 阻燃聚乳酸的力学性能

为了满足日常使用需求，不仅要提高 PLA 复合材料的阻燃性能，而且要保证其力学性能[27]。PLA 复合材料的拉伸强度和冲击强度测试结果列于表 4.21 中。从表中可以看出，PLA/A4-*d*-ZnO 的冲击强度和断裂伸长率都随着 A4-*d*-ZnO 添加量的增加先降低后提高，而在加入 A4-*d*-ZnO 后拉伸强度都降低了，但下降程度不大。与纯 PLA 比较，PLA/1％A4-*d*-ZnO 的冲击强度提高到 13.0kJ/m^2（纯 PLA 为12.2kJ/m^2），断裂伸长率提升到 4.1％（纯 PLA 为 2.6％），拉伸强度为49.5MPa，完全能够达到使用要求。总的来说，A4-*d*-ZnO 的加入对 PLA 材料的力学性能影响很小。

表 4.21　纯 PLA 与 PLA 复合材料的力学性能数据

样品	拉伸强度 /MPa	冲击强度 /(kJ/m^2)	断裂伸长率 /％
纯 PLA	50.3±1.40	12.2±0.22	2.6±0.38
PLA/1％A4-*d*-ZnO	49.5±1.98	13.0±0.68	4.1±0.52
PLA/5％A4-*d*-ZnO	36.2±1.80	10.8±0.42	2.5±0.26
PLA/10％A4-*d*-ZnO	44.4±1.76	6.8±0.41	3.4±0.41

图 4.39 为纯 PLA 与 PLA 复合材料冲击试验后断面的 SEM 照片。在图 4.39（b）～（d）中可以看到有许多白色颗粒，但在图 4.39(a) 中纯 PLA 的断面没有观

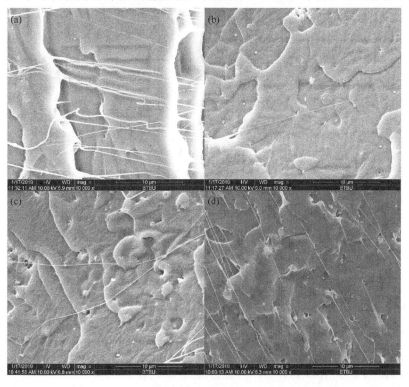

图 4.39　纯 PLA（a）、PLA/1％A4-*d*-ZnO（b）、PLA/5％A4-*d*-ZnO（c）和PLA/10％A4-*d*-ZnO（d）冲击试验后断面的 SEM 照片

察到，说明白色颗粒即为 A4-*d*-ZnO，可以看出 A4-*d*-ZnO 均匀地分散在 PLA 内部，均匀分散的 A4-*d*-ZnO 可以赋予 PLA 复合材料很好的阻燃性能和力学性能。

4.4.7 小结

本小节制备了一种新型磷腈/三嗪双基分子原位掺杂纳米氧化锌阻燃剂 A4-*d*-ZnO，产率为 80%，氧化锌的掺杂率为 7.2%，热重测试结果显示具有很好的成炭能力，在 600℃时的残炭率为 40%。将其用于阻燃 PLA，发现 PLA 复合材料的 T_{onset} 和 T_{max} 随着 A4-*d*-ZnO 添加量的增加而降低，添加量为 5%时达到最低值，T_g 和 T_m 结果规律与此一致。所有 PLA 复合材料的 LOI 值随着 A4-*d*-ZnO 添加量的增加而增加。只要加入 1% A4-*d*-ZnO 就能使 PLA 复合材料达到 UL 94 V-2级，移开点燃器后的燃烧时间随着 A4-*d*-ZnO 添加量的增加而减少，PLA/5% A4-*d*-ZnO 能够在 10s 内自熄。MCC 结果显示 PLA/5% A4-*d*-ZnO 具有最低的 pk-HRR、THR 和 HRC 值。研究结果表明，A4-*d*-ZnO 的阻燃机理主要是其能够催化 PLA 断链并能够起到气相猝灭和稀释作用，使得 PLA 复合材料在火焰滴落后快速熄灭。此外，研究还发现加入 A4-*d*-ZnO 对于材料的力学性能影响很小。

4.5 磷腈/三嗪双基分子原位掺杂纳米氧化锌与 HTTCP/APP 协同阻燃聚乳酸体系

采用传统阻燃剂与无机纳米颗粒（蒙脱土、金属氧化物、沸石和石墨烯）协同阻燃的方式既能有效提高聚合物的阻燃性能，也能一定程度减小阻燃剂的添加对于聚合物本身力学性能的损伤[28-38]。纳米 ZnO 在膨胀型阻燃体系中具有良好的协同阻燃效果[39,40]。然而，据报道，纳米 ZnO 对于某些聚合物有催化断链作用，会影响聚合物的力学性能[41]。

磷腈/三嗪双基分子 HTTCP 与 APP 组成复配膨胀阻燃剂用于阻燃 PLA 具有优异的阻燃性能。本节中，ZnO 和磷腈/三嗪双基分子原位掺杂纳米氧化锌阻燃剂 A4-*d*-ZnO 分别作为阻燃协效剂加入上述膨胀阻燃 PLA 体系中，研究磷腈/三嗪双基分子原位掺杂纳米 ZnO 前后对阻燃 PLA 复合材料阻燃性能和力学性能的影响并探究其阻燃作用机理。

4.5.1 A4-*d*-ZnO/HTTCP/APP 复配阻燃聚乳酸的制备

首先将 HTTCP、APP、纳米 ZnO、A4-*d*-ZnO 和 PLA 在 100℃下恒温干燥

12h，然后将 HTTCP、APP、纳米 ZnO、A4-*d*-ZnO 以一定比例（如表 4.22 所示）与 PLA 经人工预混后加入转矩流变仪中，熔融共混 8min，流变仪参数设定分别为 190℃，50r/min，然后模压成型，物料在模具中预热 8min，排气 10 次，在 10MPa 下压制 1min，保压冷却 1min，最后用制样机切成标准燃烧测试样条。

表 4.22　纯 PLA 与阻燃 PLA 复合材料的配方　　　　　单位：g

样品	PLA	HTTCP	APP	纳米 ZnO	A4-*d*-ZnO
纯 PLA	180	0	0	0	0
PLA/HTTCP/APP/纳米 ZnO	144	11.4	22.8	1.8	0
PLA/HTTCP/APP/A4-*d*-ZnO	144	11.4	22.8	0	1.8
PLA/HTTCP/APP	144	12.0	24.0	0	0

4.5.2　A4-*d*-ZnO/HTTCP/APP 复配阻燃聚乳酸的阻燃性能

4.5.2.1　极限氧指数和垂直燃烧测试结果

通过极限氧指数和垂直燃烧测试研究了 A4-*d*-ZnO 和纳米 ZnO 对阻燃 PLA 复合材料阻燃性能的影响，测试结果列于表 4.23 中。

表 4.23　纯 PLA 及阻燃 PLA 复合材料的极限氧指数和垂直燃烧测试结果

样品	LOI/%	垂直燃烧试验			
		燃烧时间		UL 94 级别	是否滴落
		t_1/s	t_2/s		
纯 PLA	20.2	38.8	—	NR	是
PLA/HTTCP/APP/纳米 ZnO	38.4	0.5	0.5	V-0	是
PLA/HTTCP/APP/A4-*d*-ZnO	36.0	1.7	0.7	V-2	是
PLA/HTTCP/APP	35.5	1.0	1.1	V-2	是

由表 4.23 可以看出，添加 1% 协效剂（纳米 ZnO 或 A4-*d*-ZnO）可以提高 PLA/HTTCP/APP 复合材料的 LOI 值（35.5%）。此外，PLA/HTTCP/APP/纳米 ZnO 的 LOI 值（38.4%）高于 PLA/HTTCP/APP/A4-*d*-ZnO 复合材料（36.0%）。根据 UL 94 垂直燃烧测试结果发现所有试样的燃烧时间都非常短，但是 PLA/HTTCP/APP/A4-*d*-ZnO 和 PLA/HTTCP/APP 由于第二次点火时滴落物引燃脱脂棉，只通过 UL 94 V-2 级。只有 PLA/HTTCP/APP/纳米 ZnO 复合材料的滴落物没有引燃脱脂棉，通过 UL 94 V-0 级。LOI 和垂直燃烧测试结果表明纳米 ZnO 对 PLA/HTTCP/APP 体系的协同阻燃效果优于 A4-*d*-ZnO。

4.5.2.2 锥形量热测试结果

锥形量热测试可获得多种燃烧参数，包括热释放速率（HRR）、总热释放量（THR）、有效燃烧热（EHC）、点燃时间（TTI）、总烟释放量（TSR）和最终残炭率[39]。各试样的 HRR、THR 和质量损失曲线如图 4.40 所示，纯 PLA 及阻燃 PLA 复合材料的具体锥形量热测试结果数据见表 4.24。

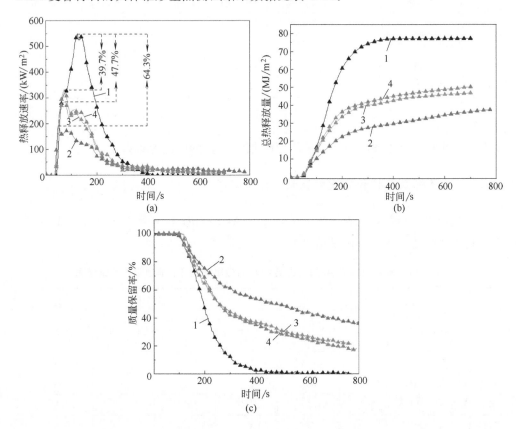

图 4.40　纯 PLA 及阻燃 PLA 复合材料的热释放速率 HRR（a）、
总热释放量（b）和质量损失（c）曲线

1—纯 PLA；2—PLA/HTTCP/APP/纳米 ZnO；3—PLA/HTTCP/APP/A4-*d*-ZnO；4—PLA/HTTCP/APP

表 4.24　纯 PLA 及阻燃 PLA 复合材料的锥形量热测试数据

样品	TTI /s	pk-HRR /(kW/m²)	av-HRR /(kW/m²)	THR /(MJ/m²)	av-EHC /(MJ/kg)	残炭率（质量分数）/%	TSR /(m²/m²)
纯 PLA	36	549	116	77.2	17.9	0	58
PLA/HTTCP/APP/纳米 ZnO	30	196	50	37.5	14.3	38	183
PLA/HTTCP/APP/A4-*d*-ZnO	32	287	70	46.7	14.1	22	337
PLA/HTTCP/APP	32	331	75	50.2	14.9	18	421

　　阻燃 PLA 复合材料的 TTI 均比纯 PLA 短。HTTCP/APP 通常具有比聚合物先分解的性质，导致 PLA/HTTCP/APP 的 TTI 缩短。此外，PLA/HTTCP/APP/纳米 ZnO 的 TTI 比 PLA/HTTCP/APP 短，这是由于纳米 ZnO 会催化 HTTCP/APP 和 PLA 提前分解，HTTCP/APP 提前分解释放 NH_3 和 H_2O，PLA 分解成短链结构易于被点燃。此外，PLA/HTTCP/APP/A4-d-ZnO 的 TTI 与 PLA/HTTCP/APP 相同，说明磷腈/三嗪双基分子阻燃剂原位掺杂纳米 ZnO 可以有效降低纳米 ZnO 的催化作用。

　　如图 4.40(a) 所示，PLA/HTTCP/APP 复合材料的 pk-HRR 远低于纯 PLA。在 PLA/HTTCP/APP 体系中加入协效剂后，pk-HRR 进一步下降。PLA/HTTCP/APP、PLA/HTTCP/APP/纳米 ZnO、PLA/HTTCP/APP/A4-d-ZnO 的 pk-HRR 较纯 PLA 分别下降 39.7%、64.3%、47.7%。与纯 PLA 相比，PLA/HTTCP/APP 的 THR 曲线 [图 4.40(b)] 下降了 35%。添加 HTTCP/APP 后，PLA/HTTCP/APP 的 THR 值和 av-HRR 值均下降，THR 曲线和 av-HRR 值与 HRR 曲线变化趋势相同。PLA/HTTCP/APP/纳米 ZnO 和 PLA/HTTCP/APP/A4-d-ZnO 的 THR 和 av-HRR 均低于 PLA/HTTCP/APP，说明添加协效剂后可以进一步提高 PLA/HTTCP/APP 复合材料的阻燃性能。而 PLA/HTTCP/APP/纳米 ZnO 的 THR 值和 av-HRR 值均低于 PLA/HTTCP/APP/A4-d-ZnO，说明 PLA/HTTCP/APP/纳米 ZnO 复合材料的协同阻燃效果强于 PLA/HTTCP/APP/A4-d-ZnO。与纯 PLA 相比，由于 HTTCP/APP 分解产生 H_2O、CO_2、NH_3、含氮气体等，起到了稀释作用，所以 PLA/HTTCP/APP 的 av-EHC 明显降低。PLA/HTTCP/APP/A4-d-ZnO 的 av-EHC 明显低于 PLA/HTTCP/APP 和 PLA/HTTCP/APP/纳米 ZnO，这是因为 A4-d-ZnO 外表面的磷腈/三嗪双基分子具有很好的气相阻燃作用[11,12]。

　　从图 4.40(c) 和表 4.24 可以看出，纯 PLA 燃烧速率很快且没有残炭剩余。PLA/HTTCP/APP 的燃烧速率比纯 PLA 慢，最终残炭率提高到 18%。纳米 ZnO 的加入可以明显降低 PLA/HTTCP/APP 复合材料的燃烧速率，提高阻燃 PLA 复合材料的最终残炭率。PLA/HTTCP/APP/纳米 ZnO 复合材料的最终残炭率达到 38%，比 PLA/HTTCP/APP 复合材料提高了 111%。相比之下，PLA/HTTCP/APP/A4-d-ZnO 复合材料的燃烧速率比 PLA/HTTCP/APP 略有下降，最终残炭率由 18% 提高到 22%。

　　纳米 ZnO 和 A4-d-ZnO 均能降低 PLA/HTTCP/APP 复合材料的 TSR。与 PLA/HTTCP/APP 复合材料相比，PLA/HTTCP/APP/纳米 ZnO 复合材料和 PLA/HTTCP/APP/A4-d-ZnO 复合材料的 TSR 分别降低了 56.5% 和 20%。这一结果与最终残炭率变化趋势相符，说明在添加协效剂后，PLA 复合材料在燃烧过程中释放出的碎片更多地被锁定在凝聚相中。

综上所述，纳米 ZnO 和 A4-*d*-ZnO 对 PLA/HTTCP/APP 复合材料均具有协同阻燃作用。相比之下，PLA/HTTCP/APP/纳米 ZnO 复合材料的协同阻燃作用强于 PLA/HTTCP/APP/A4-*d*-ZnO。锥形量热测试结果表明，PLA/HTTCP/APP/纳米 ZnO 复合材料的 pk-HRR、av-HRR、THR、质量损失率和 TSR 均低于 PLA/HTTCP/APP/A4-*d*-ZnO 复合材料。同时，PLA/HTTCP/APP/纳米 ZnO 有更多的残炭率，这可能是因为纳米 ZnO 可以催化 HTTCP/APP 和 PLA 的分解。一方面，因为与主族金属（Bi 和 Sn）相比过渡金属（镍、锌、钛、锰）具有较短的 M—O 键和较小的共价和离子半径，纳米 ZnO 与 OH^- 和 NH^{4+} 有很强的络合能力。因此，它可以催化阻燃剂脱水、产生 NH_3 和促进磷酸化，形成更加稳定的交联网络结构[15,16]。另一方面，纳米 ZnO 催化 PLA 分解成具有羟基和羧基的低分子链段，可以作为成炭剂，增加最终残炭率。由于磷腈/三嗪双基分子包裹纳米 ZnO，A4-*d*-ZnO 的催化作用弱于纳米 ZnO，因此 PLA/HTTCP/APP/纳米 ZnO 的协同阻燃作用明显强于 PLA/HTTCP/APP/A4-*d*-ZnO。

4.5.2.3　残炭形貌

膨胀炭层形貌对材料的阻燃性能起着重要作用。因此，为了进一步阐明阻燃机理以及膨胀炭层形貌与阻燃 PLA 复合材料阻燃性能的关系，对锥形量热测试后炭层形貌的数码照片进行了分析，如图 4.41 所示。从图中可以明显看出，纯 PLA 没有残炭剩余。添加 HTTCP/APP 后，残炭率明显增加。进一步添加协效剂后，残炭的高度和完整性进一步提高。PLA/HTTCP/APP/纳米 ZnO 复合材料的炭层高度高于 PLA/HTTCP/APP/A4-*d*-ZnO 复合材料，且 PLA/HTTCP/APP/纳米 ZnO 复合材料的炭层表面更加完整、连续、致密，这与质量损失曲线的结果一致。

图 4.41　锥形量热仪测试后纯 PLA 及 PLA 复合材料的炭层数码照片

(a)、(e) 纯 PLA；(b)、(f) PLA/HTTCP/APP/纳米 ZnO；

(c)、(g) PLA/HTTCP/APP/A4-*d*-ZnO；(d)、(h) PLA/HTTCP/APP

锥形量热测试后炭层的 SEM 照片如图 4.42 所示。从图中可以推断，PLA/HTTCP/APP/纳米 ZnO 和 PLA/HTTCP/APP/A4-d-ZnO 复合材料的炭层具有一个更完整、连续和紧凑的外表面，这就使得炭层能够更加有效地抑制传热和释放易燃气体，保护底层基体不被进一步分解。PLA/HTTCP/APP 复合材料的炭层表面存在大量的开孔，阻燃 PLA 材料产生的可燃挥发性气体可以被释放，氧气可以通过孔进入材料中，使燃烧过程继续进行。通过对比 PLA/HTTCP/APP/纳米 ZnO 与 PLA/HTTCP/APP/A4-d-ZnO 复合材料的膨胀炭层的微观形貌，可以发现 PLA/HTTCP/APP/纳米 ZnO 膨胀炭层的泡孔比 PLA/HTTCP/APP/A4-d-ZnO 的更小、更均匀，较小的泡孔有利于隔热和隔氧。

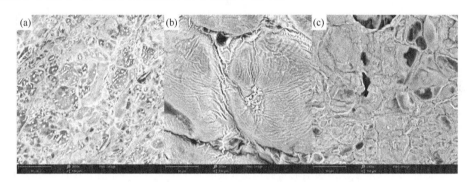

图 4.42　锥形量热仪测试后纯 PLA 及阻燃 PLA 复合材料的残炭 SEM 照片
(a) PLA/HTTCP/APP/纳米 ZnO；(b) PLA/HTTCP/APP/A4-d-ZnO；(c) PLA/HTTCP/APP

4.5.3　A4-d-ZnO/HTTCP/APP 复配阻燃聚乳酸的热性能

4.5.3.1　A4-d-ZnO/HTTCP/APP 复配阻燃聚乳酸的热稳定性

纯 PLA 及阻燃 PLA 复合材料在氮气氛围下和在空气氛围下的 TG 曲线分别如图 4.43(a) 和图 4.43(b) 所示，具体数据见表 4.25。从图中可以看出，除 PLA/HTTCP/APP/纳米 ZnO 复合材料表现为两阶热降解过程外，其余试样在氮气氛围下均表现为一阶热降解过程。PLA/HTTCP/APP 复合材料的 T_{onset} 低于纯 PLA，这是由于 HTTCP/APP 较早分解。PLA/HTTCP/APP/纳米 ZnO 的 T_{onset} 比 PLA/HTTCP/APP 降低了 16.9%，这是因为纳米 ZnO 催化了 HTTCP/APP 和 PLA 的分解，HTTCP/APP 提前分解释放 NH_3 和 H_2O，PLA 分解成热稳定性较差的短链小分子。而 PLA/HTTCP/APP/A4-d-ZnO 的 T_{onset} 较 PLA/HTTCP/APP 略有增加，说明磷腈/三嗪双基分子原位掺杂纳米 ZnO 减弱了纳米 ZnO 的催化作用。PLA/HTTCP/APP/纳米 ZnO 具有两个 T_{max}，均低于 PLA/HTTCP/APP。较高的 T_{max}（350℃）归因于 PLA 复合材料的分解，较低的 T_{max}（268℃）

归因于 PLA 短链的分解，这是由纳米 ZnO 的催化作用引起的。而添加 A4-*d*-ZnO 可以提高 PLA/HTTCP/APP 复合材料的 T_{max}。此外，与纯 PLA 相比，PLA/HTTCP/APP 在 800℃下的残炭率从 2.5% 提高到 14.5%。纳米 ZnO 和 A4-*d*-ZnO 的加入均能进一步提高 PLA/HTTCP/APP 复合材料的残炭率。相比而言，PLA/HTTCP/APP/纳米 ZnO 的残炭率（22.5%）高于 PLA/HTTCP/APP/A4-*d*-ZnO（16.5%）。

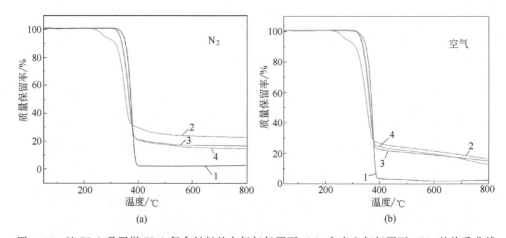

图 4.43　纯 PLA 及阻燃 PLA 复合材料的在氮气氛围下（a）和在空气氛围下（b）的热重曲线
1—纯 PLA；2—PLA/HTTCP/APP/纳米 ZnO；3—PLA/HTTCP/APP/A4-*d*-ZnO；4—PLA/HTTCP/APP

表 4.25　纯 PLA 及阻燃 PLA 复合材料的热重数据

样品	氮气氛围			空气氛围		
	T_{onset} /℃	T_{max} /℃	在 800℃的残炭率（质量分数）/%	T_{onset} /℃	T_{max} /℃	在 800℃的残炭率（质量分数）/%
纯 PLA	346	381	2.5	341	369	2.0
PLA/HTTCP/APP/纳米 ZnO	276	268,350	22.5	276	262,349	16.1
PLA/HTTCP/APP/A4-*d*-ZnO	333	374	16.5	332	358	14.8
PLA/HTTCP/APP	332	371	14.5	330	355	12.6

　　纯 PLA 及阻燃 PLA 复合材料在空气氛围下的热降解过程与氮气氛围下相似。纯 PLA 及阻燃 PLA 复合材料在空气氛围下的残炭率低于氮气氛围下的残炭率，这可能是由于 PLA 材料在空气氛围下完全分解。TGA 结果表明，无论在氮气还是空气中，添加 A4-*d*-ZnO 均能提高 PLA/HTTCP/APP 复合材料的 T_{onset} 和 T_{max}，同时提高残炭率。纳米 ZnO 虽然可以大幅度提高残炭率，但严重降低了 T_{onset} 和 T_{max}，在实际应用中不能被接受。

4.5.3.2　A4-*d*-ZnO/HTTCP/APP 复配阻燃聚乳酸的熔融和结晶行为

采用差示扫描量热法（DSC）测试纳米 ZnO 和 A4-*d*-ZnO 对阻燃 PLA 复合材料的结晶和熔融行为的影响。第二次加热过程的 DSC 曲线包括了纯 PLA 及阻燃 PLA 复合材料的冷结晶过程和玻璃化转变过程，如图 4.44 所示。详细的数据，如熔点（T_m）、玻璃化转变温度（T_g）、冷结晶焓（ΔH_c）、熔融焓（ΔH_m）和相应的结晶度（X_c）列在表 4.26。纯 PLA 及阻燃 PLA 复合材料的 X_c 计算公式为式(4.4)。

$$X_c = \frac{\Delta H_m - \Delta H_c}{\Delta H_{m(PLA)}^0 \times W_{(PLA)}} \times 100\% \tag{4.4}$$

从图 4.44 中可以看出，所有试样的结晶和熔融过程相同，都经历了一个玻璃化转变过程、一个冷结晶过程和一个熔融过程，并且从表 4.26 中可以看出 DSC 测试的各参数变化不大。与纯 PLA 相比，PLA/HTTCP/APP 的 T_g 提高，这是因为 HTTCP/APP 的加入限制了 PLA 链段的运动。PLA/HTTCP/APP 的结晶度从 1.5% 提高到 3.0%，这可能与 HTTCP/APP 的非均质成核作用有关。与 PLA/HTTCP/APP 相比，由于纳米 ZnO 的催化断链作用使 PLA 形成较短链段，降低了 PLA/HTTCP/APP/纳米 ZnO 的 T_g 和 X_c。PLA/HTTCP/APP/A4-*d*-ZnO 的 T_g 明显高于 PLA/HTTCP/APP/纳米 ZnO，这是由于磷腈/三嗪双基分子原位掺杂纳米 ZnO 降低了纳米 ZnO 的催化作用。

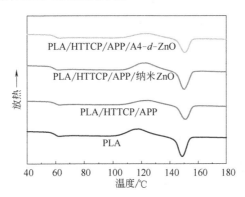

图 4.44　纯 PLA 及 PLA 复合材料的 DSC 曲线

表 4.26　纯 PLA 及 PLA 复合材料的 DSC 具体数据

样品	T_g/℃	T_m/℃	ΔH_m/(J/g)	ΔH_c/(J/g)	X_c/%
纯 PLA	56.9	148.7	19.25	17.84	1.5
PLA/HTTCP/APP/纳米 ZnO	56.3	150.0	19.20	17.37	2.4
PLA/HTTCP/APP/A4-*d*-ZnO	57.3	150.6	13.90	12.15	2.4
PLA/HTTCP/APP	57.1	150.9	14.18	11.95	3.0

4.5.4　A4-d-ZnO/APP/HTTCP 复配阻燃聚乳酸的力学性能

PLA 及 PLA 复合材料的力学性能数据列于表 4.27 中，从表中可以看出 HT-TCP/APP 的加入破坏了 PLA 的力学性能。与 PLA/HTTCP/APP 相比，PLA/HTTCP/APP/纳米 ZnO 的力学性能明显降低，拉伸强度降低 56.8%，冲击强度降低 53.7%，断裂伸长率降低 60%，这是由于纳米 ZnO 催化 PLA 分解为短链小分子，导致材料力学性能严重下降。与 PLA/HTTCP/APP 相比，PLA/HTTCP/APP/A4-d-ZnO 复合材料的拉伸强度、冲击强度和断裂伸长率均有所提高，说明磷腈/三嗪双基分子原位掺杂纳米 ZnO 可以有效地降低纳米 ZnO 的催化作用，且由于磷腈/三嗪双基分子与膨胀阻燃剂分子具有良好的相容性，可以提高材料的力学性能。

表 4.27　纯 PLA 与阻燃 PLA 复合材料的力学性能数据

样品	拉伸强度 /MPa	冲击强度 /(kJ/m^2)	断裂伸长率 /%
纯 PLA	50.3±1.41	12.2±0.22	2.6±0.38
PLA/HTTCP/APP/纳米 ZnO	16.6±3.39	3.8±0.30	0.6±0.14
PLA/HTTCP/APP/A4-d-ZnO	41.4±2.66	8.9±0.22	1.8±0.16
PLA/HTTCP/APP	38.4±2.76	8.2±0.60	1.5±0.06

4.5.5　小结

在本节中，纳米 ZnO 和 A4-d-ZnO 分别作为 PLA/HTTCP/APP 阻燃体系的协效剂。PLA/HTTCP/APP/纳米 ZnO 复合材料的 LOI 值为 38.4%，通过 UL 94 V-0 级测试，比 PLA/HTTCP/APP/A4-d-ZnO 具有更低的 pk-HRR、av-HRR、THR、质量损失率、TSR 和更多的残炭率。TGA 结果表明，无论在氮气还是空气中，添加 A4-d-ZnO 均能提高 PLA/HTTCP/APP 复合材料的 T_{onset} 和 T_{max}，同时提高残炭率。纳米 ZnO 虽然能显著提高残炭率，但使 T_{onset} 和 T_{max} 严重降低。此外，DSC 和力学性能测试结果还表明，纳米 ZnO 使 PLA/HTTCP/APP 复合材料的 T_g 和 X_c 下降且严重影响材料的力学性能。虽然 A4-d-ZnO 的协同阻燃效果弱于纳米 ZnO，但是也有一定的协同阻燃作用，并且能同时提高材料的热稳定性和力学性能。因为纳米 ZnO 一方面可以催化阻燃剂脱水、产生 NH$_3$ 和促进磷酸化，形成了更加稳定的交联网络结构；另一方面可以催化 PLA 分解成具有羟基和羧基的低分子链段，可以作为成炭剂，增加最终残炭率。而纳米 ZnO 被磷腈/三嗪双基分子原位掺杂后，使得 A4-*d*-ZnO 的催化作用弱于纳米 ZnO。

4.6 HTTCP/APP 协同阻燃聚乳酸体系的高性能化

在 4.5 节中，我们将纳米 ZnO 和磷腈/三嗪双基分子原位掺杂纳米 ZnO 阻燃剂（A4-*d*-ZnO）分别加入 PLA/HTTCP/APP 体系中复配阻燃 PLA，结果显示，加入纳米 ZnO 后阻燃 PLA 的阻燃性能大幅度提高，但其力学性能严重下降，而 PLA/HTTCP/APP/A4-*d*-ZnO 体系的力学性能与 PLA/HTTCP/APP 相比却有所提高。这是由于用磷腈/三嗪双基分子包覆纳米 ZnO 后，纳米 ZnO 对 PLA 的催化断链作用被抑制，从而减弱了其对 PLA 阻燃材料力学性能的影响。基于 4.5 节的研究结果，在本节中，我们在 PLA/HTTCP/APP/纳米 ZnO 复合材料中加入扩链剂（ADR），希望通过断链/交联的协同作用达到同时提高阻燃 PLA 复合材料阻燃性能和力学性能的目的。采用极限氧指数仪、锥形量热仪、热失重分析仪对阻燃 PLA 材料的阻燃性能和热稳定性进行测试分析，利用冲击试验机和万能拉力试验机对其力学性能进行测试分析，利用旋转流变仪对其流变参数进行测试分析，探索其阻燃和增强机理。

4.6.1 HTTCP/APP 高性能阻燃聚乳酸的制备

首先将 HTTCP/APP 阻燃剂（HTTCP 与 APP 比例为 1∶2）、纳米 ZnO 和 PLA 置于 100℃恒温干燥 24h；接着，对于无 ADR 体系，将各组分以一定比例（如表 4.1 所示）经人工预混后加入转矩流变仪中，熔融共混 8min，流变仪参数设定分别为 190℃、50r/min；对于含有 ADR 的体系，先将 ADR、PLA 或 ADR、纳米 ZnO、PLA 以一定比例（如表 4.28 所示）经人工预混后加入转矩流变仪中，熔融共混 8min，再将 HTTCP/APP 加入转矩流变仪中熔融共混 8min，流变仪参数设定与无 ADR 体系相同；然后模压成型，物料在模具中预热 8min，排气 10 次，在 10MPa 下压制 1min，保压冷却 1min；最后用制样机切成标准测试样条。

表 4.28　阻燃 PLA 复合材料的配方　　　　　　单位：g

样品	PLA	HTTCP	APP	纳米 ZnO	ADR
纯 PLA	180.00	0.0	0.0	0.0	0.00
PLA/HTTCP/APP	144.00	12.0	24.0	0.0	0.00
PLA/ADR/HTTCP/APP	142.56	12.0	24.0	0.0	1.44
PLA/HTTCP/APP/纳米 ZnO	144.00	11.4	22.8	1.8	0.00
PLA/ADR/纳米 ZnO/HTTCP/APP	142.56	11.4	22.8	1.8	1.44

4.6.2 HTTCP/APP 高性能阻燃聚乳酸的阻燃性能

4.6.2.1 极限氧指数和垂直燃烧测试结果

表 4.29 为 PLA 及阻燃 PLA 复合材料的极限氧指数和垂直燃烧试验结果。从表 4.29 中的 LOI 值可以看出，PLA/ADR/纳米 ZnO/HTTCP/APP 的 LOI 值是所有阻燃 PLA 复合材料中最高的，为 39.4%，与 PLA/HTTCP/APP/纳米 ZnO 相比提高了 6%。而在 PLA/HTTCP/APP 中加入 ADR 之后，材料的 LOI 值从 36.8% 下降至 32.0%，下降了 13%。说明 PLA/HTTCP/APP 体系中单加入 ADR 会使材料的 LOI 值降低。对比 PLA/HTTCP/APP 和 PLA/HTTCP/APP/纳米 ZnO 的 LOI 值发现，只加入纳米 ZnO 能提高材料的 LOI 值，但是提高幅度不大。因此，极限氧指数结果表明 PLA/HTTCP/APP 体系中只有同时加入纳米 ZnO 和 ADR 才能提高材料的 LOI 值。纳米 ZnO 和 ADR 能够在燃烧过程中发挥断链/交联协同作用，提高材料的 LOI 值。

表 4.29　PLA 及 HTTCP/APP 阻燃 PLA 复合材料的极限氧指数和垂直燃烧试验结果

样品	LOI/%	t_1/s	t_2/s	UL 94 级别
纯 PLA	20.2	38.8	—	NR
PLA/HTTCP/APP	36.8	1.2	2.0	V-2
PLA/ADR/HTTCP/APP	32.0	8.1	0.9	V-2
PLA/HTTCP/APP/纳米 ZnO	37.0	1.0	0.8	V-0
PLA/ADR/纳米 ZnO/HTTCP/APP	39.4	4.8	1.0	V-2

通过垂直燃烧试验发现，在 PLA/HTTCP/APP 中单加入 ADR 后材料的 t_1 增加，而单加入纳米 ZnO 后材料的 t_1 缩短。此外，在所有阻燃 PLA 复合材料中，只有 PLA/HTTCP/APP/纳米 ZnO 通过 UL 94 V-0 级测试，其余的由于在垂直燃烧测试中有滴落物引燃脱脂棉都只能达到 UL 94 V-2 级。这说明纳米 ZnO 在缩短燃烧时间和防止滴落物引燃脱脂棉方面表现优异。

4.6.2.2 锥形量热测试结果

图 4.45 为纯 PLA 及阻燃 PLA 复合材料的热释放速率曲线，由图中可以看出，纯 PLA 的热释放速率曲线呈现出典型的尖峰，热释放速率峰值高达 553kW/m²，材料在很短的时间内就燃烧殆尽。阻燃剂的加入显著降低了 PLA 基体的热释放速率峰值。与纯 PLA 相比，PLA/HTTCP/APP 的 pk-HRR 降低了 59.5%。PLA/ADR/APP/HTTCP 与 PLA/HTTCP/APP 相比，pk-HRR 值提高了 4.3%。由此

可以看出，在阻燃 PLA 复合材料中加入 ADR 会增加材料的可燃性。另外与 PLA/HTTCP/APP 比较，PLA/HTTCP/APP/纳米 ZnO 的 pk-HRR 值降低了 5.4%，说明纳米 ZnO 能够与 HTTCP/APP 产生协同阻燃效果。而在 PLA/HTTCP/APP 体系中加入 ADR 和纳米 ZnO 后 pk-HRR 值与 PLA/HTTCP/APP 相比降低了 1.8%，说明 ADR、纳米 ZnO 与 HTTCP/APP 之间也有协同阻燃效果，但是没有纳米 ZnO 的效果好。这是由于加入 ADR 会增加材料的可燃性。

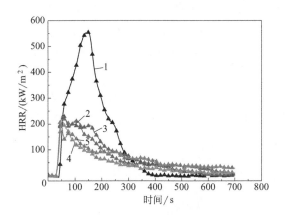

图 4.45　纯 PLA 与 HTTCP/APP 阻燃 PLA 复合材料的热释放速率（HRR）曲线

1—纯 PLA；2—PLA/HTTCP；3—PLA/ADR/HTTCP/APP；

4—PLA/HTTCP/APP/纳米 ZnO；5—PLA/ADR/纳米 ZnO/HTTCP/APP

图 4.46 为纯 PLA 及阻燃 PLA 复合材料的总热释放量曲线。从图和表 4.30 中可以看出，相比于纯 PLA，阻燃 PLA 复合材料的总热释放量都有所下降，与纯 PLA 相比，PLA/HTTCP/APP 的 THR 值降低了 40.8%。PLA/ADR/APP/HT-

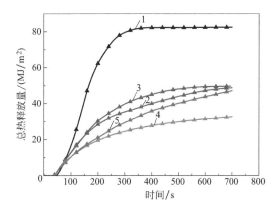

图 4.46　纯 PLA 与 HTTCP/APP 阻燃 PLA 复合材料的总热释放量曲线

1—纯 PLA；2—PLA/HTTCP/APP；3—PLA/ADR/HTTCP/APP；4—PLA/HTTCP/APP/纳米 ZnO；

5—PLA/ADR/纳米 ZnO/HTTCP/APP

TCP 与 PLA/HTTCP/APP 相比，THR 值有所提高，从 $48.8MJ/m^2$ 提升到 $49.7MJ/m^2$，再一次说明 ADR 的加入会增加材料的可燃性。另外与 PLA/HTTCP/APP 比较，PLA/HTTCP/APP/纳米 ZnO 的 THR 值降低了 33.2%。而在 PLA/HTTCP/APP 体系中在加入纳米 ZnO 和 ADR 后 THR 值降低了 3.5%。

由图 4.47 复合材料的质量损失曲线和表 4.30 的锥形量热数据可得，400s 纯 PLA 就燃烧殆尽，加入 HTTCP/APP 后质量损失曲线下降变缓且燃烧时间明显延长。此外，纯 PLA 几乎没有残炭剩余，加入 HTTCP/APP 后最终残炭率提高到 15.6%，当进一步加入 1%ADR 后最终残炭率下降了 1%，说明 ADR 对于 PLA/HTTCP/APP 的阻燃性能没有促进作用。PLA/HTTCP/APP/纳米 ZnO 和 PLA/ADR/纳米 ZnO/HTTCP/APP 复合材料的最终残炭率分别为 48.4% 和 37.8%，都要远远高于 PLA/HTTCP/APP 体系，说明纳米 ZnO 或 ADR/纳米 ZnO 都能与 HTTCP/APP 一起在 PLA 材料中发挥协同阻燃作用，大幅度促进基体成炭，提高材料的阻燃性能。

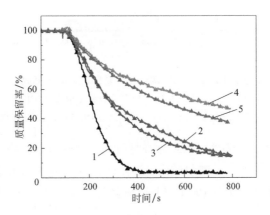

图 4.47　纯 PLA 及 HTTCP/APP 阻燃 PLA 复合材料的质量损失曲线
1—纯 PLA；2—PLA/HTTCP/APP；3—PLA/ADR/HTTCP/APP；4—PLA/HTTCP/APP/纳米 ZnO；
5—PLA/ADR/纳米 ZnO/HTTCP/APP

有效燃烧热表示在某时刻 t 时，所测得热释放速率与质量损失速率之比，它反映了挥发性气体在气相火焰中的燃烧程度[5]。由表 4.30 可得，与纯 PLA 相比，PLA/HTTCP/APP 复合材料的平均有效燃烧热降低了 22.6%，为 14.7MJ/kg，PLA/ADR/HTTCP/APP 的 av-EHC 值与之相同，说明 ADR 的加入没有改变气相阻燃效果。PLA/HTTCP/APP 体系中单加入纳米 ZnO 后，材料的 av-EHC 值从 14.7MJ/kg 下降到 13.0MJ/kg，说明阻燃体系在气相的阻燃作用得到增强，而与 PLA/HTTCP/APP/纳米 ZnO 相比，PLA/ADR/纳米 ZnO/HTTCP/APP 复合材料的 av-EHC 值提高了 19%，说明气相阻燃作用减弱。

表 4.30 纯 PLA 及 HTTCP/APP 阻燃 PLA 复合材料的锥量测试数据

样品	TTI /s	pk-HRR /(kW/m²)	av-HRR /(kW/m²)	THR /(MJ/m²)	av-EHC /(MJ/kg)	残炭率（质量分数）/%	TSR /(m²/m²)
纯 PLA	38	553	125	82.5	19.0	2.8	38
PLA/HTTCP/APP	27	224	73	48.8	14.7	15.6	415
PLA/ADR/HTTCP/APP	27	234	75	49.7	14.7	14.6	383
PLA/HTTCP/APP/纳米 ZnO	29	212	49	32.6	13.0	48.4	113
PLA/ADR/纳米 ZnO/HTTCP/APP	28	220	70	47.1	15.5	37.8	195

　　PLA/HTTCP/APP 体系中单加 ADR 或纳米 ZnO 以及同时加入纳米 ZnO 和 ADR 都会使体系的总烟释放量下降，其中单加入纳米 ZnO 的下降最多，同时加入纳米 ZnO 和 ADR 的次之，这与质量损失的结果一致。这是因为在燃烧过程中有更多的分解碎片被保留在了凝聚相中，而不是以烟的形式释放。

　　为了更精确地说明不同的阻燃体系阻燃机理的差异，对阻燃 PLA 复合材料的阻燃性能进行定量计算。根据德国研究者 Schartel[6,7] 的理论及相应的计算公式［式(4.1)、式(4.2) 和式(4.3)］，计算结果如表 4.31 所示。

表 4.31 阻燃 PLA 复合材料的定量分析结果

样品	火焰抑制效应/%	成炭效应/%	屏蔽保护效应/%
PLA/HTTCP/APP	22.6	13.2	31.5
PLA/ADR/HTTCP/APP	22.6	12.1	29.8
PLA/HTTCP/APP/纳米 ZnO	31.6	46.9	3.0
PLA/ADR/纳米 ZnO/HTTCP/APP	18.4	36.0	30.3

　　表 4.31 为阻燃 PLA 复合材料的三种阻燃效应的定量计算结果。结果表明，四种阻燃体系的复合材料在燃烧过程中都是由气相中的火焰抑制效应、凝聚相中的成炭效应和炭层屏蔽保护效应三种效应共同作用的。当 PLA/HTTCP/APP 中加入 ADR 之后，火焰抑制效应不变，成炭效应和屏蔽保护效应都有所减弱，说明单 ADR 的加入不影响气相阻燃作用，主要减弱凝聚相阻燃作用。单纳米 ZnO 的加入增强了火焰抑制效应和成炭效应，且使屏蔽保护效应由 31.5% 下降至 3%。这说明纳米 ZnO 在促进成炭方面有突出贡献。这是由于纳米 ZnO 催化 PLA 分解成具有羟基和羧基的低分子链段，可以作为成炭剂，使得最终残炭率增加。与 PLA/HT-TCP/APP 相比，ADR/纳米 ZnO 的加入增强了成炭效应，但火焰抑制效应和屏蔽保护效应都有所下降，而屏蔽保护效应相比于 PLA/HTTCP/APP/纳米 ZnO 明显提高，这说明 ADR/纳米 ZnO 在凝聚相中发挥协同阻燃作用，一方面纳米 ZnO 起

到断链的作用催化体系降解成具有羟基和羧基的低分子链段，另一方面 ADR 与这些链段反应生成交联体系。

4.6.2.3 残炭形貌

膨胀炭层形貌对材料的阻燃性能起着重要作用，因此，为了进一步阐明阻燃机理，对锥形量热测试后炭层形貌的数码照片进行了对比分析，如图 4.48 所示。从图中可以看出，ADR 的加入使得材料的残炭率减少、炭层高度降低。单加纳米 ZnO 或者同时加入 ADR 和纳米 ZnO 都能使残炭率明显增加并且炭层的膨胀高度进一步提高。

图 4.48 锥形量热测试后纯 PLA 及阻燃 PLA 复合材料的残炭数码照片

(a)、(e) PLA/HTTCP/APP；(b)、(f) PLA/ADR/HTTCP/APP；(c)、(g) PLA/HTTCP/APP/纳米 ZnO；
(d)、(h) PLA/ADR/纳米 ZnO/HTTCP/APP

锥形量热测试后残炭的 SEM 照片如图 4.49 所示。从图中可以推断，PLA/HTTCP/APP 复合材料的残炭表面存在开孔，PLA 材料产生的可燃挥发性气体可以被释放，氧气可以通过孔进入材料中，使燃烧过程继续进行。而 PLA/ADR/

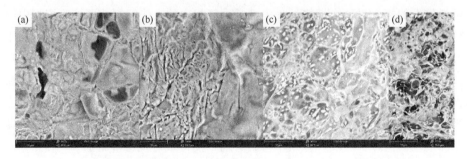

图 4.49 锥形量热测试后纯 PLA 及阻燃 PLA 复合材料的残炭 SEM 照片

(a)：PLA/HTTCP/APP；(b) PLA/ADR/HTTCP/APP；(c) PLA/HTTCP/APP/纳米 ZnO；
(d) PLA/ADR/纳米 ZnO/HTTCP/APP

HTTCP/APP 复合材料的残炭表面比 PLA/HTTCP/APP 完整，但并没有观察到发泡结构，说明膨胀效果不好，没有形成有效的膨胀炭层。PLA/HTTCP/APP/纳米 ZnO 和 PLA/ADR/纳米 ZnO/HTTCP/APP 复合材料的残炭具有一个更完整、连续和致密的外表面，这就使得炭层能够更加有效地抑制传热和阻隔易燃气体的释放，保护底层基体不被进一步分解。

4.6.3　HTTCP/APP 高性能阻燃聚乳酸的热性能

4.6.3.1　HTTCP/APP 高性能阻燃聚乳酸的热稳定性

图 4.50(a)、(b) 分别为阻燃 PLA 复合材料在氮气和空气氛围下的 TG 曲线，相应的 T_{onset}、T_{max} 和在 800℃时最终残炭率列在表 4.32 中。从图 4.50(a) 可以看出，只有 PLA/HTTCP/APP/纳米 ZnO 在氮气氛围下出现两阶分解，说明纳米 ZnO 对于 PLA 复合材料有催化断链作用，使得 PLA 提前分解为低分子量的短链结构。加入 ADR 后 PLA/ADR/纳米 ZnO/HTTCP/APP 变为一阶分解，说明 ADR 可以有效缓解纳米 ZnO 对于 PLA 复合材料的催化断链作用。对比 PLA/HT-TCP/APP 和 PLA/ADR/HTTCP/APP 的 T_{onset} 以及 PLA/HTTCP/APP/纳米 ZnO 和 PLA/ADR/纳米 ZnO/HTTCP/APP 的 T_{onset} 发现，ADR 的加入能够提高阻燃材料的初始分解温度，这是由于 ADR 起到扩链和交联的作用，提高阻燃 PLA 的平均分子量，使阻燃体系形成更加稳定的网络结构，从而提高材料的热稳定性。另外 PLA/HTTCP/APP/纳米 ZnO 两个 T_{max} 均低于 PLA/HTTCP/APP 的 T_{max}，较高的 T_{max}（350℃）为 PLA 材料的热分解，较低的 T_{max}（265℃）为短链 PLA 的热分解，这是由纳米 ZnO 的催化断链作用引起的。另外 PLA/ADR/纳

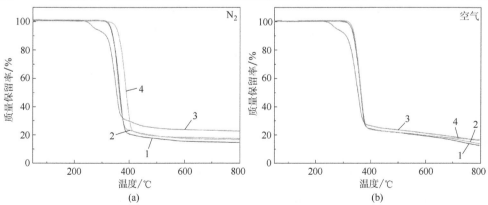

图 4.50　阻燃 PLA 复合材料在氮气氛围下（a）和在空气氛围下（b）的热重曲线

1—PLA/HTTCP/APP；2—PLA/ADR/HTTCP/APP；3—PLA/HTTCP/APP/纳米 ZnO；

4—PLA/ADR/纳米 ZnO/HTTCP/APP

米 ZnO/HTTCP/APP 的 T_{max} 比其他几种材料的都高，这是因为在纳米 ZnO 的催化断链作用和 ADR 的扩链交联作用的共同作用下，材料内部形成了更完整的微交联结构，从而提高了材料的最大热分解温度。从 800℃时的最终残炭率结果可以看出，与 PLA/HTTCP/APP 相比，PLA/ADR/HTTCP/APP 的最终残炭率增加了 19.3%，PLA/HTTCP/APP/纳米 ZnO 的最终残炭率最多，为 22.5%。而在 PLA/HTTCP/APP 体系中同时加入纳米 ZnO 和 ADR 后最终残炭率增加了 13.8%。

表 4.32　阻燃 PLA 复合材料的 TG 数据

样品	氮气氛围			空气氛围		
	T_{onset}/℃	T_{max}/℃	在 800℃时的残炭率(质量分数)/%	T_{onset}/℃	T_{max}/℃	在 800℃时的残炭率(质量分数)/%
PLA/HTTCP/APP	332	366	14.5	330	364	12.6
PLA/ADR/HTTCP/APP	334	357	17.3	334	355	13.8
PLA/HTTCP/APP/纳米 ZnO	276	265,350	22.5	276	261,351	16.1
PLA/ADR/纳米 ZnO/HTTCP/APP	330	388	16.5	331	368	16.8

阻燃 PLA 复合材料在空气氛围下 T_{onset} 的规律性与氮气氛围下相似，不同之处在于，PLA/ADR/纳米 ZnO/HTTCP/APP 的 T_{max} 与其他阻燃 PLA 复合材料相比差别不大，而且在 800℃时，PLA/ADR/纳米 ZnO/HTTCP/APP 的最终残炭率最多，为 16.8%。此外，与氮气氛围下的样品的测试数据相比，在空气氛围下测得的所有阻燃 PLA 复合材料的 T_{max} 都有所下降，在 800℃时测得的最终残炭率结果显示 PLA/HTTCP/APP、PLA/ADR/HTTCP/APP 和 PLA/HTTCP/APP/纳米 ZnO 的最终残炭率与氮气氛围下比较分别下降了 13.1%、20.2% 和 28.4%，这可能是由于阻燃 PLA 复合材料在空气氛围中分解比较完全。热重测试结果说明纳米 ZnO 的加入严重降低了材料 T_{onset} 和 T_{max}，在实际应用中不能被接受。

4.6.3.2　HTTCP/APP 高性能阻燃聚乳酸的结晶和熔融行为

图 4.51 为纯 PLA 以及阻燃 PLA 复合材料的差示扫描量热法测试曲线。详细的数据，如熔点、玻璃化转变温度、冷结晶焓、熔融焓和相应的结晶度列在表 4.33 中。纯 PLA 及阻燃 PLA 复合材料的 X_c 计算参照公式（4.4）。

从图 4.51 中可以看出，所有试样的结晶和熔融过程相同，都经历了一个玻璃化转变过程、一个冷结晶过程和一个熔融过程，并且从表 4.33 中可以看出，与纯

PLA 相比，PLA/HTTCP/APP 的 T_g 提高，这是因为 HTTCP/APP 的加入限制了 PLA 链段的运动。PLA/HTTCP/APP 的结晶度从 1.5%（纯 PLA）提高到 3.0%，这可能与 HTTCP/APP 的非均质成核作用有关。与 PLA/HTTCP/APP 相比，由于 ADR 的扩链作用使 PLA 链段增长，降低了 PLA 链段的运动能力，使得 PLA/ADR/HTTCP/APP 的 T_g 提高，结晶度有所提高。与 PLA/HTTCP/APP 相比，PLA/HTTCP/APP/纳米 ZnO 的 T_g 和 X_c 均有所下降，这是因为纳米 ZnO 的催化断链作用使得 PLA 断链成为短链结构增加了其运动能力。加入 ADR 和纳米 ZnO 后，PLA/ADR/纳米 ZnO/HTTCP/APP 的 T_g 提高至 60.6℃。这是因为一方面纳米 ZnO 的催化断链作用使得 PLA 断链成为短链结构，另一方面 ADR 可以与这些短链结构反应生成部分长链结构和部分交联结构，从而降低了链段的运动能力。

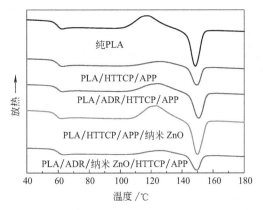

图 4.51　纯 PLA 及阻燃 PLA 复合材料的 DSC 曲线

表 4.33　纯 PLA 及阻燃 PLA 复合材料的 DSC 具体数据

样品	T_g /℃	T_m /℃	ΔH_m /(J/g)	ΔH_c /(J/g)	X_c /%
纯 PLA	56.9	148.7	19.25	17.84	1.5
PLA/HTTCP/APP	57.1	150.9	14.18	11.95	3.0
PLA/ADR/HTTCP/APP	60.2	149.5	8.79	6.08	3.4
PLA/HTTCP/APP/纳米 ZnO	56.3	150.0	19.20	17.37	2.4
PLA/ADR/纳米 ZnO/HTTCP/APP	60.6	149.6	7.27	5.41	2.4

4.6.4　HTTCP/APP 高性能阻燃聚乳酸的力学性能

阻燃高分子材料除了需要具备良好的阻燃性能外，还需要满足应用领域力学性能的要求，因此需要对阻燃 PLA 复合材料进行力学性能的测试，来平衡其力学性能和阻燃性能。阻燃 PLA 复合材料的拉伸强度、断裂伸长率以及冲击强度列于表4.34 中。从表中可以看出，HTTCP/APP 的加入使 PLA 的力学性能有一定程度的下降，其拉伸强度、断裂伸长率和冲击强度分别下降了 23.6%、42.3% 和32.8%。在 PLA/HTTCP/APP 体系中单加入 ADR 后，拉伸强度和断裂伸长率分别提高了 16.7% 和 33.3%，但是材料的冲击强度继续下降；单加入纳米 ZnO 之后，阻燃 PLA 复合材料的力学性能明显降低，拉伸强度、断裂伸长率和冲击强度分别下降了 57%、60% 和 54%，这是由纳米 ZnO 的催化断链作用导致的。PLA/ADR/纳米 ZnO/HTTCP/APP 的拉伸强度、断裂伸长率与 PLA/HTTCP/APP 都明显提高，同时冲击强度下降程度不大。力学性能测试结果说明纳米 ZnO 的断链作用严重破坏了材料的力学性能，ADR 的扩链和交联作用对材料具有增强效果，但不能改善材料的韧性。通过纳米 ZnO 和 ADR 的断链/交联协同作用能够对材料进行增强和增韧改性。

表 4.34　PLA 及阻燃 PLA 复合材料的力学性能试验数据

样品	拉伸强度/MPa	断裂伸长率/%	冲击强度/(kJ/m²)
PLA	50.3±1.41	2.6±0.38	12.2±0.22
PLA/HTTCP/APP	38.4±2.76	1.5±0.06	8.2±0.60
PLA/ADR/HTTCP/APP	44.8±0.77	2.0±0.05	6.5±0.80
PLA/HTTCP/APP/纳米 ZnO	16.6±3.39	0.6±0.14	3.8±0.30
PLA/ADR/纳米 ZnO/HTTCP/APP	42.8±0.90	1.8±0.25	7.2±0.33

4.6.5　HTTCP/APP 高性能阻燃聚乳酸的流变性能

流变测试是一种对于研究材料熔体流动行为非常有效的方法，特别是在不影响材料微观结构的情况下测试材料在动态行为下的黏弹性变化。图 4.52 和图 4.53 为不同样品的储能模量 G' 和复数黏度 η^* 曲线。在低剪切频率时，与纯 PLA 的储能模量相比，PLA/HTTCP/APP 没有变化；与 PLA/HTTCP/APP 的储能模量相比，PLA/ADR/HTTCP/APP 有明显提高，甚至要高于 PLA/HTTCP/APP，说明扩链剂 ADR 与 PLA 之间发生了反应，提高了 PLA 的分子量，使得储能模量 G' 提高；同时低频区的"第二平台"也代表材料内部形成了部分交联网络结构；纳米 ZnO 的加入使得材料的储能模量明显降低，进一步验证了纳米 ZnO 的催化断链作用；当进一步加入 ADR 后，PLA/ADR/纳米 ZnO/HTTCP/APP 的储能模量提高，与纯 PLA 数值相近，说明 ADR 能与断链后的 PLA 链段反应生成交联网络结构，提高材料的储能模量。

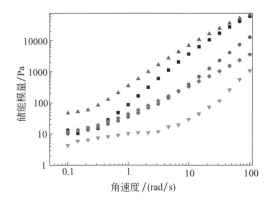

图 4.52　纯 PLA 与阻燃 PLA 复合材料的储能模量曲线

■—纯 PLA；●—PLA/HTTCP/APP；▲—PLA/ADR/HTTCP/APP；▼—PLA/HTTCP/APP/纳米 ZnO；
◆—PLA/ADR/纳米 ZnO/HTTCP/APP

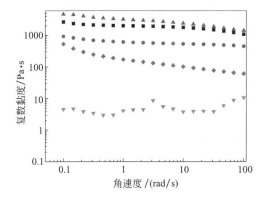

图 4.53　纯 PLA 与阻燃 PLA 复合材料的复数黏度曲线

■—纯 PLA；●—PLA/HTTCP/APP；▲—PLA/ADR/HTTCP/APP；▼—PLA/HTTCP/APP/纳米 ZnO；
◆—PLA/ADR/纳米 ZnO/HTTCP/APP

图 4.53 为阻燃 PLA 复合材料的复数黏度 η^*，所有 PLA 材料的复数黏度都随着频率的增加而下降，表现出剪切变稀行为。从图中可以看出，不管在低频还是在高频，PLA/HTTCP/APP 的复数黏度均低于纯 PLA，这主要是由于阻燃剂 HT-TCP/APP 的加入减少了 PLA 分子链段的缠结，减弱了 PLA 分子间的摩擦阻力；PLA/ADR/HTTCP/APP 的复数黏度值均高于纯 PLA 和 PLA/HTTCP/APP，说明加入 ADR 后扩链剂与 PLA 反应，提高 PLA 分子链长度，增加了 PLA 分子链间的缠结，增强了链段间的摩擦阻力。从 PLA/HTTCP/APP/纳米 ZnO 的复数黏度曲线可以看出，其复数黏度不随角频率的变化而变化，类似一条直线，表现出近似牛顿流体行为，说明纳米 ZnO 的断链作用使 PLA 形成了低分子量的链段，加入 ADR 后，PLA/ADR/纳米 ZnO/HTTCP/APP 恢复了高分子熔体的剪切变稀行

为，说明由于纳米 ZnO 断链作用断链后的 PLA 链段与 ADR 反应生成了新的长链段以及微交联网络结构，缓解了纳米 ZnO 对 PLA 的影响。

4.6.6 小结

将膨胀型阻燃剂 APP 和 HTTCP、ADR 以及纳米 ZnO 以一定质量比例添加到 PLA 中，得到了 PLA/HTTCP/APP、PLA/ADR/HTTCP/APP、PLA/HTTCP/APP/纳米 ZnO 和 PLA/ADR/纳米 ZnO/HTTCP/APP 四种阻燃 PLA 复合材料，对其进行了阻燃性能、热稳定性、力学性能以及流变性能的研究。结果表明，单独加入纳米 ZnO 后，由于纳米 ZnO 的催化断链作用，材料的阻燃性能改善效果显著，与 PLA/HTTCP/APP 相比，该阻燃 PLA 复合材料的极限氧指数值略有提高，垂直燃烧测试结果达到 UL 94 V-0 级别，且 pk-HRR 值、THR 值和 TSR 值均降低，最终残炭率明显增加。但是材料的热稳定性下降明显，在低温下有部分失重，且初始分解温度和最大分解温度都有所下降。此外，纳米 ZnO 的加入还会使材料的拉伸强度、断裂伸长率以及冲击强度都大幅度下降。加入纳米 ZnO 和 ADR 后，材料的极限氧指数达到最高，为 39.4%；并且提高了材料的热稳定性能，PLA/ADR/纳米 ZnO/HTTCP/APP 的 T_{max} 最高，在空气氛围下 800℃时的最终残炭率最多；另外 PLA/ADR/纳米 ZnO/HTTCP/APP 的拉伸强度、断裂伸长率、冲击强度都明显高于 PLA/HTTCP/APP/纳米 ZnO，说明纳米 ZnO 和 ADR 能够通过发挥断链/交联协同作用平衡阻燃性能和力学性能。

4.7 本章小结

本章结合磷腈和三嗪两种化合物的优点，以六氯环三磷腈、三聚氯氰、无水乙二胺、苯胺、对苯二胺为原料成功合成了 3 种磷腈/三嗪双基分子（A1、A2、A3），对其结构和性能进行了表征，并将其作为阻燃添加剂分别与聚磷酸铵以不同的质量分数比例对 PLA 进行阻燃改性，探究磷腈/三嗪双基分子及 APP 对 PLA 阻燃性能的影响规律及阻燃机理。结合基团协同效应和纳米金属化合物催化成炭的作用成功合成了一种磷腈/三嗪双基分子原位掺杂纳米 ZnO 化合物（A4/纳米 ZnO），并对包覆 ZnO 以及 ADR 交联聚乳酸 ZnO 阻燃体系进行了研究，具体结论如下：

① 成功合成了磷腈/三嗪双基分子 HTTCP（A1），并将其应用到 PLA 阻燃改性中。结果表明，当单独添加 25% HTTCP 作为阻燃剂时，复合材料 PLA-25%

HTTCP 的 LOI 值为 25.2%，其热释放速率峰值为 290kW/m²，相比纯 PLA 降低了 55%。将 HTTCP 与 APP 以质量比为 1∶1 和 1∶2 的比例进行复配使用，总添加量为 25% 时，阻燃 PLA 复合材料的 LOI 值能达到 40% 以上，通过 UL 94 V-0 级别的测试且没有滴落现象；特别地，HTTCP 与 APP 配比为 1∶2 的复合材料的 pk-HRR 值与纯 PLA 相比，下降了 80%。分析残炭的微观形貌可得，HTTCP 与 APP 复配使用时，二者在燃烧过程中发生协同阻燃作用，在凝聚相促进成炭，生成的炭层能隔绝氧气和热交换，有效阻止基体的进一步分解和燃烧。

② 成功合成了三种含不同端基的磷腈/三嗪双基分子 A1、A2、A3，将这三种双基分子与 APP 复配使用，应用到 PLA 阻燃改性中。研究结果表明，阻燃 PLA 复合材料的 LOI 值均有提高，但只有添加 A1/APP 体系的复合材料 PLA-20A1/APP（1∶1）通过 UL 94 V-0 级测试且没有滴落现象，LOI 值达到 34.3%，其 pk-HRR 值与纯 PLA 相比，下降了 68.3%。结果表明：与 APP 复配阻燃 PLA 时，三种阻燃剂的阻燃效果排序为 A1＞A3＞A2；此外，三种阻燃剂的热稳定性排序为 A3＞A1＞A2。

其中 A1/APP 体系获得优异阻燃效果的机理可归结为：凝聚相的成炭作用、炭层的屏蔽保护作用；气相中 PO₂· 的自由基淬灭作用和 H_2O、CO_2、NH_3 等的稀释可燃气体效应。相比于 A1/APP 体系，A3/APP 体系缺少气相中自由基的淬灭作用，而 A2/APP 体系只发挥了气相的自由基淬灭作用和稀释效应两部分阻燃作用，因此三种阻燃剂的阻燃效果排序为 A1＞A3＞A2。

③ 将制备所得的磷腈/三嗪双基分子 A1 与六苯氧基环三磷腈 HPCTP 以不同的比例添加到 PLA 中，对其进行阻燃性能和热性能测试。结果表明：复合材料 PLA-20A1/HPCTP（1∶3）的 LOI 值为 26.0%，且能达到 UL 94 V-0 级别；在锥形量热测试结果中，与纯 PLA 相比，其 pk-HRR 值降低了 15.2%，THR 值降低了 24.4%，av-EHC 值降低了 5.5%。PLA/A1/HPCTP 复合材料的热重分析结果表明，A1 与 HPCTP 复配使用时，能有效提高 PLA 基体的热稳定性。

④ 合成并表征了一种新型磷腈/三嗪双基分子原位掺杂纳米 ZnO 阻燃剂（A4-d-ZnO），接着将其单独作为阻燃剂用于阻燃 PLA，研究了阻燃 PLA 复合材料的阻燃性能和力学性能。结果显示 PLA 复合材料的 LOI 值随着 A4-d-ZnO 添加量的增加而增加，PLA/5%A4-d-ZnO 的 LOI 值为 24.0%。只要加入 1%A4-d-ZnO 就能使 PLA 复合材料达到 UL 94 V-2 级，PLA/5%A4-d-ZnO 具有最低的 pk-HRR、THR 和 HRC 值，并且加入阻燃剂后对于材料的力学性能影响很小，A4-d-ZnO 的阻燃机理主要是其能够催化 PLA 断链并能够起到气相淬灭和稀释作用，使得 PLA 复合材料在火焰滴落后快速自熄。

⑤ 根据前期研究，选用 HTTCP/APP 体系为膨胀型阻燃剂，将纳米 ZnO 和 A4-d-ZnO 分别作为 PLA/HTTCP/APP 阻燃体系的协效剂，对比研究了磷腈/三

嗪双基分子包覆纳米 ZnO 前后对于阻燃 PLA 复合材料阻燃性能、热稳定性以及力学性能的影响。研究结果表明，PLA/HTTCP/APP/纳米 ZnO 复合材料的阻燃性能最好，LOI 值为 38.4%，通过 UL 94 V-0 级测试，比 PLA/HTTCP/APP/A4-d-ZnO 具有更低的 pk-HRR、av-HRR、THR、质量损失率、TSR 和更多的最终残炭率，说明纳米 ZnO 对 PLA/HTTCP/APP 体系的协同阻燃效果优于 A4-d-ZnO。纳米 ZnO 虽然能显著提高残炭率，但使材料的 T_{onset} 和 T_{max} 严重下降，同时严重损坏了阻燃 PLA 复合材料力学性能。相比较而言，经过磷腈/三嗪双基分子包覆的纳米 ZnO，即 A4-d-ZnO 在提高 PLA 阻燃复合材料阻燃性能的同时使力学性能和热稳定性得到改善，能较好地平衡阻燃 PLA 复合材料的阻燃性能和力学性能。这是因为在纳米 ZnO 表面包覆磷腈/三嗪双基分子会减弱纳米 ZnO 的断链催化作用。

⑥ 在 PLA/HTTCP/APP/纳米 ZnO 复合材料中加入扩链剂（ADR），研究了 ADR 与纳米 ZnO 之间的断链/交联协同作用对阻燃 PLA 复合材料阻燃性能和力学性能的影响规律，并进一步探究了该体系的协同阻燃作用机理。结果表明：单独加入纳米 ZnO 后，虽然材料的阻燃性能改善效果显著，但是与 PLA/HTTCP/APP 相比，材料的热稳定性下降明显，在低温下有部分失重，且初始分解温度和最大分解温度以及力学性能都有所下降。而同时加入纳米 ZnO 和 ADR 之后，材料的极限氧指数达到最高，为 39.4%；并且提高了材料的热稳定性，PLA/ADR/纳米 ZnO/HTTCP/APP 的 T_{max} 最高，在空气氛围下 800℃ 时的最终残炭率最多；另外 PLA/ADR/纳米 ZnO/HTTCP/APP 的力学性能都明显高于 PLA/HTTCP/APP/纳米 ZnO，说明纳米 ZnO 和 ADR 能够通过发挥断链/交联协同作用平衡材料的阻燃性能和力学性能，其机理主要为纳米 ZnO 一方面可以催化阻燃剂脱水、产生 NH_3 和促进磷酸化，形成了更加稳定的交联网络结构；另一方面可以催化 PLA 分解成具有羟基和羧基的低分子链段，可以作为成炭剂，增加最终残炭率，从而提高了阻燃性能。另外 ADR 能与 PLA 短链结构形成网络结构从而提高力学性能。

参考文献

[1]　Bourbigot S，Fontaine G. Flame retardancy of polylactide：an overview [J]. Polymer Chemistry，2010，1 (9)：1413.

[2]　Qian L J，Ye L J，Qiu Y，et al. Thermal degradation behavior of the compound containing phosphaphenanthrene and phosphazene groups and its flame retardant mechanism on epoxy resin [J]. Polymer，2011，52：5486-5493.

[3]　Yang R，Hu W T，Xu L，et al. Synthesis，mechanical properties and fire behaviors of rigid polyurethane foam with a reactive flame retardant containing phosphazene and phosphate [J]. Polymer Degradation and Stability，2015，122：102-109.

[4] Chen Y J, Xu L F, Wu X D, et al. The influence of nano ZnO coated by phosphazene-triazine bi-group molecular on the flame retardant property and mechanical property of intumescent flame retardant poly (lactic acid) composites [J]. Thermochimica Acta, 2019, 679, 178332.

[5] 王靖宇. 聚己基次膦酸铝的制备及其阻燃环氧树脂的研究 [D]. 北京：北京工商大学，2016.

[6] Brehme S, Schartel B, Goebbels J, et al. Phosphorus polyester versus aluminiumphosphinate in poly (butylenes terephthalate)(PBT)：Flame retardancy performance and mechanisms [J]. Polymer Degradation and Stability, 2011, 96 (5)：875-884.

[7] Wang J Y, Qian L J, Xu B, et al. Synthesis and characterization of aluminumpoly-hexamethy lenephosphinate and its flame-retardant application in epoxy resin [J]. Polymer Degradation and Stability. 2015, 122：8-17.

[8] Song L, Xuan S Y, Wang X, et al. Flame retardancy and thermal degradation behaviors of phosphate in combination with POSS in polylactide composites [J]. Thermochimica Acta, 2012, 527：1-7.

[9] Wu K, Hu Y, Song L, et al. Flame retardancy and thermal degradation of intumescent flame retardant starch-based biodegradable composites [J]. Industrial & Engineering Chemistry Research, 2009, 48：3150-3157.

[10] Liu X Q, Wang D Y, Wang X L, et al. Synthesis of functionalized a-zirconium phosphate modified with intumescent flame retardant and its application in poly (lactic acid) [J]. Polymer Degradation and Stability, 2013, 98：1731-1737.

[11] Qian Y, Wei P, Jiang P K, et al. Aluminated mesoporous silica as novel high-effective flame retardant in polylactide [J]. Composites Science and Technology, 2013, 82：1-7.

[12] Ye L, Ren J, Cai S Y, et al. Poly (lactic acid) nanocomposites with improved flame retardancy and impact strength by combining of phosphinates and organoclay [J]. Chinese Journal of Polymer Science, 2016, 34 (6)：785-796.

[13] Chen Y J, Wang W, Qiu Y, et al. Terminal group effects of phosphazene-triazine bi-group flame retardant additives in flame retardant polylactic acid composites [J]. Polymer Degradation & Stability, 2017, 140：166-175.

[14] Chen Y J, Wang W, Liu Z Q, et al. Synthesis of a novel flame retardant containing phosphazene and triazine groups and its enhanced charring effect in poly (lactic acid) resin [J]. Journal of Applied Polymer Science, 2017, 134：44660-44667.

[15] Wu N, Yang R J. Effects of metal oxides on intumescent flameretardant polypropylene [J]. Polymers for Advances Technologies, 2011, 22 (5)：495-501.

[16] Zhao G D, Guo Q, Yi J S, Cai X F. Synergistic effect of zinc oxide on the flame retardant and thermal properties of acrylonitrile-butadiene-styrene/poly (ethylene terephthalate) / ammonium polyphosphate systems [J]. Journal of Applied Polymer Science, 2011, 122 (4)：2338-2344.

[17] Zhan Z S, Xu M J, Li B. Synergistic effects of sepiolite on the flame retardant properties and thermal degradation behaviors of polyamide 66/aluminum diethylphosphinate composites [J]. Polymer Degradation and Stability, 2015, 117：66-74.

[18] Wang L, Xu M J, Shi B L, et al. Flame retardance and smoke suppression of CFA/APP/

LDHs/EVA composite [J]. Applied Sciences, 2016, 6 (9): 255.

[19] Ding L B, Rui J, Li J T. The effect of nanoparticles modification on PLA/Nano-ZnO composite [J]. Applied Mechanics & Materials, 2013, 420: 230-233.

[20] Ni P, Fang Y Y, Qian L J, et al. Flame-retardant behavior of a phosphorus/silicon compound on polycarbonate [J]. Journal of Applied Polymer Science, 2017, 135: 45815-45822.

[21] Xu M L, Chen Y J, Qian L J, et al. Component ratio effects of hyperbranched triazine compound and ammonium polyphosphate in flame-retardant polypropylene composites [J]. Journal of Applied Polymer Science, 2015, 131: 41006-410013.

[22] Xu B, Wu X, Ma W, et al. Synthesis and characterization of a novel organic-inorganic hybrid char-forming agent and its flame-retardant application in polypropylene composites [J]. Journal of Analytical and Applied Pyrolysis, 2018, 134: 231-242.

[23] Hu Y Z, Daoud W A, Fei B, et al. Efficient ZnO aqueous nanoparticle catalysed lactide synthesis for poly (lactic acid) fibre production from food waste [J]. Journal of Cleaner Production, 2017, 165: 157-167.

[24] Jing J, Zhang Y, Tang X L, et al. Layer by layer deposition of polyethylenimine and bio-based polyphosphate on ammonium polyphosphate: A novel hybrid for simultaneously improving the flame retardancy and toughness of polylactic acid [J]. Polymer, 2017, 108: 361-371.

[25] Feng C M, Liang M Y, Zhang Y K, et al. Synergistic effect of lanthanum oxide on the flame retardant properties and mechanism of an intumescent flame retardant PLA composites [J]. Journal of Analytical and Applied Pyrolysis, 2016, 122: 241-248.

[26] Parikh D V, Nam S, He Q L. Evaluation of three flame retardant (FR) grey cotton blend nonwoven fabrics using micro-scale combustion calorimeter [J]. Journal of Fire Sciences, 2012, 30: 187-200.

[27] Qiu Y, Qian L J, Feng H S, et al. Toughening effect and flame-retardant behaviors of phosphaphenanthrene/phenylsiloxane bigroup macromolecules in epoxy thermoset [J]. Macromolecules, 2018, 51: 9992-10002.

[28] Guo J B, He M, Li Q F, et al. Synergistic effect of organo-montmorillonite on intumescent flame retardant ethylene-octene copolymer [J]. Journal of Applied Polymer Science, 2013, 129 (4): 2063-2069.

[29] Lai X J, Zeng X R, Li H Q, et al. Synergistic effect of phosphorus-containing montmorillonite with intumescent flame retardant in polypropylene [J]. Journal of Macromolecular Science, Part B, 2012, 51 (6): 1186-1198.

[30] Zhao C X, Sun Z, Liu B L, et al. Synergistic effect between organically modified montmorillonite and ammonium polyphosphate on thermal and flame-retardant properties of poly (butyl acrylate/vinyl acetate) copolymer latex [J]. Journal of Macromolecular Science, Part B, 2012, 51 (6): 1089-1099.

[31] Shen Z Q, Chen L, Lin L, et al. Synergistic effect of layered nanofillers in intumescent flame-retardant EPDM: montmorillonite versus layered double hydroxides [J]. Industrial & Engineering Chemistry Research, 2013, 52 (25): 8454-8463.

[32] Gallo E, Schartel B, Braun U, et al. Fire retardant synergisms between nanometric Fe_2O_3

and aluminum phosphinate in poly (butylene terephthalate) [J]. Polymers for Advanced Technologies, 2011, 22 (12): 2382-2391.

[33] Lin M, Li B, Li Q F, et al. Synergistic effect of metal oxides on the flame retardancy and thermal degradation of novel intumescent flame-retardant thermoplastic polyurethanes [J]. Journal of Applied Polymer Science, 2011, 121 (4): 1951-1960.

[34] Demir H, Arklş E, Balköse D, et al. Synergistic effect of natural zeolites on flame retardant additives [J]. Polymer Degradation and Stability, 2005, 89 (3): 478-483.

[35] Wang X, Song L, Yang H Y, et al. Synergistic effect of graphene on antidripping and fire resistance of intumescent flame retardant poly (butylene succinate) composites [J]. Industrial & Engineering Chemistry Research, 2011, 50 (9): 5376-5383.

[36] Hofmann D, Wartig K A, Thomann R, et al. Functionalized graphene and carbon materials as additives for melt-extruded flame retardant polypropylene [J]. Macromolecular Materials and Engineering, 2013, 298 (12): 1322-1334.

[37] Gui H G, Xu P, Hu Y D, et al. Synergistic effect of graphene and an ionic liquid containing phosphonium on the thermal stability and flame retardancy of polylactide [J]. RSC Advances, 2015, 5 (35): 27814-27822.

[38] Dittrich B, Wartig K A, Muelhaupt R, et al. Flame-retardancy properties of intumescent ammonium poly (phosphate) and mineral filler magnesium hydroxide in combination with graphene [J]. Polymers, 2014, 6 (11): 2875-2895.

[39] Jiao C, Zhuo J, Chen X. Synergistic effects of zinc oxide in intumescent flame retardant silicone rubber composites [J]. Plastics Rubber & Composites, 2013, 42 (9): 374-378.

[40] Yi J S, Yin H Q, Cai X F. Effects of common synergistic agents on intumescent flame retardant polypropylene with a novel charring agent [J]. Journal of Thermal Analysis & Calorimetry, 2013, 111 (1): 725-734.

[41] Wang X J, Huang Z, Wei M Y, et al. Catalytic effect of nanosized ZnO and TiO$_2$ on thermal degradation of poly (lactic acid) and isoconversional kinetic analysis [J]. Thermochimica Acta, 2019, 672: 14-24.

本章通过引入少量协效剂如纳米 ZnO/ADR、DCP 以及 DCP/TAIC 设计并构建了三种微交联结构阻燃 PLA 体系，研究了协效剂的添加量及添加比例对所形成交联结构含量、材料微观结构和分子量的影响，并研究所形成的交联结构对阻燃 PLA 复合材料力学性能以及阻燃性能的影响。本章为制备兼具良好阻燃性能和力学性能的阻燃 PLA 提供了一种新的方法和思路。

本章主要内容分为以下三部分：

① 将不同比例的纳米 ZnO 和扩链剂 ADR 加入膨胀型阻燃 PLA（FRPLA）中，而后对其凝胶含量、力学性能以及阻燃性能进行测试。探究不同比例 ADR 与纳米 ZnO 对交联结构含量的影响，以及不同含量的交联结构对 FRPLA 复合材料力学性能和阻燃性能的影响。

② 将不同比例的过氧化二异丙苯引发剂（DCP）加入膨胀型阻燃 PLA 中，而后对其凝胶含量、力学性能以及阻燃性能进行测试。探究不同比例 DCP 对 PLA 交联结构含量的影响，以及所形成的不同比例交联结构对 FRPLA 复合材料的力学性能和阻燃性能的影响。

③ 将不同比例的 DCP 和三烯丙基异氰酸酯（TAIC）加入膨胀型阻燃 PLA 中，而后对其凝胶含量、力学性能和阻燃性能进行测试，探究不同比例 DCP 与 TAIC 对 PLA 交联结构含量的影响，以及所形成的不同比例交联结构对 FRPLA 复合材料力学性能和阻燃性能的影响。此外，进一步探究了 DCP 与 TAIC 之间协同作用的机理。

5.1 基于纳米氧化锌和扩链剂 ADR 的交联阻燃聚乳酸体系

在之前的研究中发现将纳米 ZnO 引入 PLA 体系能有效提升阻燃 PLA 的阻燃性能，但同时也将进一步恶化其力学性能。探究发现纳米 ZnO 在加工过程中将进一步催化 PLA 断链，形成小分子链 PLA，从而导致其力学性能的降低。基于此，我们在加工过程中引入扩链剂 ADR-4370s，通过扩链剂的扩链/交联与纳米 ZnO 的催化断裂效果结合，进而在 PLA 基体中形成微交联结构，而后共混入三嗪成炭剂与 APP，制备阻燃 PLA 复合材料。本节中，主要探讨不同比例纳米 ZnO 与 ADR-4370s 对交联结构形成的影响，以及不同程度交联体系对 PLA 综合性能的影响。

5.1.1　ZnO/ADR 交联阻燃复合材料的制备

首先将所有原料在真空烘箱中 120℃烘干 6h；然后，在 190℃下，使用转矩流变仪，转速为 60r/min，共混时先将 PLA 与 ADR-4370s 和纳米 ZnO 混合共混 3min，然后加入 APP 和三嗪类阻燃剂，在相同的工艺条件下，共混 5min；共混结束后，将制备好的物料转移至模具上，在 190℃下预热 6min，然后在 10MPa 下加压，冷却 5min，得到阻燃测试及力学测试标准样品。PLA 复合材料的配比见表 5.1。

表 5.1　PLA 及 ZnO/ADR 阻燃 PLA 复合材料配方表

编号	样品	PLA /g	三嗪		APP		纳米 ZnO		ADR-4370s	
			/g	/%（质量分数）	/g	/%（质量分数）	/g	/%（质量分数）	/g	/%（质量分数）
1	PLA	180	0	0	0	0	0	0	0	0
2	FRPLA	144	7.2	4	28.8	16	0	0	0	0
3	FRPLA/ZnO/ADR-1	141.12	6.75	3.75	27.45	15.25	1.8	1	2.88	1.6
4	FRPLA/ZnO/ADR-2	140.4	6.75	3.75	27.45	15.25	1.8	1	3.6	2.0
5	FRPLA/ZnO/ADR-3	139.68	6.75	3.75	27.45	15.25	1.8	1	4.32	2.4
6	FRPLA/ZnO/ADR-4	138.96	6.75	3.75	27.45	15.25	1.8	1	5.04	2.8

5.1.2　交联结构分析

5.1.2.1　凝胶含量测试结果分析

所有 PLA 复合材料的凝胶含量（质量分数）采用氯仿溶解法测试，在 55℃的油浴情况下溶解 6～8h。而后将剩余样品置于 80℃的鼓风烘箱中干燥 6h 以上以去除残留氯仿。计算公式如式（5.1）所示，式中 W_z、W_d 分别为总质量和溶解部分质量，V_i 为 FRPLA 未溶解部分所占比例。

$$凝胶含量 = \frac{W_z - (W_z \times V_i + W_d)}{W_z} \times 100\% \tag{5.1}$$

为了验证交联网络结构的形成，首先进行了凝胶含量测试，结果见表 5.2。测试结果表明，FRPLA/ZnO/ADR-1 的凝胶含量为 11.2%，是阻燃 PLA 复合材料中凝胶含量最高的。随着 ADR 剂量的增加，凝胶含量降低。这表明纳米 ZnO 与 ADR 的适当配比是产生更多交联网络结构的必要条件。当纳米 ZnO 与 ADR 的比例为 1∶1.6 时，纳米 ZnO 可以增加端羟基的数目，促进 PLA 与 ADR 反应形成交联网络结构。而随着 ADR 加入量的增加，ADR 将主要参与 PLA 的扩链反应，增加了 PLA 基体的长链结构，进而导致凝胶含量反而下降。

表 5.2　PLA 及 ZnO/ADR 阻燃 PLA 复合材料凝胶含量结果

样品编号	2	3	4	5	6
凝胶含量	0	11.2%	9.4%	7.8%	6.7%

注：样品编号同表 5.1。

5.1.2.2　分子量测试结果分析

分子量测试可以进一步探讨 PLA 复合材料的链段结构以及长链和短链的分布。图 5.1 为 PLA 及其复合材料的分子量结果和多分散性指数（样品编号同表 5.1）。其中，数均分子量（M_n）主要取决于低分子量部分，重均分子量（M_w）主要取决于高分子量部分。

如图 5.1 所示，FRPLA 的 M_n 为 77271，随着 ADR 和纳米 ZnO 的添加，FR-PLA/ZnO/ADR-1 的 M_n 基本保持不变（77168），而其他 FRPLA/ZnO/ADR 体系的 M_n 随着 ADR 添加量的增加有明显的改善。这是因为纳米 ZnO 的催化断链效应将使分子量降低，同时 ADR 的扩链效应使分子量增加，两种附加效应同时作用使 FRPLA/ZnO/ADR-1 的分子量保持不变。此外，ADR 比例的增加促进了短链结构形成长链，导致 M_n 增加。相比之下，FRPLA/ZnO/ADR 体系的 M_w 均高于 FR-PLA（150020）。不同 FRPLA/ZnO/ADR 体系间差异无明显改善，这可能是因为 ADR 的过量添加并不能进一步改善聚合物高分子量部分。此外，以 M_w/M_n 为多分散指数。多分散指数越大，分子量分布越宽。FRPLA 的多分散指数为

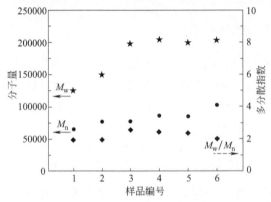

图 5.1　PLA 及 ZnO/ADR 阻燃 PLA 复合材料的分子量及多分散指数

1.941479，而 FRPLA/ZnO/ADR 体系的多分散指数高于 FRPLA，且随 ADR 添加量的增加而降低，最高为 2.561308（FRPLA/ZnO/ADR-1）。造成这一现象的原因与 M_n 值增加的原因相同，也归因于纳米 ZnO 的催化断链效应和 ADR 的扩链效应。

5.1.2.3　断口微观形貌分析

图 5.2 为 PLA 及其复合材料在冲击试验后断口的 SEM 照片，这些图像间接反映了 PLA 基体中的交联网络结构。

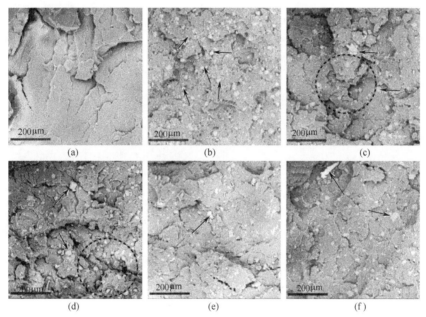

图 5.2　PLA 及 ZnO/ADR 阻燃 PLA 复合材料冲击断面 SEM 图像
(a) PLA；(b) FRPLA；(c) FRPLA/ZnO/ADR-1；(d) FRPLA/ZnO/ADR-2；
(e) FRPLA/ZnO/ADR-3；(f) FRPLA/ZnO/ADR

从图 5.2 可以看出，PLA 复合材料的表面形貌呈现出不同程度的粗糙度。阻燃剂加入后，复合材料 [图 5.2(b)～(f)] 的断口呈海岛状结构，其中 PLA 为基体相，阻燃剂为分散相。从图 5.2(b) 可以看出，FRPLA 的断口形貌较为光滑，这意味着冲断样条时所需的能量较少，因而 FRPLA 样条发生脆性断裂。在加入 ADR 和纳米 ZnO 后 [图 5.2(c)～(f)]，FRPLA/ZnO/ADR-1 的表面 [图 5.2(c)] 和 FRPLA /ZnO/ ADR-2 [图 5.1(d)] 表现出韧性断裂（圆圈），断裂粗糙程度高于 FRPLA、FRPLA/ZnO/ADR-3 [图 5.2（e）] 和 FRPLA/ZnO/ADR-4 [图 5.2 (f)]。这表明在 PLA 基体中形成交联结构后将需要更多的能量来冲断样品。此外，随着 ADR 比例的增加，凝胶含量的降低也使得阻燃 PLA 复合材料的黏结力降低，进而导致冲击截面更加光滑，这与凝胶含量测试结果一致。随着 ADR 添加量的增加，凝胶含量降低，交联结构比例降低。SEM 结果进一步证实了交联体系的存在。

箭头表示阻燃剂在复合材料中的分散性。阻燃剂 [图 5.2(b)] 可以相对均匀地分散在 PLA 基体中 [图 5.2(b)]。随着 ADR 和 ZnO 的加入形成交联结构，可以看到，阻燃剂有一定的聚合 [图 5.2(c)～(f)]。这种聚合对复合材料阻燃性能的影响需要进一步的测试。

5.1.3　ZnO/ADR 交联阻燃聚乳酸的力学性能

为了进一步验证交联结构的存在及其对 PLA 复合材料力学性能的影响，对纯 PLA 和 PLA 复合材料的力学性能进行了测试。PLA 及 PLA 复合材料的拉伸强度、断裂伸长率、冲击强度等详细数据如图 5.3 所示（样品编号同表 5.1）。

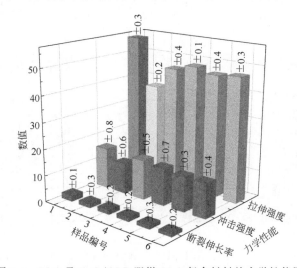

图 5.3　PLA 及 ZnO/ADR 阻燃 PLA 复合材料的力学性能图

与纯 PLA 相比，添加 FR 后拉伸强度、断裂伸长率和冲击强度分别下降了 32.3%、28.3%和 25.1%。这一现象可以解释为阻燃剂所形成的海岛结构降低了相的界面结合力，从而降低了其力学性能。添加 ADR 和纳米 ZnO 后，FRPLA/ZnO/ADR 复合材料的拉伸强度和冲击强度都远高于 FRPLA。值得一提的是，加入 ADR 及纳米 ZnO 后材料的拉伸强度与 FRPLA 相比均提高了 20%以上，这表明交联结构有利于提高复合材料的力学性能。此外，当纳米 ZnO 与 ADR 的配比为 1∶1.6（FRPLA/ZnO/ADR-1）时，PLA 复合材料的力学性能最佳。FRPLA/ZnO/ADR-1 的拉伸强度、断裂伸长率和冲击强度分别为 46.3MPa、1.79%、15.1kJ/m^2，分别比 FRPLA 提高了 21.5%、14.1%和 29.3%。不难发现，FRP-LA 复合材料的断裂伸长率和冲击强度随着 ADR 添加比例的增加而降低。当纳米

ZnO 与 ADR 比大于 1∶2 时，FRPLA/ZnO/ADR 复合材料的断裂伸长率低于 FR-PLA，而冲击强度均高于 FRPLA。力学性能结果表明，纳米 ZnO/ADR 协同作用产生的交联结构能有效改善阻燃材料的力学性能。

5.1.4　ZnO/ADR 交联阻燃聚乳酸的阻燃性能

5.1.4.1　极限氧指数及垂直燃烧测试结果分析

通过极限氧指数和垂直燃烧试验，研究了 PLA 及其复合材料的燃烧性能，结果如图 5.4 所示。纯 PLA 的 LOI 值仅为 21.1%，阻燃性能较差。添加 FR 后，LOI 值提高到 36.0%，提高了纯 PLA 的阻燃性能。值得注意的是，FRPLA/ZnO/ADR-1 的 LOI 值达到 40.1%，高于 FRPLA 和其他 FRPLA/ZnO/ADR 体系。同时之前的测试表明 FRPLA/ZnO/ADR-1 凝胶含量最高，这意味着 LOI 值的提高与纳米 ZnO 和 ADR 形成交联网络结构有关。此外，不难观察到 LOI 值随 ADR 负荷的增加而降低，这与凝胶含量测定结果也保持相同趋势。结果表明，ADR 的加入比例过高会降低交联结构的含量，不利于 FRPLA/ZnO/ADR 体系的 LOI 值。

如图 5.4 所示（样品编号同表 5.1），在垂直燃烧测试中，纯 PLA 燃烧到固定装置上，滴落现象极其严重，并伴随着脱脂棉的燃烧，因而最终定义为无级别（NR）。在添加 FR 后，FRPLA 无滴落现象，通过了 UL 94 V-0 级。在添加 ADR 和纳米 ZnO 后，所有的 FRP-LA 复合材料虽然均可以达到 UL 94 V-0 水平，但 FRPLA/ZnO/ADR-3 和 FRP-LA/ZnO/ADR-4 均存在滴落现象。此

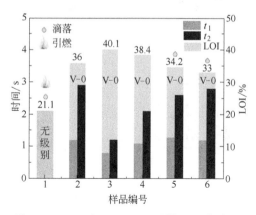

图 5.4　PLA 及 ZnO/ADR 阻燃 PLA 复合材料的极限氧指数及垂直燃烧测试结果

外，FRPLA/ZnO/ADR-1 的 t_1 和 t_2 均低于其他 PLA 复合材料，说明 ADR 与纳米 ZnO 形成的交联网络结构能够有效抑制燃烧速率，且 t_1、t_2 随着 ADR 负荷的增加而增加。这表明，有效交联网络的形成是提高 FRPLA 阻燃性能的必要条件。

5.1.4.2　锥量测试结果分析

采用锥形量热仪对纯 PLA 及 PLA 复合材料的燃烧性能进行了研究，其点燃时间（TTI）、热释放速率（HRR）、总热释放量（THR）、总烟释放量（TSP）和质量损失等结果见表 5.3。此外，纯 PLA 和 PLA 复合材料的 HRR 和质量损失随时

间的变化如图 5.5 所示。

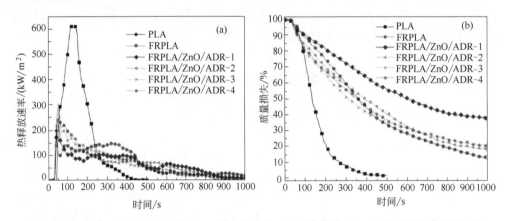

图 5.5　PLA 及 ZnO/ADR 阻燃 PLA 复合材料的 HRR 曲线图（a）和质量损失曲线图（b）

表 5.3　PLA 及 ZnO/ADR 阻燃 PLA 复合材料锥量测试结果

样品	TTI/s	pk-HRR/ (kW/m²)	av-HRR/ (kW/m²)	THR/ (MJ/m²)	av-MLR/ (g/s)	残炭率(质量分数)/%	TSR/ (m²/m²)
PLA	36	612	190	87	0.082	1.7	19.78
FRPLA	24	198	74	72	0.037	12.5	735.61
FRPLA/ZnO/ADR-1	24	247	68	66	0.034	38.1	244.99
FRPLA/ZnO/ADR-2	26	281	68	66	0.035	18.2	446.68
FRPLA/ZnO/ADR-3	23	291	73	71	0.035	12.4	578.69
FRPLA/ZnO/ADR-4	26	306	70	68	0.034	20.2	784.39

　　PLA 和 PLA 复合材料的 HRR 曲线如图 5.5(a) 所示。由图可知，纯 PLA 仅燃烧 500s，在 142s 达到峰值热释放速率（pk-HRR＝612kW/m²）。与纯 PLA 相比，FRPLA 在 41s 时达到 pk-HRR 为 198kW/m²，并且可以观察到 FRPLA 在燃烧至 100s 以及 320s 时也出现了两个燃烧峰，这是因为初次燃烧时所生成的炭层不够致密，以至于在继续燃烧的过程中炭层被烧破，从而出现二次甚至三次燃烧峰。在添加 1% 纳米 ZnO 和 1.6% ADR 后，FRPLA/ZnO/ADR-1 在 52s 时达到峰值热释放速率，此时其 pk-HRR 为 247kW/m²，与其余 FRPLA/ZnO/ADR 样品相比是最低的。随着 ADR 加入的比例提升，PLA 复合材料的 pk-HRR 略微增加。值得一提的是，FRPLA/ZnO/ADR-1 的 HRR 曲线较为平缓，在 pk-HRR 之后没有其他峰出现，且其他 FRPLA/ZnO/ADR 样品也是如此。这表明，在 FRPLA/ZnO/ADR 复合材料体系燃烧过程中，经过峰值热释放燃烧速率后所形成的炭层能有效抑制燃烧，并保护下层基体免于二次燃烧。这意味着交联结构的形成可以提高熔体在燃烧过程中的黏度，有利于形成连续而致密的保护焦层，进而使得二次燃烧强度

受到抑制，二次燃烧峰值消失。

纯 PLA 及其复合材料的质量损失曲线如图 5.5（b）所示。纯 PLA 在 200s 的时间内便基本燃烧殆尽，并且燃烧结束后剩余的残炭率极低，仅为 1.6%。添加 FR 后材料的燃烧速率明显减缓，并延长了燃烧时间，提高了最终的炭产量（约 12.5%）。而 FRPLA/ZnO/ADR-1 的炭产量为 38.1%，约是 FRPLA 的 3 倍。炭产量的提高主要是由于 PLA 复合材料中形成了交联网络，以及 PLA 短链支链结构上的丰富羟基（如图 5.10 所示）充当了炭源。此外，FRPLA/ZnO/ADR 体系中随着 ADR 用量的增加，残炭率逐渐降低，这可能是由于凝胶含量的下降。

与 FRPLA 相比，ADR 和纳米 ZnO 的加入对 TTI 几乎没有影响。与纯 PLA 相比，FRPLA 的 THR 值由 87MJ/m² 下降到 72MJ/m²。添加 ADR 和纳米 ZnO 后，FRPLA/ZnO/ADR 复合材料的 THR 值均有较轻微的降低。这一现象可以解释为 FRPLA 的二次和三次燃烧使得其比未进行二次燃烧的 FRPLA/ZnO/ADR 复合材料释放更多的热量，av-HRR 值的下降也是基于此原因。与纯 PLA 相比，FRPLA 的 TSP 值由 19.78m²/m² 增加到 735.61m²/m²，表明 FR 的加入抑制了材料的完全燃烧，导致 TSP 增加。随着 ADR 和纳米 ZnO 的加入，FRPLA/ZnO/ADR-1 的 TSR 值比 FRPLA 降低了 66.7%，表明更多的分解碎片被 FRPLA/ZnO/ADR 材料中的交联结构锁定于凝聚相中。

5.1.4.3 残炭的数码照片及微观形貌分析

通过对锥形量热试验残炭测试表征可以深入地了解 PLA 复合材料的阻燃机理。因此，PLA 复合材料的宏观和微观形貌如图 5.6 和图 5.7 所示。纯 PLA 在锥形量热测试中基本燃烧殆尽，因而在图 5.6 及图 5.7 中均未显示。从图 5.6（a）和（f）可以看出，阻燃剂的加入促进了残炭的形成，残炭层高度为 2.2cm。添加 1.6% ADR 和 1% 纳米 ZnO 后，FRPLA/ZnO/ADR-1 复合材料的残炭高度达到 5.1cm

图 5.6 PLA 及 ZnO/ADR 阻燃 PLA 复合材料的残炭数码照片

(a)、(f) FRPLA；(b)、(g) FRPLA/ZnO/ADR-1；(c)、(h) FRPLA/ZnO/ADR-2；(d)、(i) FRPLA/ZnO/ADR-3；(e)、(j) FRPLA/ZnO/ADR-4

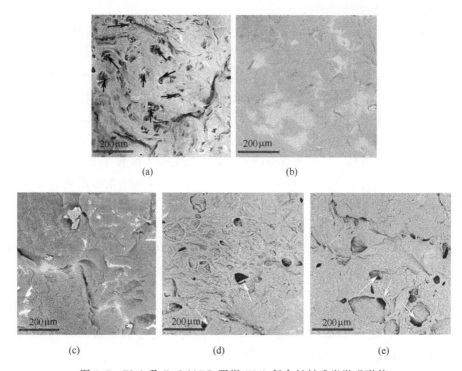

图 5.7　PLA 及 ZnO/ADR 阻燃 PLA 复合材料残炭微观形貌
（a）FRPLA；（b）FRPLA/ZnO/ADR-1；（c）FRPLA/ZnO/ADR-2；
（d）FRPLA/ZnO/ADR-3；（e）FRPLA/ZnO/ADR-4

［图 5.6（g）］，比 FRPLA 提高了 131.8%。其表面形貌比 FRPLA 更完整、更致密。这可以归因于纳米 ZnO 和 ADR 所形成的交联结构提高了 PLA 基体熔体在燃烧过程中的黏度和强度，进而抑制气体释放并促使焦炭膨胀，因此，炭层高度增加。此外，随着 ADR 添加量的增加，复合材料的炭层逐渐破碎和不完整，高度随之下降。这可能与交联结构的比例降低有关。随着凝胶含量的降低，炭层强度降低，气体容易破炭逸出，导致最终残炭表面不完整以及部分破损。

　　图 5.7 为 PLA 复合材料残炭的 SEM 图。由图可知，FRPLA 的炭层相对完整，气泡小，上面可见微小裂纹（箭头标注）。这表明气体在燃烧过程中逸出，导致焦层破裂。与 FRPLA 相比，FRPLA/ZnO/ADR-1 结构致密且气泡较多，表明其形成了膨胀的炭层，抑制了热量和氧气的扩散，表现出优异的阻燃性能。随着 ADR 负荷的增加，炭层上的孔洞越来越多，如图 5.7（c）、5.7（d）和 5.7（e）箭头所示。从图 5.7（e）中可以看出，残炭形成了大量的破裂孔，说明残炭的强度较弱。这是因为随着凝胶含量的降低，熔体黏度降低，导致焦层强度减弱。在燃烧过程中，气体容易破焦，从 PLA 熔体中逸出进而形成许多孔洞。

5.1.5　ZnO/ADR 交联阻燃聚乳酸的热性能

5.1.5.1　热失重结果分析

在 N_2 气氛下，通过 TG 分析研究了纯 PLA 和 PLA 复合材料的热稳定性，TG 和 DTG 曲线如图 5.8 所示。初始分解温度（T_{onset}）、最大分解温度（T_{max}）和在 600℃时的残炭率见表 5.4。

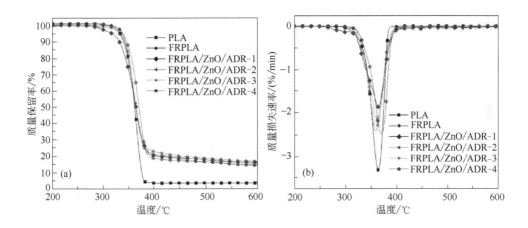

图 5.8　PLA 及 ZnO/ADR 阻燃 PLA 复合材料热失重图

（a）TG 曲线；（b）DTG 曲线

表 5.4　PLA 及 ZnO/ADR 阻燃 PLA 复合材料热重数据

样品	在 N_2 气氛下		
	T_{onset}/℃	T_{max}/℃	600℃的残炭率（质量分数）/%
PLA	333.5	362.5	3.87
FRPLA	338.0	371.5	14.51
FRPLA/ZnO/ADR-1	320.2	364.0	16.25
FRPLA/ZnO/ADR-2	332.4	361.5	14.53
FRPLA/ZnO/ADR-3	335.3	358.5	15.19
FRPLA/ZnO/ADR-4	338.8	358.0	16.92

从图 5.8 中可以看出，纯 PLA 在 N_2 气氛下的 T_{onset} 为 333.5℃，T_{max} 发生在 362.5℃。与纯 PLA 相比，阻燃剂的加入使其 T_{onset} 值和 T_{max} 值升高。对于 FRPLA/ZnO/ADR 体系，FRPLA/ZnO/ADR-1 的 T_{onset} 值降低，这与纳米 ZnO

的催化作用导致 PLA 链段提前分解有关，使得 FRPLA/ZnO/ADR-1 的 T_{onset} 降低到 320.2℃。随着 ADR 负荷的增加，T_{onset} 显著增加。这一现象可以解释为 ADR 与 PLA 短链反应形成长分子链，降低了在低温下容易降解的短链含量。FR-PLA/ZnO/ADR-1 的 T_{max}（364.0℃）高于纯 PLA，但低于 FRPLA，且随着 ADR 的增加复合体系的 T_{max} 降低。这可以归因于 ADR 与纳米 ZnO 的加入形成的交联网络结构，因而 T_{max} 随着凝胶含量的降低而降低。在 600℃ 时，FRPLA/ZnO/ADR-1 的最终残炭率（16.25%）高于 FRPLA（14.51%）。FRPLA/ZnO/ADR-1 的残炭率较高是由于形成了交联网络结构，而交联网络结构在加热时难以降解进而残留在最终产物中。

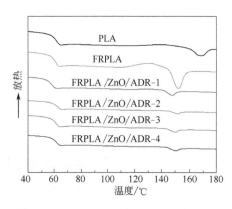

图 5.9　PLA 及 ZnO/ADR 阻燃 PLA 复合材料的 DSC 曲线

5.1.5.2　热性能结果分析

通过使用 DSC 研究 PLA 及其复合材料的玻璃化转变温度、熔点、冷结晶温度、融合焓、冷结晶焓和对应的结晶度，进而分析 PLA 的热性能。图 5.9 为纯 PLA 及 PLA 复合材料的 DSC 曲线，其具体数据见表 5.5。所有样品的 X_c 计算公式参见式（4.4）。

表 5.5　PLA 及 ZnO/ADR 阻燃 PLA 复合材料的 DSC 数据

样品	T_g /℃	T_m /℃	ΔH_m /(J/g)	ΔH_c /(J/g)	X_c /%	T_c /℃
PLA	60.13	163.84	11.65	8.904	2.9	138.33
FRPLA	61.45	152.19	6.514	3.910	3.5	132.43
FRPLA/ZnO/ADR-1	58.52	147.65	1.074	0.3119	1.1	133.22
FRPLA/ZnO/ADR-2	61.04	149.18	0.4777	0.1025	0.4	134.34
FRPLA/ZnO/ADR-3	61.80	149.56	0.6466	0.2664	0.5	136.06
FRPLA/ZnO/ADR-4	62.31	149.47	0.6572	0.3134	0.4	134.39

从图 5.9 可以看出，纯 PLA 的 T_g 为 60.13℃，X_c 为 2.9%。FRPLA 样品的 T_g 和 X_c 分别提高到 61.45℃ 和 3.5%。这可能是因为 FR 的加入阻碍了 PLA 链段的运动，并在结晶过程中起到了非均相成核的作用。与 FRPLA 相比，FRPLA/ZnO/ADR-1 的 T_g 随着纳米 ZnO 和 ADR 的加入而降低，这可以解释为纳米 ZnO 的催化断链效应导致短 PLA 分子链末端基团提供的自由体积增加。随着 ADR 添

加量的增加，其他 FRPLA/ZnO/ADR 体系的 T_g 均升高。这是因为基于 ADR 的扩链作用使得 PLA 分子量增加，进而导致自由体积减小。此外，FRPLA/ZnO/ADR 体系的 X_c 普遍下降。这可能是由于纳米 ZnO 的催化断链作用和 ADR 扩链/交联作用所形成的交联结构和支链结构阻碍了结晶行为。

5.1.6　ZnO/ADR 交联阻燃聚乳酸的阻燃机理

纳米 ZnO 与 ADR 在 PLA 中的断链/扩链反应如图 5.10 所示。其中反应 1 为扩链反应，反应 2 为支化反应，反应 3 为交联反应。

纳米 ZnO 的催化降解作用使 PLA 的链段断裂并形成短链，这是导致 FRPLA/ZnO/ADR-1 的 T_{onset} 和 T_g 较 FRPLA 更低的原因。而 PLA 短链分子的存在导致羟基末端比例的增加，羟基末端作为炭源可进一步提高阻燃性能。同时，ADR 的加入导致了 PLA 短链分子的交联、支化和扩链，有效地提高了 FRPLA/ZnO/ADR-1 的分子量，进一步提升了阻燃 PLA 的力学性能。随着 ADR 比例的增加，ADR 进一步发挥了扩链作用，导致 PLA 链段长度或支化度增加，羟基端比例降低，从而导致阻燃性能在一定程度上下降。

5.1.7　小结

在本节中，通过纳米 ZnO 与 ADR 制备微交联阻燃 PLA 体系，对其力学性能及阻燃性能均进行了研究，并分析了其机理。研究结果表明，当纳米 ZnO 与 ADR 的配比为 1∶1.6（FRPLA/ZnO/ADR-1）时，阻燃剂的阻燃性能和力学性能均能得到全面的提高。其中 FRPLA/ZnO/ADR-1 的凝胶含量为 11.2%，这意味着纳米 ZnO 与 ADR 能有效地形成交联结构。与 FRPLA 相比，FRPLA/ZnO/ADR-1 的力学性能（拉伸强度、断裂伸长率和冲击强度）分别提高了 25.1%、14.1% 和 29.1%。凝胶含量测试和力学性能测试结果表明，交联结构的存在可以有效改善 FRPLA 的力学性能。此外，阻燃性能测试结果表明，FRPLA/ZnO/ADR-1 的 LOI 值最高，达到 40.1%，并能达到 UL 94 V-0 级。锥形量热测试结果表明，FRPLA/ZnO/ADR-1 的 HRR 较 FRPLA 略有提高，而 THR 和 TSR 则有所降低，最终残炭率比 FRPLA 提高 204.8%。对 FRPLA/ZnO/ADR-1 残炭的结构和形貌分析表明，在燃烧过程中形成了致密完整的残炭层。通过热重测试分析了 PLA 复合材料的热稳定性。FRPLA/ZnO/ADR-1 的 T_{onset} 和 T_{max} 降低，但残炭率增加。此外，DSC 测试结果表明，断链/扩链过程中形成的支链或交联结构对结晶度有很大影响。

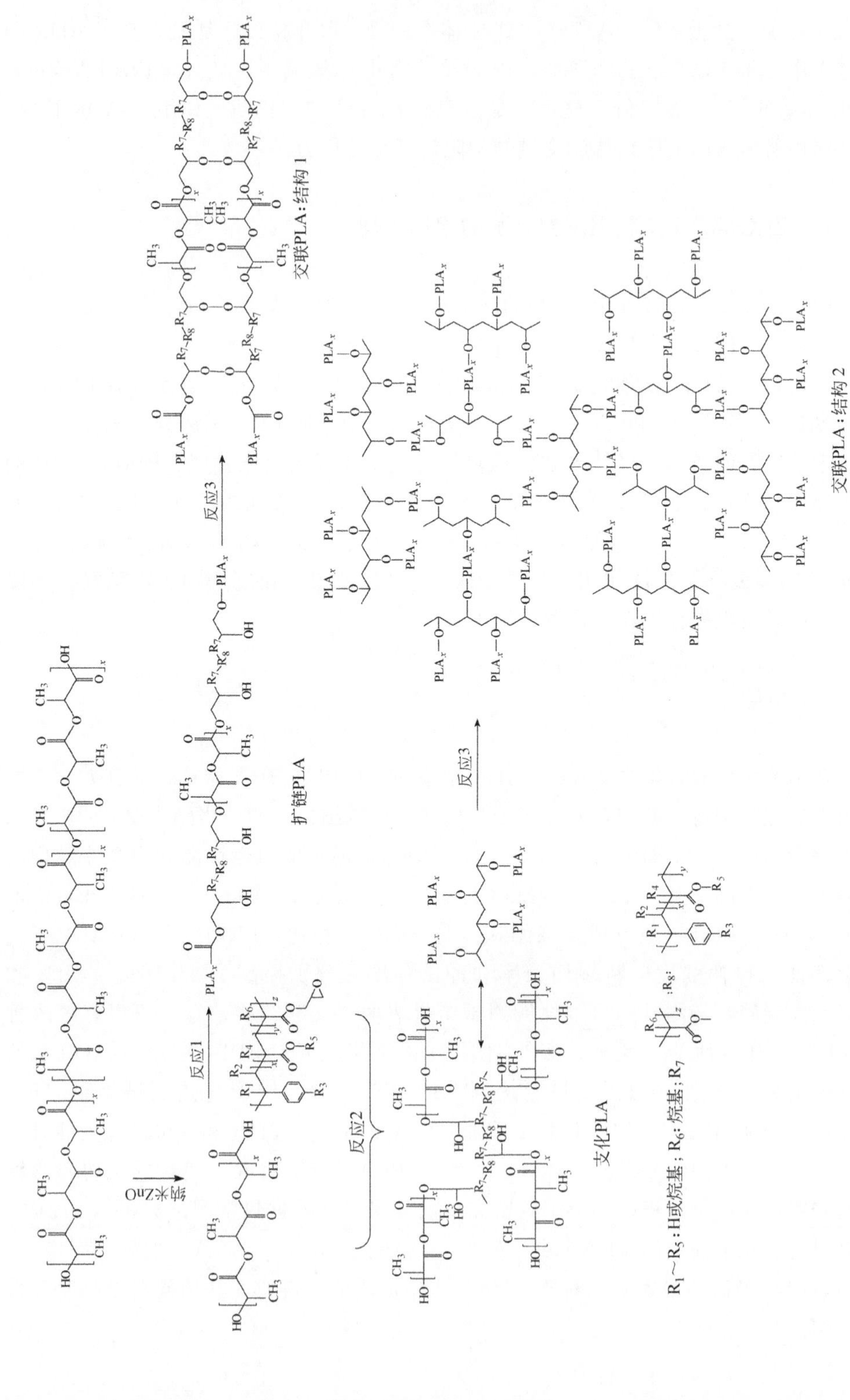

图 5.10 纳米 ZnO 与 ADR 在 PLA 中的反应机理

测试结果表明，微交联结构的形成能有效地改善阻燃 PLA 的力学性能，并且作为添加成分的纳米 ZnO 也能进一步提升阻燃 PLA 的阻燃性能。因此，后续将继续研究其他适用于 PLA 的交联体系，扩展交联体系构造的方式，以获得能广泛使用于 PLA 基体内的交联结构。

5.2 基于引发剂 DCP 的交联阻燃聚乳酸体系

在 5.1 节中，成功地以纳米 ZnO 和 ADR 构建了一种微交联阻燃 PLA 体系，并研究了不同比例的纳米 ZnO 与 ADR 对交联结构的影响，以及不同含量的交联结构对综合性能的影响。在研究过程中发现，纳米 ZnO 的催化断链作用与 ADR 的扩链作用在比例达 1∶1.6 时，能生成具有促进效果的交联结构，并且能有效地提升阻燃 PLA 的综合性能。在第 1 章的文献研究中发现，当前通过构建微交联结构来提升 PLA 力学性能与阻燃性能方向的研究尚且不多。因此，文中将继续拓展研发新型可构建交联结构体系的组分。研究中发现，DCP 与 BPO 作为两种引发剂，可以在热的情况下促使 PLA 完成自交联过程，然而在实验过程中发现，BPO 并不适用于当前实验室的加工条件，故而文中选取 DCP 作为引发剂并与三嗪及 APP 共同制备了阻燃 PLA 复合材料。

5.2.1 DCP 交联阻燃复合材料的制备

首先将 PLA 与阻燃剂在真空烘箱中 120℃烘干 6h。然后，在 190℃下使用转矩流变仪，转速为 60r/min，先将 PLA 与 DCP 混合密炼 3min，再加入 APP 和三嗪类阻燃剂，在相同的工艺条件下，共混 5min。共混结束后，将制备好的物料转移至模具上，在 190℃下预热 6min，然后在 10MPa 下加压冷却 5min，得到阻燃测试及力学测试标准样品。PLA 复合材料的配比见表 5.6。

表 5.6　DCP 阻燃 PLA 复合材料的配方表

编号	样品	PLA /g	三嗪 /g	三嗪 /%（质量分数）	APP /g	APP /%（质量分数）	DCP /g	DCP /%（质量分数）
1	PLA	200	0	0	0	0	0	0
2	FRPLA	160	8	4	32	16	0	0
3	0.05DCP/FRPLA	160	8	4	32	16	0.08	0.05
4	0.1DCP/FRPLA	160	8	4	32	16	0.16	0.1
5	0.15DCP/FRPLA	160	8	4	32	16	0.24	0.15

续表

编号	样品	PLA /g	三嗪		APP		DCP	
			/g	/%（质量分数）	/g	/%（质量分数）	/g	/%（质量分数）
6	0.2DCP/FRPLA	160	8	4	32	16	0.32	0.2
7	0.4DCP/FRPLA	160	8	4	32	16	0.64	0.4
8	0.8DCP/FRPLA	160	8	4	32	16	1.28	0.8

5.2.2 交联结构分析

5.2.2.1 凝胶含量测试结果分析

为验证 DCP 是否可促使 PLA 形成自交联网络，首先测试了其凝胶含量，测试结果如表 5.7 所示。不难看出，0.1DCP/FRPLA 的凝胶含量达到了 15.5%，是所有体系中含量最多的，这意味着微量的 DCP 便可有效地促进 PLA 形成自交联网络结构。随着 DCP 含量的进一步上升，凝胶含量不增反降，这可能是因为更多的 DCP 促使 PLA 断链形成短链分子。当加入 0.2%DCP 时，凝胶含量降低至 3.6%，而随着 DCP 含量的进一步提高，供给于生成 PLA 交联结构的 DCP 含量也随着上升一些，因而凝胶含量反而有一定的提高。

表 5.7 DCP 阻燃 PLA 复合材料凝胶含量

样品编号	2	3	4	5	6	7	8
凝胶含量/%	0	13.9	15.5	7.8	3.6	4.9	4.2

注：样品编号同表 5.6。

5.2.2.2 断口微观形貌分析

在凝胶含量测试结束后，为更直接有效地反应交联结构所赋予 PLA 基体的性能，对 PLA 及其复合材料冲击试验后样品断面进行微观结构的观察，SEM（400X）照片如图 5.11 所示。

由图 5.11 可知，PLA 的端口整体较为粗糙，层次感明显，这表明 PLA 在冲击时需要较大的能量来冲断样品，缺口表现为韧性断裂。随着 FR 的加入，可以明显地发现 PLA 基体上遍布阻燃剂，进而使得样品断面呈现出海岛结构［图 5.11（b）～（h）］。阻燃剂作为分散相大幅度降低了 PLA 基体间的界面结合力，故而 FRPLA 的断口较为光滑平缓，冲击时需要较低的能量，缺口表现为脆性断裂。随着 DCP 的加入，可以观察到 0.1DCP/FRPLA 样品在所有 DCP/FRPLA 样品中的缺

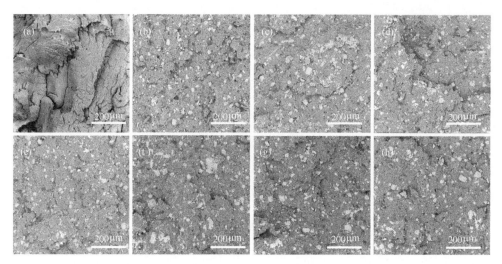

图 5.11 PLA 及 DCP 阻燃复合材料冲击断面的 SEM 照片

(a) PLA；(b) FRPLA；(c) 0.05DCP/FRPLA；(d) 0.1DCP/FRPLA；
(e) 0.15DCP/FRPLA；(f) 0.2DCP/FRPLA；(g) 0.4DCP/FRPLA；(h) 0.8DCP/FRPLA

口最为粗糙，这表明 DCP 加入所形成的交联结构能有效提升 FRPLA 基体的界面结合力，进而提升 PLA 复合材料的力学性能。而随着 DCP 的进一步加入，可以看出断面粗糙程度与 FRPLA 相似，表现为脆性断裂，在凝胶含量的测试中，DCP/FRPLA 均可形成交联结构，而较低的交联结构并无法有效提升基体的力学性能，这是因为 DCP 作为引发剂，在热的情况下打开 PLA 上的位点，这也将造成 PLA 长链分子断链形成短链分子，因此导致力学性能的下降。PLA 及其复合材料冲击样品缺口的 SEM 图表明，适量 DCP 的加入所生成的交联结构能有效提升 FRPLA 的力学性能。

5.2.3 DCP 交联阻燃聚乳酸的力学性能

PLA 凝胶含量及冲击样品测试结果证实了交联结构的存在以及其对 PLA 基体力学性能的促进效果。为更明显地说明交联结构所带来的力学性能的改善，对 PLA 及其复合材料的力学性能进行了测试，其拉伸强度、断裂伸长率以及冲击强度等变化如图 5.12 所示（样品编号同表 5.6），详细数据如表 5.8 所示。

与纯 PLA 相比，添加 FR 后拉伸强度、断裂伸长率和冲击强度分别下降了 40.8%、38.7% 和 18.6%。这与 SEM 断裂面的结果相符，表明阻燃剂的加入将充当填料，进而形成海岛结构降低了相的界面力，进而导致 PLA 力学性能的降低。如图所示，在加入 DCP 后，PLA 复合材料的断裂伸长率均有所降低，这应该是由

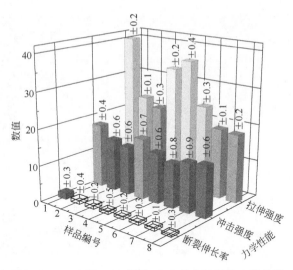

图 5.12　PLA 及 DCP 阻燃 PLA 复合材料的力学性能

于 DCP 的引入，导致长链 PLA 断链生成了短链 PLA。0.1DCP/FRPLA 的冲击强度远高于 FRPLA，其冲击强度达 16.69kJ/m²，接近于纯 PLA 的冲击强度，相比于 FRPLA 提高了 16.4%，也是 DCP/FRPLA 样品中冲击强度最高的组分。此外，0.1DCP/FRPLA 的拉伸强度也高达 33.43MPa，相比于 FRPLA 提高了 40.7%，这表明加入 DCP 所生成的交联结构能有效地提高 PLA 基体界面结合力，进而提高 PLA 复合材料的力学性能。随着 DCP 的进一步添加，可以观察到 DCP/FRPLA 拉伸强度逐渐降低。这一方面归因于过量的 DCP 导致更多的 PLA 长链断开形成短链，另一方面，凝胶含量的降低意味着 PLA 基体内交联结构比例的减少，从而导致其整体性能逐渐下降。力学性能测试结果表明，适宜的 DCP 能促进 PLA 生成有效的交联结构并大幅度提升 FRPLA 的力学性能。

表 5.8　PLA 及 DCP 阻燃 PLA 复合材料的力学性能测试结果

样品	拉伸强度/MPa	断裂伸长率/%	冲击强度/(kJ/m²)
PLA	40.16±0.2	1.68±0.3	17.62±0.8
FRPLA	23.76±0.1	1.03±0.4	14.34±0.6
0.05DCP/FRPLA	21.53±0.3	1.06±0.2	13.38±1.0
0.1DCP/FRPLA	33.43±0.2	0.74±0.5	16.69±1.5
0.15DCP/FRPLA	36.22±0.4	0.83±0.3	13.88±1.2
0.2DCP/FRPLA	24.56±0.3	0.86±0.3	12.20±1.6
0.4DCP/FRPLA	19.22±0.1	0.78±0.1	13.58±2.3
0.8DCP/FRPLA	18.78±0.2	0.51±0.3	14.12±1.2

5.2.4　DCP 交联阻燃聚乳酸的阻燃性能

5.2.4.1　极限氧指数及垂直燃烧测试结果分析

力学测试结果表明交联结构有利于 FRPLA 提升其力学性能，因而接下来通过极限氧指数（LOI）和垂直燃烧试验来研究 PLA 及其复合材料的燃烧性能，测试结果如图 5.13 所示（样品编号同表 5.6）。

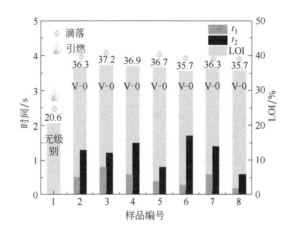

图 5.13　PLA 及 DCP 阻燃 PLA 复合材料极限氧指数及垂直燃烧测试结果

如图所示，纯 PLA 的 LOI 值仅为 20.6%，燃烧时伴有严重的滴落并引燃脱脂棉，UL 94 为无级别。添加 FR 后，FRPLA 的 LOI 值提高到 36.3%，但燃烧时仍伴随着小部分滴落，不过未引燃脱脂棉，故达到了 UL 94 V-0 级。加入 DCP 后，可以看出，DCP/FRPLA 样品的 LOI 值变化不大，这表明由 DCP 所形成的交联网络结构对 PLA 复合材料的 LOI 值影响较小。值得注意的是，在加入 DCP 后，DCP/FRPLA 体系大部分仍有滴落，仅有 0.1DCP/FRPLA 体系无滴落现象，这表明较强的交联网络结构能在基体燃烧时有效促进炭层的形成。这与力学性能测试结果相符，适量 DCP 的引入是提升 FRPLA 阻燃性能的必要条件。

5.2.4.2　锥量测试结果分析

为进一步研究 DCP 对 FRPLA 阻燃性能的影响，通过锥形量热仪对纯 PLA 及其复合材料的燃烧性能进行了深入研究。在锥形量热测试中，每组测试时间为 600s，纯 PLA 及 PLA 复合材料的 HRR 随时间变化曲线如图 5.14 所示，其 TTI、THR、质量损失以及 TSP 等其他详细数据如表 5.9 所示。

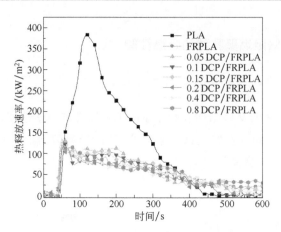

图 5.14　PLA 及 DCP 阻燃 PLA 复合材料的 HRR 曲线图

表 5.9　PLA 及 DCP 阻燃 PLA 复合材料的锥量测试数据

样品	TTI/s	pk-HRR/ (kW/m²)	av-HRR/ (kW/m²)	THR/ (MJ/m²)	av-MLR/ (g/s)	残炭率(质量分数)/%	TSR/ (m²/m²)
PLA	39	384	119	67	0.069	1.2	22.6
FRPLA	37	119	43	42	0.034	22.6	563.2
0.05DCP/FRPLA	34	131	59	34	0.044	36.0	456.9
0.1DCP/FRPLA	33	128	55	30	0.042	41.8	475.2
0.15DCP/FRPLA	31	136	58	35	0.045	44.6	292.3
0.2DCP/FRPLA	32	120	52	29	0.041	33.5	370.6
0.4DCP/FRPLA	33	124	53	29	0.040	44.6	364.3
0.8DCP/FRPLA	35	122	57	35	0.041	40.9	319.3

　　由图 5.14 可知，纯 PLA 仅燃烧 500s，在 119s 时便达到峰值热释放速率（384kW/m²），燃烧曲线仅有一个燃烧峰。与纯 PLA 相比，FRPLA 在 54s 时达到 pk-HRR，为 119kW/m²。而在 pk-HRR 之后还发现了 149s 和 257s 处的两个峰，这是由燃烧时所生成的不致密炭层二次烧破所致。在添加 DCP 后，所有 DCP/FRPLA 复合体系的 HRR 均有略微的提升。这意味着单独加入 DCP 对阻燃 PLA 阻燃性能影响较低。

　　从表 5.9 中可以看出，DCP 的加入略微提前了 TTI，这归因于 DCP 的加入促使 PLA 生成部分小分子链段。纯 PLA 的 THR 为 67MJ/m²，在加入 FR 后，其总热释放量（42MJ/m²）得到了有效地抑制，这意味着 FR 的加入能有效地抑制 PLA 基体的燃烧，随着 DCP 的加入，DCP/FRPLA 的 THR 相比于 FRPLA 均有不小的降低，这意味着交联结构的引入能有效地抑制 PLA 基体的燃烧，并降低 PLA 燃烧时的 THR，与 FRPLA 相比，0.1DCP/FRPLA 的 THR 降低了 28.6%。此外，纯 PLA 燃烧结束后的残炭率极低，仅 1.2%，说明 PLA 在燃烧过程中得到了充分的燃烧。加入 FR 后，其残炭率为 22.6%，这表明阻燃体系的加入有效地促进了燃烧过程中成炭的过程，进而保护下层 PLA 基体，从而起到阻燃的效果。随着 DCP 的引入，可以发现 DCP/FRPLA 体系的最终残炭率均远高于 FRPLA，这与 THR 的结果相符，意味着交联结构在燃烧时所形成的炭层能有效地保护下层基体，进而使得残炭率大幅度提升。其中 0.15DCP/FRPLA 及 0.4DCP/FRPLA 的最终残炭率达 44.6%，提高了 97.4%。而凝胶含量测试中交联结构最多的 0.1DCP/FRPLA 最终残炭率提高了 85.0%，这可以归因于更多的 DCP 引入将导致更多的小分子链 PLA 形成，而这些物质更容易被炭层所保护进而遗留在最终产物中。因而随着 DCP 的引入，尽管交联结构比例有一定的降低，但最终残炭率反而有一定的提升。纯 PLA 的 TSR 为 22.6m^2/m^2，这表明纯 PLA 得到充分的燃烧，FR 的加入抑制了 PLA 基体的充分燃烧，使不充分燃烧产物释放到烟气中，因而 FRPLA 的 TSR 提升至 563.2m^2/m^2。随着 DCP 的加入，DCP/FRPLA 体系的 TSR 均低于 FRPLA，表明更多的分解碎片被交联结构保留在凝聚相中。

5.2.4.3　残炭的数码照片及微观形貌分析

锥量测试后残炭的宏观和微观形貌能更进一步深入地了解 PLA 复合材料的阻燃机理，因此，其残炭数码照片以及 SEM（400×）照片如图 5.15 和图 5.16 所示。

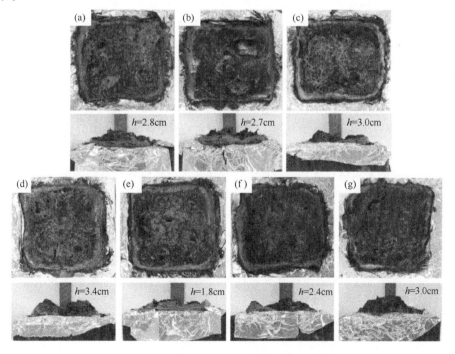

图 5.15　DCP 阻燃 PLA 复合材料残炭数码照片

(a) FRPLA；(b) 0.05DCP/FRPLA；(c) 0.1DCP/FRPLA；(d) 0.15DCP/FRPLA；

(e) 0.2DCP/FRPLA；(f) 0.4DCP/FRPLA；(g) 0.8DCP/FRPLA

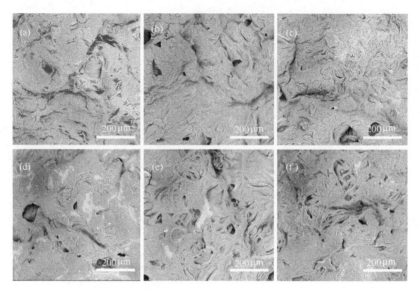

图 5.16　DCP 阻燃 PLA 复合材料的 SEM 照片
(a) FRPLA；(b) 0.05DCP/FRPLA；(c) 0.1DCP/FRPLA；(d) 0.15DCP/FRPLA；
(e) 0.2DCP/FRPLA；(f) 0.4DCP/FRPLA；(g) 0.8DCP/FRPLA

如图 5.15(a) 所示，阻燃剂的引入有效促进了残炭的形成，进而保护下层 PLA 基体免于燃烧，FRPLA 炭层高度达 2.8cm，形状较为完整，属于典型的膨胀型阻燃剂。随着 DCP 的引入，可以看出 0.15DCP/FRPLA 的残炭有较为完整的外观以及较高的残炭高度（3.4cm），这意味着交联结构的引入能有效促进残炭的形成，并且使炭层相对更为完整。然而随着 DCP 添加量的提升，残炭的形状重新趋于不完整以及不致密，这是因为较多的 DCP 催化断链更多的 PLA 长链为小分子链 PLA，进而使得整体交联结构比例降低，导致炭层保护能力降低。此外，0.2DCP/FRPLA 的炭层高度仅为 1.8cm，这意味着 DCP 催化形成的小分子 PLA 长链在较弱的炭层保护下更易燃烧。而随着 DCP 继续增加，可以发现，炭层的高度重新增加，这是因为更多的 DCP 产生更多的交联结构体系，进而使得炭层高度以及致密性有略微提升。

残炭的 SEM 照片如图 5.16 所示。FRPLA 的炭层较为致密，但仍有较大的孔洞，而随着 DCP 的进一步引入，0.1DCP/FRPLA 的炭层相较于 FRPLA 显得更为紧密，这表明有效的交联结构能明显提高 PLA 熔体燃烧时的黏度，进而生成更为紧密的炭层，但其表面仍有部分孔洞。此外，其余 DCP/FRPLA 的残炭表面也有部分孔洞，这表明 DCP 的单独加入无法进一步提升 FRPLA 的阻燃效果。

5.2.5　DCP 交联阻燃聚乳酸的热性能

为研究交联结构对 PLA 复合材料热稳定性的影响，在 N_2 气氛下，通过 TG

分析研究了纯 PLA 和 PLA 复合材料的热性能，其 TG 曲线如图 5.17 所示。初始分解温度、最大分解温度和在 800℃时残炭率见表 5.10。

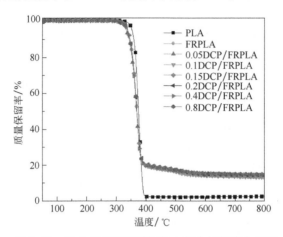

图 5.17　PLA 及 DCP 阻燃 PLA 复合材料热失重图

表 5.10　PLA 及 DCP 阻燃 PLA 复合材料热重数据

样品	在 N$_2$ 气氛下		
	T_{onset}/℃	T_{max}/℃	800℃时的残炭率（质量分数）/％
PLA	353.1	375.3	2.87
FRPLA	337.6	369.6	13.07
0.05DCP/FRPLA	332.6	368.1	13.19
0.1DCP/FRPLA	338.3	369.4	13.39
0.15DCP/FRPLA	338.1	369.3	13.55
0.2DCP/FRPLA	338.0	369.1	14.49
0.4DCP/FRPLA	337.9	368.9	14.71
0.8DCP/FRPLA	338.0	369.1	15.01

从图 5.17 中可以看出，纯 PLA 在 N$_2$ 气氛下的 T_{onset} 为 353.1℃，T_{max} 发生在 375.3℃。与纯 PLA 相比，阻燃剂的加入使 T_{onset} 值和 T_{max} 值提前，这是因为阻燃剂提前分解从而导致 FRPLA 分解温度提前。对于 DCP/FRPLA 体系，DCP 的加入对 FRPLA 的初始分解温度无太大影响，这表明，DCP 对 FRPLA 复合材料的热稳定性影响较低。而凝胶含量测试表明，DCP 的加入使得 PLA 基体中生成了较多的交联结构，热重测试残炭表明，DCP 的引入并未大幅度提升最终残炭的总量。这可以归因于两方面影响，一方面 DCP 促使 PLA 生成的小分子链段难以保存在最终产物中进而导致其残炭率降低；但另一方面，难以降解的交联结构保留与最终产物共存进而使得残炭率提升，因而最终导致 800℃时最终残炭率变化不大。

5.2.6 DCP 交联阻燃聚乳酸的阻燃机理

DCP 引发 PLA 的机理示意如图 5.18 所示。DCP 引发剂的加入，能有效地促使 PLA 生成交联结构，但在高温情况下时，部分 DCP 打开 PLA 的位点，导致 PLA 长链断链分解形成短链结构，因而交联结构能有利于提高 PLA 复合材料的力学性能。但过量 DCP 的加入将更利于 PLA 分解，通常而言，单独加入 DCP 的量比较小时才可满足力学性能的要求。但阻燃性能测试结果表明，在 DCP 加入量合适时，DCP 对 PLA 复合材料阻燃性能的促进有限，交联结构的存在能有效提升 PLA 复合材料的最终残炭率。

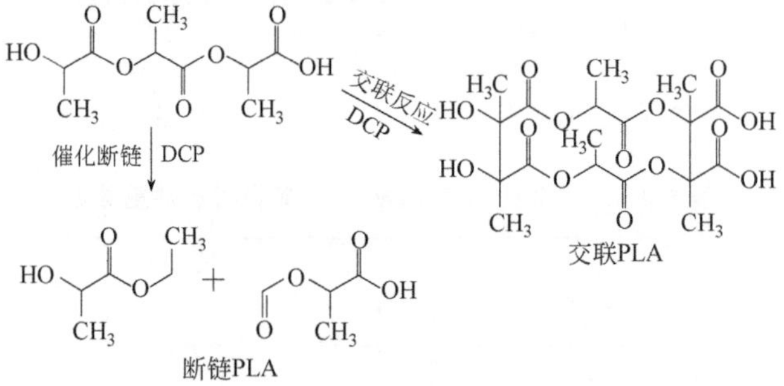

图 5.18 DCP 引发 PLA 机理

5.2.7 小结

以 DCP 结合三嗪以及 APP 制备阻燃 PLA 复合材料，并对其阻燃性能和力学性能进行分析研究。研究结果表明，DCP 的引入能有效生成微交联阻燃 PLA 体系。当加入 0.1%DCP 时，PLA 复合体系的凝胶含量达 15.5%。0.1DCP/FRPLA 体系能同时保持阻燃性能和力学性能的良好效果，与 FRPLA 相比，0.1DCP/FRPLA 的力学性能（拉伸强度和冲击强度）分别提高了 40.7%、16.4%。凝胶含量测试和力学性能测试结果表明，交联结构的存在可以有效改善 FRPLA 的力学性能。此外，锥形量热仪测试结果表明，0.1DCP/FRPLA 的 HRR 较 FRPLA 略有提高，而 THR 和 TSR 则有所降低，最终残炭率比 FRPLA 提高了 85.0%。

测试结果表明，尽管微量的 DCP 引入便可使 PLA 复合材料的力学性能有较大的提升，但 DCP 的引入同时也带来了 PLA 链段断开并生成小分子链段，因此 DCP 的加入对 PLA 复合材料的阻燃性能提升较弱，考虑到 DCP 打开 PLA 位点，因此后续将研究如何提高此类交联结构的综合性能。

5.3 引发剂 DCP 和交联剂 TAIC 交联阻燃聚乳酸体系的筛选及其性能优化

在 5.2 节中，研究了 DCP 引发剂促使 PLA 产生自交联体系，并研究了 PLA 复合材料的综合性能。研究发现，微量的 DCP 便可赋予 PLA 复合材料良好的力学性能，但 DCP 对阻燃性能方面无太大影响。研究发现，TAIC 是一种常用的交联剂，

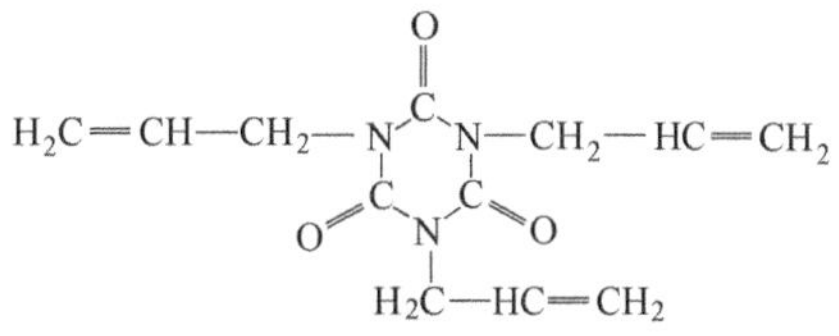

图 5.19　TAIC 结构式

通常用于硫化橡胶，结构式如图 5.19 所示。基于此，为获取更优效果的阻燃 PLA 复合材料，将 DCP 与 TAIC 结合，制备了 PLA 复合材料并研究了其综合性能以及机理。

5.3.1 PLA/DCP/TAIC 交联阻燃复合材料的制备

首先将所有原料在真空烘箱中 120℃烘干 6h。然后，在 190℃下，使用转矩流变仪，转速为 60r/min，先将 PLA 与 DCP 和 TAIC 混合共混 3min，再加入 APP 和三嗪类阻燃剂，在相同的工艺条件下，共混 5min。共混结束后，将制备好的物料转移至模具上，在 190℃下预热 6min，然后在 10MPa 下加压，冷却 5min，得到阻燃测试及力学测试标准样品。考虑到 TAIC 有三个侧基，故而 DCP∶TAIC（质量比）以 1∶3、1∶1 以及 3∶1 的比例制定配方。在第 3 章的研究中，发现 DCP 加入过多将导致 PLA 力学性能降低，故而控制 DCP 最多加入至 0.9%。PLA 复合材料的配比见表 5.11。

表 5.11　PLA 及 DCP/TAIC 阻燃 PLA 复合材料配方

编号①	样品	PLA/g	三嗪		APP		DCP		TAIC	
			/g	/%（质量分数）	/g	/%（质量分数）	/g	/%（质量分数）	/g	/%（质量分数）
1	PLA	200	0	0	0	0	0	0	0	0
2	FRPLA	160	8	4	32	16	0	0	0	0
	0.15DCP/0.05TAIC/FRPLA	160	8	4	32	16	0.24	0.15	0.08	0.05
	0.15DCP/0.15TAIC/FRPLA	160	8	4	32	16	0.24	0.15	0.24	0.15
	0.15DCP/0.45TAIC/FRPLA	160	8	4	32	16	0.24	0.15	0.72	0.45
	0.3DCP/0.1TAIC/FRPLA	160	8	4	32	16	0.48	0.3	0.16	0.1

续表

编号[①]	样品	PLA/g	三嗪		APP		DCP		TAIC	
			/g	/%(质量分数)	/g	/%(质量分数)	/g	/%(质量分数)	/g	/%(质量分数)
3	0.3DCP/0.3TAIC/FRPLA	160	8	4	32	16	0.48	0.3	0.48	0.3
4	0.3DCP/0.9TAIC/FRPLA	160	8	4	32	16	0.48	0.3	1.44	0.9
5	0.9DCP/0.3TAIC/FRPLA	160	8	4	32	16	1.44	0.9	0.48	0.3
6	0.9DCP/0.9TAIC/FRPLA	160	8	4	32	16	1.44	0.9	1.44	0.9
7	0.9DCP/2.7TAIC/FRPLA	160	8	4	32	16	1.44	0.9	4.32	2.7

① 该编号对应下文图 5.21 和图 5.22。

5.3.2　交联结构分析

5.3.2.1　凝胶含量测试结果分析

依据前文研究，凝胶含量测试可确定体系内交联结构的生成，因此对 FRPLA 以及 FRPLA 复合材料进行了凝胶含量测试，测试结果如表 5.12 所示。

表 5.12　DCP/TAIC 阻燃 PLA 复合材料凝胶含量测试结果

样品	凝胶含量/%
FRPLA	0
0.15DCP/0.05TAIC/FRPLA	3.9
0.15DCP/0.15TAIC/FRPLA	4.6
0.15DCP/0.45TAIC/FRPLA	22.6
0.3DCP/0.1TAIC/FRPLA	20.8
0.3DCP/0.3TAIC/FRPLA	30.0
0.3DCP/0.9TAIC/FRPLA	41.1
0.9DCP/0.3TAIC/FRPLA	31.6
0.9DCP/0.9TAIC/FRPLA	55.9
0.9DCP/2.7TAIC/FRPLA	61.1

测试结果表明，DCP 与 TAIC 可于 PLA 基体内形成有效的交联网络，其中 0.9DCP/2.7TAIC/FRPLA 的凝胶含量为 61.1%，是阻燃 PLA 复合材料中凝胶含量最高的。而且，当对不同 DCP 比例的体系进行对比时，可以发现在含 0.15% DCP 三组样品、0.3%DCP 三组样品以及 0.9%DCP 三组样品中，当 DCP：TAIC 为 1：3 时，其在该三组样品中的凝胶含量最高。在之前的研究中，体系的交联度均不超过 20%，过高的交联度是否能提升 PLA 复合材料的力学性能与阻燃性能，

这需要进一步的实验验证。

5.3.2.2　断口微观形貌分析

图 5.20 为 PLA 及其复合材料冲击试验后断口的 SEM（400×）照片。这些图像间接反映了 PLA 基体中的交联网络结构。

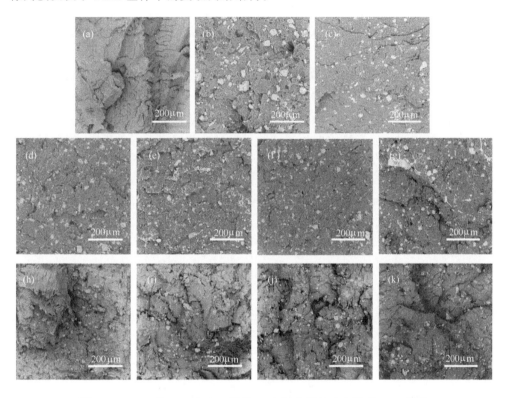

图 5.20　PLA 及 DCP/TAIC 阻燃 PLA 复合材料冲击断面 SEM 照片

(a) PLA；(b) FRPLA；(c) 0.15DCP/0.05TAIC/FRPLA；(d) 0.15DCP/0.15TAIC/FRPLA；
(e) 0.15DCP/0.45TAIC/FRPLA；(f) 0.3DCP/0.15TAIC/FRPLA；(g) 0.3DCP/0.3TAIC/FRPLA；
(h) 0.3DCP/0.9TAIC/FRPLA；(i) 0.9DCP/0.3TAIC/FRPLA；(j) 0.9DCP/0.9TAIC/FRPLA；
(k) 0.9DCP/2.7TAIC/FRPLA

从图 5.20 中可以看出，纯 PLA 的表面粗糙程度明显，这是因为 PLA 具备很强的韧性，在冲击时需要较强的能量，从而产生了韧性断裂。随着 FR 的加入，断裂口呈现出平缓的趋势，表现出脆性断裂，这表明 FR 的加入降低了 PLA 的力学性能。随着 DCP 与 TAIC 的加入，如图 5.20(c)～(f)所示，断裂平面与 FRPLA 相差不大，这表明 DCP 与 TAIC 产生的交联结构并不足以赋予 PLA 基体足够的力学性能。其断裂口表现为脆性断裂，随着 DCP 与 TAIC 含量的继续增加，从 0.3DCP/0.3TAIC/FRPLA［图 5.20(g)～(k)］组样品开始，PLA 复合材料断裂口处的粗糙程度明显改变，这意味着有效的交联结构可以明显提高 FRPLA 的力学性能。其中 0.3DCP/0.9TAIC/FRPLA［图 5.20(k)］以及 0.9DCP/0.9TAIC/FRP-LA［图 5.20(j)］的断裂口相比于其他几组 PLA 复合材料，明显表现为韧性断裂，并且粗糙程度高于其他体系，结合凝胶含量测试结果，意味着较高的交联结构是提升 PLA 复合材料力学性能的必要条件，但过高的交联结构并不利于材料的冲击。

5.3.3　PLA/DCP/TAIC 交联阻燃体系的力学性能

在缺口分析之后，为更有效地说明交联结构对力学性能的影响，进行了力学性能的测试，包括冲击测试以及拉伸测试，纯 PLA 及 PLA 复合材料的拉伸强度、断裂伸长率、冲击强度等详细数据如表 5.13 所示。为更直观地表现其影响，将 PLA、FRPLA 以及后五组比例的测试结果通过柱状图呈现，如图 5.21 所示，其中样品编号如表 5.11 所示。

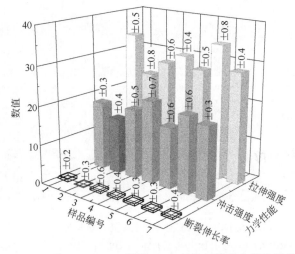

图 5.21　PLA 及 DCP/TAIC 阻燃 PLA 复合材料的力学性能柱状图

表 5.13　PLA 及 DCP/TAIC 阻燃 PLA 复合材料力学性能测试结果

样品	拉伸强度/MPa	断裂伸长率/%	冲击强度/(kJ/m²)
PLA	33.61±0.5	0.78±0.2	17.62±0.3
FRPLA	23.76±0.8	0.17±0.3	14.34±0.4
0.15DCP/0.05TAIC/FRPLA	16.06±0.4	0.65±0.2	8.44±0.7
0.15DCP/0.15TAIC/FRPLA	17.29±0.8	0.51±0.6	11.44±1.1
0.15DCP/0.45TAIC/FRPLA	15.43±0.6	0.46±0.2	10.49±0.7
0.3DCP/0.1TAIC/FRPLA	16.49±0.5	0.28±0.4	9.74±0.6
0.3DCP/0.3TAIC/FRPLA	27.62±0.6	0.53±0.5	17.81±0.6
0.3DCP/0.9TAIC/FRPLA	30.25±0.4	0.38±0.7	21.13±0.4

续表

样品	拉伸强度/MPa	断裂伸长率/%	冲击强度/(kJ/m²)
0.9DCP/0.3TAIC/FRPLA	27.44±0.5	0.61±0.6	15.60±0.3
0.9DCP/0.9TAIC/FRPLA	34.60±0.8	0.49±0.6	19.76±0.3
0.9DCP/2.7TAIC/FRPLA	28.57±0.4	0.49±0.3	18.45±0.4

　　在 SEM 测试中，纯 PLA 冲击缺口表现为韧性断裂，其力学性能较好，纯 PLA 的拉伸强度、断裂伸长率以及冲击强度分别为 33.61MPa、0.78% 以及 17.62kJ/m²。添加 FR 后，与纯 PLA 相比，其拉伸强度、断裂伸长率和冲击强度分别下降了 29.3%、78.2% 和 18.6%。阻燃剂的添加将导致 PLA 基体间相的界面结合力下降，从而导致力学性能降低。在添加 DCP 与 TAIC 后，可以明显地观察到在添加量较少的时候，PLA 复合材料的力学性能反而有所下降，这表明较低地交联结构无法有效地提升 PLA 的力学性能。随着加入的比例达到 0.3DCP/0.3TAIC/FRPLA 后，PLA 复合材料的力学性能均已优于 FRPLA，其中 0.9DCP/0.9TAIC/FRPLA 的拉伸强度高于纯 PLA，与 FRPLA 相比提升了 45.6%。并且其冲击强度也远高于 FRPLA，同时也高于纯 PLA，这表明当添加适量 DCP 与 TAIC 时，其在 PLA 基体内生成的交联结构能够提升 PLA 复合材料的力学性能，甚至使 PLA 复合材料的力学性能超越纯 PLA。此外，值得一提的是，当添加 0.3DCP/0.9TAIC 时，PLA 复合材料的冲击强度达 21.13kJ/m²，相比于纯 PLA，提升了 19.9%，这意味着可以通过调节 DCP 与 TAIC 的比例以获取具备更优良性能的 PLA 复合材料。

5.3.4　PLA/DCP/TAIC 交联阻燃体系的阻燃性能

5.3.4.1　极限氧指数及垂直燃烧测试结果分析

　　通过极限氧指数和垂直燃烧试验研究了 PLA 及其复合材料的燃烧性能，为更好地对比交联结构对阻燃性能的影响，对 PLA、FRPLA 以及后五组样品做柱状图显示，如图 5.22 所示（样品编号同表 5.11），其余具体数值如表 5.14 所示。

　　如图 5.22 所示，纯 PLA 的 LOI 值仅达到了 20.6%，表现出了较强的易燃性。随着 FR 的加入，FRPLA 的 LOI 值提升到 36.3% 左右，表现出了优良的阻燃效果。随着 DCP 以及 TA-

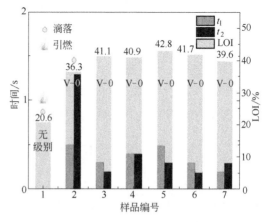

图 5.22　PLA 及 DCP/TAIC 阻燃 PLA 复合材料的极限氧指数及垂直燃烧测试结果柱状图

IC 的加入，所有 DCP/TAIC/FRPLA 的 LOI 值均高于 FRPLA，这表明 DCP 与 TAIC 所形成的交联结构能有效提高 PLA 复合材料的阻燃性能。此外，在上述力学性能测试中表现较优良的五组样品，相比于 FRPLA，其 LOI 值均提升 8% 以上，其中 0.9DCP/0.3TAIC/FRPLA 的 LOI 值提高到了 42.8%，这意味着有效的交联结构是提升 PLA 复合材料 LOI 值的必要条件。

表 5.14　PLA 及 DCP/TAIC 阻燃 PLA 复合材料的极限氧指数及垂直燃烧测试结果

样品	LOI/%	余焰时间		UL94 级别	滴落	引燃
		t_1/s	t_2/s			
PLA	20.6	—	—	—	是	是
FRPLA	36.3	0.5	1.3	V-0	是	否
0.15DCP/0.05TAIC/FRPLA	39.4	1.1	0.4	V-2	是	是
0.15DCP/0.15TAIC/FRPLA	40.1	0.6	0.5	V-2	是	是
0.15DCP/0.45TAIC/FRPLA	41.6	0.7	0.5	V-2	是	是
0.3DCP/0.1TAIC/FRPLA	40.3	0.4	0.3	V-2	是	是
0.3DCP/0.3TAIC/FRPLA	41.1	0.3	0.2	V-0	否	否
0.3DCP/0.9TAIC/FRPLA	40.9	0.4	0.4	V-0	否	否
0.9DCP/0.3TAIC/FRPLA	42.8	0.5	0.3	V-0	否	否
0.9DCP/0.9TAIC/FRPLA	41.7	0.4	0.4	V-0	否	否
0.9DCP/2.7TAIC/FRPLA	39.6	0.2	0.3	V-0	否	否

如表 5.14 所示，纯 PLA 燃烧到固定装置上。随着 FR 的加入，FRPLA 的 t_1 和 t_2 仅为 0.5s 和 1.3s，虽然燃烧过程中有滴落，但并不引燃夹具，故而达到了 UL 94 V-0 级别。在 DCP 与 TAIC 加入后，0.15DCP/TAIC/FRPLA 三组样品以及 0.3DCP/0.1TAIC/FRPLA 燃烧时均伴随着滴落，并且引燃脱脂棉，故而仅达到了 UL 94 V-2 级。这表明，较低的交联结构比例并不能在燃烧时生成较为凝固的炭层，从而抑制 PLA 复合材料的滴落。随着 DCP 与 TAIC 加入比例的提高，交联结构含量进一步提升，进而剩余的 DCP/TAIC/FRPLA 复合材料的 UL 94 均达到了 V-0 级别，燃烧过程中无滴落现象。并且值得一提的是，未滴落 DCP/TAIC/FRPLA 样品的 t_1 和 t_2 仅仅只有 0.3~0.5s，这意味着点燃之后火焰立即自熄，从而表明了较强的交联结构能有效地提高 PLA 的阻燃性能。

5.3.4.2　锥形量热测试结果分析

采用锥形量热仪对纯 PLA 及 PLA 复合材料的燃烧性能进行了研究，其点燃时间、热释放速率、总热释放量、总烟释放量和质量损失等结果见表 5.15。此外，考虑到样品过多，故将纯 PLA 和 PLA 复合材料的 HRR 随时间的变化以三张图示出，结果如图 5.23 所示。

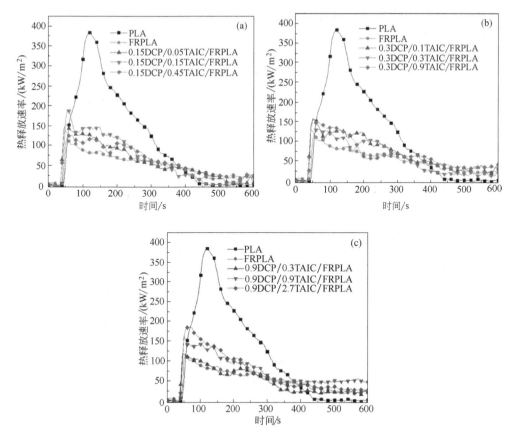

图 5.23　PLA 及 DCP/TAIC 阻燃复合材料的 HRR 曲线图

（a）0.15％DCP/FRPLA 体系；（b）0.3％DCP/FRPLA 体系；（c）0.9％DCP/FRPLA 体系

表 5.15　**PLA 及其复合材料的锥形量热测试数据表**

样品	TTI/s	pk-HRR /(kW/m²)	av-HRR /(kW/m²)	THR /(MJ/m²)	av-MLR /(g/s)	残炭率(质量分数)/%	TSR/(m² /m²)
PLA	39	384	119	67	0.069	1.2	22.6
FRPLA	37	119	43	42	0.034	22.6	563.2
0.15DCP/0.05TAIC/FRPLA	29	154	61	34	0.041	41.8	455.8
0.15DCP/0.15TAIC/FRPLA	34	188	66	37	0.046	37.5	466.7
0.15DCP/0.45TAIC/FRPLA	30	137	63	36	0.044	37.1	357.4
0.3DCP/0.15TAIC/FRPLA	30	158	72	41	0.047	37.1	420.1
0.3DCP/0.3TAIC/FRPLA	30	132	50	36	0.039	35.7	467.7
0.3DCP/0.9TAIC/FRPLA	32	156	70	39	0.043	41.8	222.3
0.9DCP/0.3TAIC/FRPLA	32	118	51	29	0.038	46.0	356.9
0.9DCP/0.9TAIC/FRPLA	33	164	77	44	0.049	35.8	267.4
0.9DCP/2.7TAIC/FRPLA	34	185	71	42	0.052	27.1	535.8

由图 5.23 可知，纯 PLA 燃烧迅速，在 500s 内燃烧殆尽并伴随着一个燃烧峰。在 119s 时便达到了峰值热释放速率（384kW/m²）。随着 FR 的加入，FRPLA 的燃烧曲线表现出典型的膨胀型阻燃剂燃烧峰值，在 54s 时其 pk-HRR 为 119kW/m²。而之后也在 149s 和 257s 处发现了二次、三次燃烧峰值，这意味着 FRPLA 在燃烧过程中生成的炭层不够致密，因而在继续燃烧过程中被火焰烧破从而形成二次甚至三次燃烧峰值。如图 5.23(a) 所示，在添加 0.15%DCP 时，DCP/TAIC/FRPLA 复合材料的 HRR 均有所提高，也出现了两次甚至三次燃烧峰，这意味着较低含量的交联结构无法有效地促进生成的炭层更为致密。同样地，5.23(b) 中的 0.3%DCP 比例下三组样品的 HRR 也均有所提升。值得注意的是，当比例达到 0.9DCP/0.3TAIC/FRPLA 时，其 HRR 曲线与 FRPLA 极为接近，且其 pk-HRR（118kW/m²）值略低于 FRPLA，这表明有效的交联结构能抑制基体的燃烧。

纯 PLA 及其复合材料的 TTI、THR、av-HRR、TSR 和最终残炭率如表 5.15 所示。与 FRPLA 相比，DCP 以及 TAIC 的加入明显提前了 TTI，而之前的研究表明 DCP 对 FRPLA 的 TTI 无影响，这意味着 TAIC 的加入能使 FRPLA 材料提前点燃。与纯 PLA 相比，FRPLA 的 THR 值由 67MJ/m² 降低至 42MJ/m²。在添加 DCP 以及 TAIC 后，DCP/TAIC/FRPLA 所有样品的 THR 均有所降低，这意味着有效交联结构的生成能抑制材料基体的完全燃烧，从而降低 PLA 复合材料的 THR。0.9DCP/0.3TAIC/FRPLA 的 THR 仅为 29MJ/m²，相比于 FRPLA，降低了 30.9%，这意味着交联结构能有效地提升 PLA 复合材料的阻燃性能。此外，纯 PLA 的最终残炭率仅为 1.2%，而 FRPLA 的最终残炭率达 22.6%，这表明 FR 的加入有助于提高 PLA 的成炭能力。随着 DCP 以及 TAIC 的加入，DCP/TAIC/FRPLA 复合材料的最终残炭率均有明显的提升，其中 0.9DCP/0.3TAIC/FRPLA 的残炭率（46.0%）提升了 103.5%，是 FRPLA 最终残炭率的两倍以上。残炭率的提高主要是由于 PLA 复合材料中形成了交联网络结构。而随着交联结构比例的进一步提升，PLA 基体内交联结构过多导致无法形成有效的保护炭层，从而导致最终残炭率降低，如 0.9DCP/2.7TAIC/FRPLA 的残炭率仅为 27.1%。

5.3.4.3　残炭的数码照片及微观形貌分析

通过对锥形量热试验残炭的形貌进行分析，深入了解 PLA 复合材料的阻燃机理。PLA 复合材料的宏观和微观形貌如图 5.24 和图 5.25 所示。

从图 5.24(a) 中可以发现，阻燃剂的加入促进了残炭的生成，最终残炭高度约为 2.8cm。随着 DCP 与 TAIC 的加入，可以看出表面炭层膨胀得更为规则，这表明交联结构的存在能有效地提升 PLA 基体燃烧时熔体的黏度，从而促进炭层的形成。其中 0.3DCP/0.3TAIC/FRPLA 的炭层高度达到了 3.8cm，其炭层也较为致密。随着交联结构的进一步增加，可以明显观察到炭层的高度逐渐降低，这是

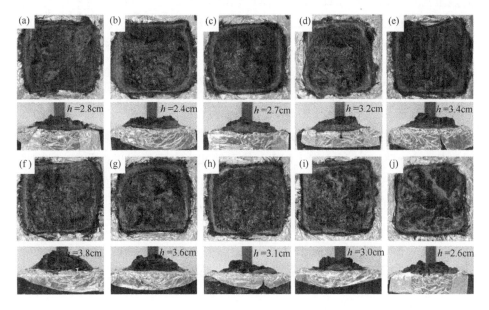

图 5.24　PLA 及 DCP/TAIC 阻燃 PLA 复合材料残炭的数码照片

(a) FRPLA；(b) 0.15DCP/0.05TAIC/FRPLA；(c) 0.15DCP/0.15TAIC/FRPLA；

(d) 0.15DCP/0.45TAIC/FRPLA；(e) 0.3DCP/0.15TAIC/FRPLA；(f) 0.3DCP/0.3TAIC/FRPLA；

(g) 0.3DCP/0.9TAIC/FRPLA；(h) 0.9DCP/0.3TAIC/FRPLA；(i) 0.9DCP/0.9TAIC/FRPLA；

(j) 0.9DCP/2.7TAIC/FRPLA

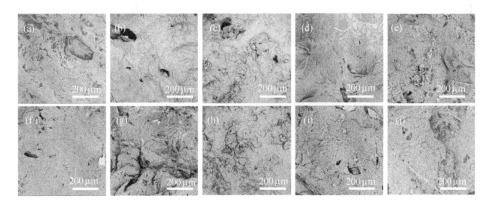

图 5.25　PLA 及其复合材料残炭的 SEM 照片

(a) FRPLA；(b) 0.15DCP/0.05TAIC/FRPLA；(c) 0.15DCP/0.15TAIC/FRPLA；

(d) 0.15DCP/0.45TAIC/FRPLA；(e) 0.3DCP/0.15TAIC/FRPLA；(f) 0.3DCP/0.3TAIC/FRPLA；

(g) 0.3DCP/0.9TAIC/FRPLA；(h) 0.9DCP/0.3TAIC/FRPLA；(i) 0.9DCP/0.9TAIC/FRPLA；

(j) 0.9DCP/2.7TAIC/FRPLA

因为过量的交联结构将导致 PLA 基体燃烧时无法形成足够的炭层来包覆下层基材，尽管所形成的炭层具备有效的保护度，但无法形成膨胀且致密的完整炭层。这意味着，有效的交联结构能促进炭层的生成，进而在燃烧过程中更好地保护下层基体。

从图 5.25 中不难发现，随着 FR 的加入，尽管有效地生成了炭层，但其最终炭层表面仍有较多的孔洞。而随着 DCP 与 TAIC 的引入，表面炭层孔洞减少，这是因为交联结构的存在提升了 PLA 基体燃烧时熔体的黏度，进而生成较为致密的炭层。其中 0.9DCP/0.3TAIC/FRPLA 体系的残炭表面形貌更为致密，且孔洞极少，这与锥形量热的测试结果也相符。而随着 DCP 与 TAIC 的量进一步提升，尽管凝胶含量有继续增加，但过多的交联结构使其燃烧时成炭的羟基、羧基减少，进而炭层的致密性以及完整性有明显的降低。

5.3.5 PLA/DCP/TAIC 交联阻燃体系的热性能

在 N_2 气氛下，通过 TG 分析研究了纯 PLA 和 PLA 复合材料的热稳定性，TG 曲线如图 5.26 所示。初始分解温度、最大分解温度和在 800℃时残炭率见表 5.16。

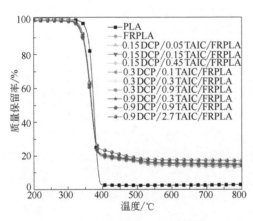

图 5.26 PLA 及 DCP/TAIC 阻燃 PLA
复合材料的热失重曲线

从图 5.26 中可以看出，纯 PLA 在 N_2 气氛下的 T_{onset} 为 353.1℃，T_{max} 发生在 375.3℃。与纯 PLA 相比，阻燃剂的加入提前了 PLA 基体的 T_{onset} 值和 T_{max} 值。这是因为阻燃剂提前让 PLA 基体分解，从而使 PLA 整体初始分解温度及最大分解温度提前。在加入 DCP 与 TAIC 后，DCP/TAIC/FRPLA 体系 T_{onset} 值变化不大，但随着 DCP 与 TAIC 的含量进一步提高，0.9DCP/2.7TAIC/FRPLA 的 T_{onset} 值为 339.9℃，这是因为 PLA 基体中含有过多的交联结构。而 DCP/TAIC/FRPLA 体系的 T_{max} 值也无明显变化。随着交联结构的引入，DCPDCP/TAIC/FRPLA 体系的最终残炭率均高于 FRPLA，其中 0.9DCP/2.7TAIC/FRPLA 的最终残炭率为 17.11%，相比于 FRPLA 提高了 30.9%，这是因为交联网络结构在加热时难以降解进而残留在最终产物中。

表 5.16　**PLA 及 DCP/TAIC 阻燃 PLA 复合材料的热重数据表（在 N$_2$ 气氛下）**

样品	$T_{onset}/℃$	$T_{max}/℃$	800℃时的残炭率(质量分数)/%
PLA	353.1	375.3	2.87
FRPLA	337.6	369.6	13.07
0.15DCP/0.05TAIC/FRPLA	337.5	369.6	15.53
0.15DCP/0.15TAIC/FRPLA	336.1	368.1	14.63
0.15DCP/0.45TAIC/FRPLA	336.8	366.3	14.17
0.3DCP/0.1TAIC/FRPLA	337.9	369.6	15.21
0.3DCP/0.3TAIC/FRPLA	337.1	367.2	16.71
0.3DCP/0.9TAIC/FRPLA	336.8	366.3	14.19
0.9DCP/0.3TAIC/FRPLA	334.3	368.0	14.64
0.9DCP/0.9TAIC/FRPLA	336.5	366.3	14.44
0.9DCP/2.7TAIC/FRPLA	339.9	366.3	17.11

5.3.6　小结

本节在 4.2 节的基础上，结合 TAIC 制备了 DCP/TAIC/FRPLA 复合材料，并对其阻燃性能和力学性能进行分析，而后对 DCP 与 TAIC 之间的协同效应也进行了进一步的研究分析。研究结果表明，当加入 0.9DCP/2.7TAIC 时，复合材料的凝胶含量达到了 61.1%，这意味着 DCP 与 TAIC 能有效地形成交联体系。力学性能测试结果表明，并非凝胶含量越高，力学性能越好。当凝胶含量在 30%～50% 范围内时，可使 FRPLA 的力学性能得到改善，其中 0.9DCP/0.9TAIC/FRPLA 的拉伸强度、冲击强度达 34.60MPa 和 19.76kJ/m^2，是所有 DCP/TAIC/FRPLA 复合材料中综合性能最佳的比例。阻燃测试结果表明，适量的凝胶含量能有效地提升 PLA 复合材料的阻燃性能，但过量的凝胶含量将导致 PLA 基体燃烧时无法形成足够的炭层，进而阻燃性能降低。其中 0.9DCP/0.3TAIC/FRPLA 的 LOI 值达 42.8%，锥量测试结果表明 0.9DCP/0.3TAIC/FRPLA 能有效地提升 FRPLA 的阻燃性能。

5.4 优化比例的 DCP/TAIC 交联阻燃聚乳酸体系性能研究和机理分析

在 5.3 节中，研究了不同比例 DCP 与 TAIC 对 PLA 中交联结构含量的影响，以及不同交联结构含量对 PLA 复合材料阻燃性能和力学性能的影响。然而 DCP 作为一种引发剂本身便可使 PLA 产生交联结构，因此为验证 DCP 与 TAIC 之间是否存在协同效应，文中进行了验证实验。以第 4 章中综合性能较为良好的 0.9%DCP/0.3TAIC/FRPLA 为例进行了验证实验，并对其力学性能和阻燃性能进行了研究。

5.4.1　0.9DCP/0.3TAIC 交联阻燃复合材料的制备

制备工艺见 5.3.1 所示。PLA 及其复合材料配方如表 5.17 所示。

表 5.17　PLA 及优化的 DCP/TAIC 阻燃 PLA 复合材料配方

编号	样品	PLA/g	三嗪		APP		DCP		TAIC	
			/g	/%（质量分数）	/g	/%（质量分数）	/g	/%（质量分数）	/g	/%（质量分数）
1	PLA	200	0	0	0	0	0	0	0	0
2	FRPLA	160	8	4	32	16	0	0	0	0
3	0.9DCP/FRPLA	160	8	4	32	16	1.44	0.9	0	0
4	0.3TAIC/FRPLA	160	8	4	32	16	0	0	0.48	0.3
5	0.9DCP/0.3TAIC/FRPLA	160	8	4	32	16	1.44	0.9	0.48	0.3

5.4.2　交联结构分析

5.4.2.1　熔融扭矩测试结果分析

扭矩曲线为 PLA 加工时材料内部反应的侧面表现，交联结构的形成会导致扭矩的增大。PLA 及其复合材料的扭矩曲线如图 5.27 所示。

如图所示，PLA 最大扭矩达到了 56N·m，随着 FRPLA 的加入，其扭矩无明显变化，而当加入含 DCP 的体系后，明显地观察到其扭矩下降，最大约为 33N·m。这意味着 DCP 的加入将导致 PLA 的断裂并形成小分子链段，因而使得扭力降低。而 TAIC 的加入则与 PLA 相差不大。值得一提的是，当同时加入 DCP 与 TAIC 时，其最终扭矩达 39N·m，这意味着交联结构的形成并且该结构能有效地提高其材料的扭矩。

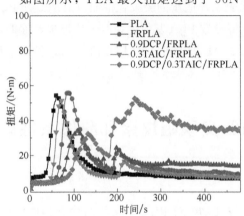

图 5.27　PLA 及其复合材料的扭矩曲线

5.4.2.2　凝胶含量测试结果分析

DCP 与 TAIC 均可使 PLA 形成交联网络，在上述测试中，0.9DCP/0.3TAIC/FRPLA 测试的凝胶含量达 31.6%，因此，对当前五组样品进行了凝胶含量测试，测试结果如表 5.18 所示。

表 5.18　PLA 复合材料凝胶含量

项目	FRPLA	0.9DCP/FRPLA	0.3TAIC/FRPLA	0.9DCP/0.3TAIC/FRPLA
凝胶含量/%	0	5.9	15.1	30.8

如表 5.18 所示，0.9DCP/FRPLA 的凝胶含量仅为 5.9%，而 0.3TAIC/FRPLA 的凝胶含量为 15.1%，相比之下，0.9DCP/0.3TAIC/FRPLA 凝胶含量测试结果与之前测试结果差距不大，为 30.8%，这表明，仅仅是 DCP 或 TAIC 无法形成有效的交联网络结构，同时这也意味着，DCP 能有效地促进 TAIC 与 PLA 交联，从而达到一种协同效应。

5.4.2.3　熔融指数测试结果分析

扭矩测试及凝胶含量测试验证了交联网络的形成，而交联网络结构对聚合物流动性的影响程度也需要进行进一步分析。PLA 及其复合材料熔体流动速率（MFR）测试结果如表 5.19 所示，MFR 结果越大，流动性越好。

表 5.19　PLA 及 PLA 复合材料熔体流动速率

项目	PLA	FRPLA	0.9DCP/FRPLA	0.3TAIC/FRPLA	0.9DCP/0.3TAIC/FRPLA
MFR/(g/10min)	9.702	1.945	3.366	1.416	0.431

如表 5.19 所示，纯 PLA 的 MFR 为 9.702g/10min，表明了其优异的流动性。随着 FR 的加入，其 MFR 降低至 1.945g/10min，阻燃剂的加入大幅度降低了 FRPLA 的流动性。而 DCP 的加入使得 PLA 复合材料的 MFR 提升至 3.366g/10min，这是因为 DCP 的加入将使得 PLA 断链形成短链分子，尽管其结构内仍存在部分交联结构，但整体相比于 FRPLA，其流动性大幅度提升。而 TAIC 的加入将使 PLA 扩链，因而其流动性下降。当同时加入 DCP 与 TAIC 时，其体系内生成较多的交联结构，因而其整体流动性大幅度降低，降至 0.431g/10min。

5.4.2.4　分子量测试结果分析

分子量测试可以进一步探讨 PLA 复合材料的链段结构以及长链和短链的分布。图 5.28 为 PLA 及其复合材料的分子量结果和多分散指数。其中，数均分子量主要

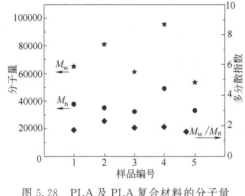

图 5.28　PLA 及 PLA 复合材料的分子量
及多分散指数

取决于低分子量部分，重均分子量主要取决于高分子量部分。

如图 5.28 所示（样品编号同表 5.17），纯 PLA 的 M_n 为 37810，这也侧面解释了文中第 3 章与第 4 章及本章中纯 PLA 的力学性能相比于第 5.1 节有大幅度降低的原因，不同批次的 PLA 其分子量可能有较大的区别。随着 FR 的加入，FRPLA 的 M_n 降低至 35178，这意味着 FR 的引入将进一步导致 PLA 的降解。当加入 0.9％DCP 后，0.9DCP/FRPLA 的 M_n 降低至 32486，这是因为 DCP 的引入将进一步促使 PLA 长链分解为短链。而 0.3％TAIC 的引入使得 0.3TAIC/FRPLA 的 M_n 提升至 49098，这意味着 TAIC 的引入能有效地促使 PLA 形成支化结构以及长链结构，能够进一步提升 PLA 的分子量。而当同时加入 DCP 与 TAIC 后，0.9DCP/0.3TAIC/FRPLA 的 M_n 为 33216，DCP 的引入生成了更多的交联结构，在分子量测试中，交联结构无法过滤，测试仅为剩余部分的短链分子。分子量的测试结果表明了 DCP 在反应中能引发 PLA 形成活性点，而 TAIC 则作为交联点与 PLA 反应形成长链结构和支化结构。

5.4.2.5　断口微观形貌分析

为探究交联结构的形成对阻燃 PLA 复合材料微观结构的影响，对 PLA 及其复合材料冲击试验后样品断面进行了微观结构的拍摄。SEM 照片如图 5.29 所示。为更清晰地显示其表面的微观结构，对 PLA 及其复合材料的断裂面微观形貌进行了不同放大倍数的观察；图中标有 1、2、3 的照片分别为 800×、2000× 以及 10000× 电镜 SEM 微观形貌图；4、5、6、7 分别为 800× 电镜下的元素扫描分析，分别为 C、N、O 以及 P 元素的分布。

如图 5.29(a1)～(a5) 所示，PLA 在 2000× 下显示的表面光滑。随着 FR 的加入 [图 5.29(b2)]，可明显看到 PLA 界面间的结合力降低，这是因为阻燃剂的加入将使得 PLA 形成海岛结构，其中 FR 充当海岛，PLA 基体充当连续相，并且阻燃剂与 PLA 基体间有明显的缝隙（箭头指示），这表明阻燃剂与 PLA 之间的结合力较差，而较差的相容性将导致 FRPLA 的力学性能大幅度降低。随着 DCP 的加入 [图 5.29(c2)]，可观察到，其表面的阻燃剂相比于 FRPLA 的凸显程度降低，并且表面可见的阻燃剂减少，这意味着 DCP 所构建的交联结构能有效地提升阻燃剂与 PLA 之间的相容性。在加入 TAIC 后，相比于 DCP/FRPLA，TAIC/FRPLA

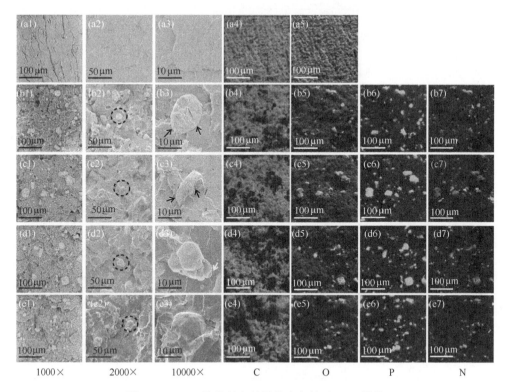

图 5.29　PLA 及其复合材料的冲击断面 SEM 图像

(a1)~(a5) PLA；(b1)~(b7) FRPLA；(c1)~(c7) DCP/FRPLA；

(d1)~(d7) TAIC/FRPLA；(e1)~(e7) DCP/TAIC/FRPLA

与 PLA 间的孔隙更低［图 5.29(d2)箭头］，这意味着更高比例的交联结构能进一步提高界面结合力。而 DCP/TAIC/FRPLA 体系的界面结合力则表现得更为明显，图 5.29(e3) 中圆圈标记的是一个大块颗粒阻燃剂，在放大一万倍的 SEM 图下，可以明显看到其阻燃剂颗粒表面上包覆了一层 PLA，这表明，DCP 及 TAIC 所构建的交联结构能够提高阻燃剂分散相与 PLA 基体相之间的结合力，从而提高材料的力学性能。此外，从元素扫描分析中不难发现，交联结构的形成将导致阻燃剂的部分聚集，而这将在一定程度上影响阻燃剂的效果发挥。

5.4.3　0.9DCP/0.3TAIC 交联阻燃体系的力学性能

凝胶含量与 SEM 测试表明，DCP 与 TAIC 间存在协同效应，并且产生的交联结构能有效地提升 PLA 与阻燃剂间的结合力。为更直观明显地表明 DCP 与 TAIC 间交联结构对 PLA 力学性能的影响，进行了冲击强度测试以及拉伸强度测试，测试结果如图 5.30 所示（样品编号同表 5.17），详细数据如表 5.20 所示。

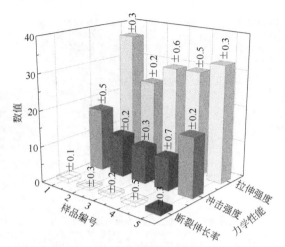

图 5.30　PLA 及其复合材料的力学性能图

表 5.20　PLA 及其复合材料的力学性能测试结果

样品	拉伸强度/MPa	断裂伸长率/%	冲击强度/(kJ/m²)
PLA	36.6±0.3	1.18±0.1	17.4±0.5
FRPLA	24.2±0.2	0.69±0.3	11.5±0.2
0.9DCP/FRPLA	29.3±0.6	0.96±0.2	10.1±0.3
0.3TAIC/FRPLA	29.5±0.5	1.07±0.5	9.0±0.7
0.9DCP/0.3TAIC/FRPLA	32.6±0.3	1.26±0.3	16.4±0.2

　　FR 的加入将降低 PLA 的力学性能，与纯 PLA 相比，FRPLA 的拉伸强度、断裂伸长率和冲击强度分别下降了 33.9%、41.5% 和 33.9%，这意味着 FR 的加入将大幅度降低 PLA 基体的界面结合力。DCP 的引入能有效地提升 FRPLA 的力学性能，其拉伸强度提高到了 29.3MPa，这意味着交联结构的生成能有效地改善 PLA 的结合力。值得一提的是，DCP/TAIC/FRPLA 的综合性能相比于 FRPLA 分别提高了 34.7%、82.6% 和 42.6%，其中 DCP/TAIC/FRPLA 的断裂伸长率比纯 PLA 还高，这意味着 DCP 与 TAIC 的协同作用可促进更高比例交联结构的生成，而这将大幅度改善 PLA 与阻燃剂之间的界面结合力，进而改善 FRPLA 的力学性能。

5.4.4　0.9DCP/0.3TAIC 交联阻燃体系的阻燃性能

5.4.4.1　极限氧指数及垂直燃烧测试结果分析

　　力学性能测试结果表明，DCP 与 TAIC 的协同作用可进一步提升 FRPLA 的力学性能，因此将通过一些基础的阻燃测试来判断 DCP 与 TAIC 协同是否能进一步提升 FRPLA 的阻燃性能，其极限氧指数及垂直燃烧测试结果如图 5.31 所示（样品编号同表 5.17）。具体数据如表 5.21 所示。

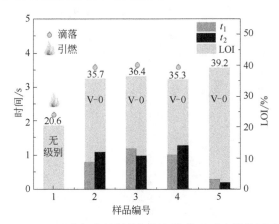

图 5.31　PLA 及其复合材料的极限氧指数及垂直燃烧测试结果

表 5.21　PLA 及其复合材料的极限氧指数及垂直燃烧测试结果

样品	LOI/%	余焰时间		UL 94 级别	滴落	引燃
		t_1/s	t_2/s			
PLA	20.6	—	—	—	是	是
FRPLA	35.7	0.8	1.1	V-0	是	否
0.9DCP/FRPLA	36.4	1.2	1.0	V-0	是	否
0.3TAIC/FRPLA	35.3	1.0	1.3	V-0	是	否
0.9DCP/0.3TAIC/FRPLA	39.2	0.3	0.2	V-0	否	否

如图 5.31 所示，纯 PLA 的 LOI 值为 20.6%，并且燃烧时伴随着滴落并点燃脱脂棉。随着 FR 的加入，FRPLA 的 LOI 值提高到 35.7%，但燃烧时仍伴随着小部分滴落，不过未引燃脱脂棉，故达到了 UL 94 V-0 级。单加 DCP 或单加 TAIC，对其 LOI 值均无明显改善，并且在垂直燃烧测试中均有滴落。而当 DCP 与 TAIC 同时加入时，其 LOI 值提升至 39.2%，这意味着 DCP 与 TAIC 间的协同作用能有效提升 FRPLA 的阻燃性能。此外，值得注意的是，DCP/TAIC/FRPLA 样品在垂直燃烧中无滴落。

此外，为了更清晰地表明垂直燃烧中 PLA 复合材料的性质，对垂直燃烧测试中的不同样品分别收集了第一次燃烧的数码图片以及第二次燃烧的数码图片，其结果如图 5.32 所示。其中图 5.32(a)～(d) 是第一次燃烧，而图 5.32(e)～(h) 是第二次燃烧。

如图 5.32 所示，所有阻燃样品在第一次燃烧时均能形成有效的保护炭层。但在第二次燃烧时，可以明显看出，图 5.32(e)～(g) 均有拉丝现象，这是因为第二

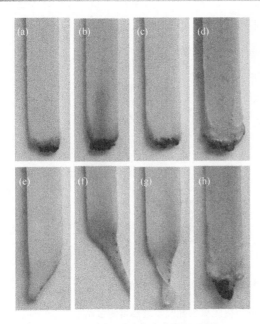

图 5.32　复合材料垂直燃烧数码图片
（a）、（e）FRPLA；（b）、（f）DCP/FRPLA；（c）、
（g）TAIC/FRPLA；（d）、（h）DCP/TAIC/FRPLA

次点燃后都有滴落。仅图 5.32（h）表面仍然保留着完整的冠状炭层，这是因为 DCP 与 TAIC 同时加入能够有效抑制阻燃 PLA 的滴落。上述阻燃测试结果都表明 DCP 与 TAIC 协同作用所生成的交联结构能有效提升 FRPLA 的阻燃性能。

5.4.4.2　锥形量热测试结果分析

为了更深入地研究 PLA 及其复合材料的阻燃性能，对其进行锥形量热测试，其热释放速率（HHR）及 THR 测试结果如图 5.33 所示，其余具体数据如表 5.22 所示。

如图 5.33（a）所示，纯 PLA 的热释放速率峰值达到了 $494kW/m^2$，表明样品充分燃烧。随着阻燃剂的加入，FRPLA 的热释放速率峰值降低至 $119kW/m^2$，说明 IFR 有效地抑制了燃烧。当加入了 DCP、TAIC 或 DCP 与 TAIC 同时加入，热释放速率峰值再次降低，说明交联结构可以有效地抑制燃烧。如图 5.33（b）所示，纯 PLA 的 THR 达到了 $87MJ/m^2$，随着阻燃剂的加入，FRPLA 的总热释放量仅仅达到 $42MJ/m^2$，阻燃效果显著。而后加入 DCP、TAIC 或同时加入 DCP 和 TAIC 时，THR 进一步降低，这表明交联结构的形成能进一步抑制基体的燃烧，减少燃烧热的释放。

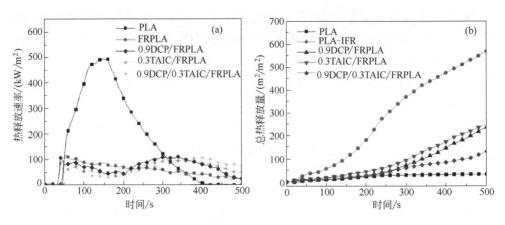

图 5.33　PLA 及其复合材料的 HRR（a）及 THR（b）曲线

表 5.22 PLA 及其样品的锥形量热测试结果

样品	TTI/s	pk-HRR /(kW/m^2)	av-HRR /(kW/m^2)	THR /(MJ/m^2)	av-MLR /(g/s)	残炭率(质量分数)/%	TSR/(m^2 /m^2)
PLA	39	494	249	87	0.111	0.2	29.9
FRPLA	28	119	43	42	0.034	22.6	563.2
0.9DCP/FRPLA	26	111	64	37	0.040	44.9	240.9
0.3TAIC/FRPLA	27	97	57	38	0.033	45.2	243.8
0.9DCP/0.3TAIC/FRPLA	30	108	57	38	0.036	44.8	140.0

如表 5.22 所示，阻燃剂的加入大大抑制了 PLA 基体的完全燃烧，从而使得 TSR 大幅度增加。随着交联结构的引入，TSR 逐渐下降，当加入 0.9DCP/ 0.3TAIC 时，TSR 从 563.2m^2/m^2（FRPLA）降低至 140.0m^2/m^2，这意味着较多的交联结构所形成的炭层保护层能有效地保护基体不被燃烧。而交联结构对最终残炭生成的促进作用在最终质量中也可进一步得到验证。纯 PLA 最终燃烧殆尽。FR 的加入使得其最终残炭率提升至 22.6%，这表明阻燃剂的加入有效地促进了炭层的形成，抑制了燃烧。而随着交联结构的引入，当加入 0.9DCP/0.3TAIC 时，其最终残炭率提高至 44.8%，这表明交联结构的形成有利于进一步促进最终残炭的生成，从而提升 FRPLA 的阻燃性能。

5.4.4.3 残炭的数码照片及微观形貌分析

通过对锥形量热试验残炭进行形貌表征，深入了解 PLA 复合材料的阻燃机理。PLA 及其复合材料的宏观和微观形貌如图 5.34 和图 5.35 所示。

图 5.34 PLA 及其复合材料残炭的数码照片

(a) FRPLA；(b) 0.9DCP/FRPLA；(c) 0.3TAIC/FRPLA；(d) 0.9DCP/0.3TAIC/FRPLA

从图 5.34(a) 中可以发现，阻燃剂的加入促进了残炭的生成，最终残炭高度约为 2.4cm。随着 DCP 与 TAIC 的加入，可以看出表面炭层膨胀得更为规则，这

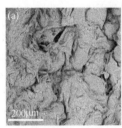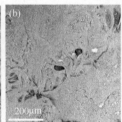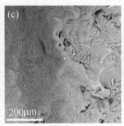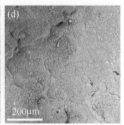

图 5.35　PLA 及其复合材料残炭的 SEM 照片

（a）FRPLA；（b）0.9DCP/FRPLA；（c）0.3TAIC/FRPLA；（d）0.9DCP/0.3TAIC/FRPLA

表明交联结构的存在能有效地提升 PLA 基体燃烧时熔体的黏度，从而促进炭层的形成。其中 0.9DCP/0.3TAIC/FRPLA 的炭层高度达到了 3.1cm，其炭层也较为致密。随着交联比例的增加，可以明显观察到炭层的高度逐渐增加，这是因为适量的交联结构将促使 PLA 基体燃烧时形成的炭层具备更高的黏度，从而形成膨胀且致密的炭层。这意味着有效的交联结构能促进炭层的生成，进而在燃烧过程中更好地保护下层基体。

从图 5.35 中不难发现，随着 FR 的加入，尽管有效地生成了炭层，但其最终炭层表面仍有较多的孔洞。而随着 DCP 与 TAIC 的引入，表面炭层孔洞减少。这是因为交联结构的存在提升了 PLA 基体燃烧时熔体的黏土，进而生成较为致密的炭层。其中 0.9DCP/0.3TAIC/FRPLA 体系的残炭表面形貌更为致密，且孔洞极少，这与锥形量热测试的结果也相符，适量的交联结构能有效提升 FRPLA 的阻燃性能。

5.4.5　小结

本节在 5.3 节的研究基础上，进一步地分析了 DCP 与 TAIC 间的协同效应，并对各组分的力学性能和阻燃性能进行了研究。研究结果表明，单独加入 0.9% DCP 或 0.3%TAIC 所形成的凝胶含量为 5.9% 以及 15.1%，0.9DCP/0.3TAIC/FRPLA 的凝胶含量为 30.8%，这表明 DCP 与 TAIC 之间存在协同效果。力学性能测试表明，与 FRPLA 相比，0.9DCP/0.3TAIC/FRPLA 的拉伸强度、断裂伸长率以及冲击强度分别提升了 34.7%、82.6% 和 42.6%，是所有 FRPLA 体系内最高的组分。同时，0.9DCP/0.3TAIC/FRPLA 复合体系也具有良好的阻燃性能，具有最高的 LOI 值（39.2%），并且通过了 UL 94 V-0 级别。相比于其他体系，DCP 与 TAIC 协效体系能够完全抑制阻燃 PLA 在燃烧时的滴落现象。锥形量热测试结果表明，交联结构的引入能进一步提升 FRPLA 的阻燃性能。

5.5 结论

本章分别以纳米 ZnO 与 ADR、DCP、TAIC 以及三嗪成炭剂、APP 制备微交联阻燃 PLA 体系。研究了协效剂的不同添加量及配比对交联结构的影响，研究了阻燃 PLA 复合材料的力学性能、阻燃性能以及热性能，探讨了交联结构对 PLA 阻燃性能与力学性能的影响规律。具体研究结论如下。

① 通过纳米 ZnO 与 ADR 制备了微交联阻燃 PLA 体系，对其力学性能及阻燃性能均进行了研究。研究结果表明，当纳米 ZnO 与 ADR 的配比为 1∶1.6（FRPLA/ZnO/ADR-1）时，能形成最佳比例的交联结构，此时 PLA 复合材料的凝胶含量最高，为 11.2%。阻燃性能和力学性能测试结果表明，这种有效的交联结构能大幅度提升 FRPLA 的综合性能，与 FRPLA 相比，FRPLA/ZnO/ADR-1 的力学性能（拉伸强度、断裂伸长率和冲击强度）分别提高了 25.1%、14.1% 和 29.1%，其 LOI 值最高可达到 40.1%，并能达到 UL 94 V-0 级。此外，交联结构的存在能有效促进最终残炭的形成，有利于 PLA 基体燃烧时炭层的形成。这表明有效的交联结构是提升 FRPLA 力学性能和阻燃性能的必要条件。

② 通过 DCP 结合三嗪以及 APP 制备阻燃 PLA 复合材料，对其阻燃性能和力学性能进行分析研究。研究结果表明，DCP 的引入能有效地生成交联阻燃 PLA 体系。当加入 0.1DCP 时，PLA 复合体系的凝胶含量达 15.5%。0.1DCP/FRPLA 体系能同时保持阻燃性能和力学性能的良好效果，与 FRPLA 相比，0.1DCP/FRPLA 的拉伸强度和冲击强度分别提高了 40.7%、16.4%。凝胶含量测试和力学性能测试结果表明，交联结构的存在可以有效改善 FRPLA 的力学性能。此外，锥形量热测试结果表明，0.1DCP/FRPLA 的 HRR 较 FRPLA 略有提高，而 THR 和 TSR 则有所降低，最终残炭率比 FRPLA 提高了 85.0%。

③ 通过 DCP 与 TAIC 制备了 DCP/TAIC/FRPLA 复合材料，对其阻燃性能和力学性能进行了分析，而后对 DCP 与 TAIC 之间的协同效应也进行了进一步的研究分析。研究结果表明，当加入 0.9DCP/2.7TAIC 时，复合材料的凝胶含量达到了 61.1%，这意味着 DCP 与 TAIC 能有效地形成交联体系。力学性能测试结果表明，并非凝胶含量越高，力学性能越好。其中 0.9DCP/0.9TAIC/FRPLA 的拉伸强度、冲击强度达 34.60MPa 和 19.76kJ/m²，是所有 DCP/TAIC/FRPLA 复合材料中综合性能最佳的。阻燃测试结果表明，适量的凝胶含量能有效提升 PLA 复合材料的阻燃性能，但过量的凝胶含量将导致 PLA 基体燃烧时无法形成足够的炭层，进而使阻燃性能降低。其中 0.9DCP/0.3TAIC/FRPLA 的 LOI 值最高，达 42.8%。锥量测试结果表明 0.9DCP/0.3TAIC/FRPLA 能有效提升 FRPLA 的阻燃性能。对 DCP 与 TAIC 协同效应的针对性实验结果表明，单独加入 0.9%DCP 或 0.3%

TAIC 所形成的凝胶含量为 5.9％以及 15.1％，而 0.9DCP/0.3TAIC/FRPLA 的凝胶含量为 30.8％。这意味着 DCP 与 TAIC 之间存在协同效应。力学性能测试表明，与 FRPLA 相比，0.9DCP/0.3TAIC/FRPLA 的拉伸强度、断裂伸长率以及冲击强度分别提升了 34.7％，82.6％和 42.6％，是所有 FRPLA 体系内最高的组分。同时，0.9DCP/0.3TAIC/FRPLA 复合体系也具有良好的阻燃性能，具有最高的 LOI 值（39.2％），并且通过了 UL 94 V-0 级别。相比于其他体系，更多的凝胶含量使得其在燃烧时完全抑制了滴落现象。

综上所述，通过提前在 PLA 基体内构建交联体系，能有效提升阻燃 PLA 的力学性能，并且不同的交联结构对 PLA 阻燃性能的影响也有一定的区别，有效的交联结构是提升 FRPLA 综合性能的必要条件。交联结构的存在不仅能大幅度提升 PLA 基体与阻燃剂之间的界面结合力，更能够在 PLA 燃烧时提高熔体的黏度，进而提升炭层的致密度和完整性，以达到更佳的保护效果。

第 6 章

生物基阻燃剂阻燃聚乳酸体系

　　随着环境污染的加剧，绿色阻燃剂引起了人们的积极关注。纤维素在自然界中分布广泛，主要存在于高等植物的细胞壁以及细菌、藻类和真菌中。纳米纤维素是纤维素中的一种，其碳含量高，可作为绿色炭源。它包括纤维素纳米纤维（CNF）、纤维素纳米晶（CNC）和细菌纳米纤维素（BNC）。与普通尺寸纤维素相比，CNC 具有高强度、高刚度、高长径比等优点，加入 PLA 中易形成均匀的微观结构，有利于提高复合材料的力学性能。然而 CNC 易团聚且初始分解温度较低，现有文献中报道的解决上述问题的方法主要为对 CNC 进行化学改性[1-3]。

　　在本章中，设计并合成两种含不同阻燃基团的阻燃纤维素纳米晶，即磷腈阻燃纤维素纳米晶（P/N-CNC）和三嗪阻燃纤维素纳米晶（C/N-CNC），旨在提高 CNC 的热稳定性和成炭能力。并将 P/N-CNC 与 APP 等含磷阻燃剂复配用于阻燃 PLA，以期获得阻燃性能和力学性能都优异的 PLA 复合材料。

6.1 纤维素纳米晶的阻燃改性

6.1.1 含磷腈基团的纤维素纳米晶（P/N-CNC）

　　为提高 CNC 的热稳定性和成炭能力，本节将具有磷腈阻燃改性剂化学接枝在 CNC 表面，获得一种含磷腈基团的阻燃纤维素纳米晶（P/N-CNC）。

6.1.1.1　P/N-CNC 的合成

　　首先，将 11.62g 六氯环三磷腈和 100mL 四氢呋喃置于装有温度计、回流冷凝管和机械搅拌器的 500 mL 三口烧瓶中，并将烧瓶放置在带有冰块的水浴锅中，使混合物的温度保持在（0±5）℃。此外，配制由 50g 硅烷偶联剂 KH550、20.2g 三乙胺和 100 mL 四氢呋喃组成的混合液，并将其置于恒压滴液漏斗中，待烧瓶内溶液的温度稳定保持在（0±5）℃时，以 2 滴/s 的速度向烧瓶中加入混合液。滴加完毕后，将水浴锅换成油浴锅，升温至 60℃后，在此温度下反应 12h。反应结束后，将得到的混合物通过抽滤的方式除掉三乙胺盐酸盐。随后，用减压蒸馏的方法去除溶剂，得到最终产物即磷腈阻燃改性剂（淡黄色黏稠液体），其合成路线如图 6.1 所示。需要注意的是，上述实验过程需要在氮气氛围下进行，上述合成方法可参考本课题组之前发表过的文献[4]。

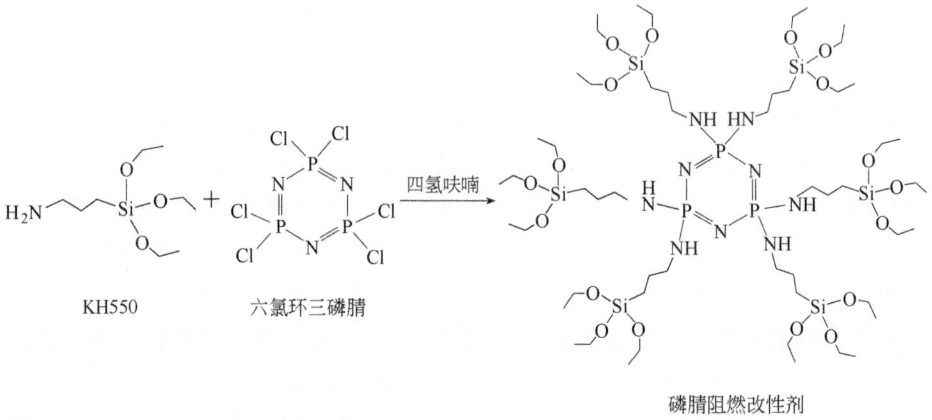

图 6.1   磷腈阻燃改性剂的合成路线图

将 8.2g CNC 和 60mL 蒸馏水预先混合并超声 30min，然后将混合物置于装有温度计、回流冷凝管以及机械搅拌器的 500mL 三口烧瓶中，在氮气氛围下逐渐升温至 80℃。随后，以 2 滴/s 的速度，通过恒压滴液漏斗，向烧瓶中滴加由 20.7g 磷腈阻燃改性剂和 100mL 无水乙醇组成的混合液。滴加完成后，在 80℃下反应 12h。将得到的混合物通过抽滤的方式去除液体，留下固体。在 100℃下，将固体放置在真空烘箱中烘 8h，得到最终产物即含磷腈基团的阻燃纤维素纳米晶（P/N-CNC，奶茶色固体粉末）。P/N-CNC 的合成路线如图 6.2 所示。

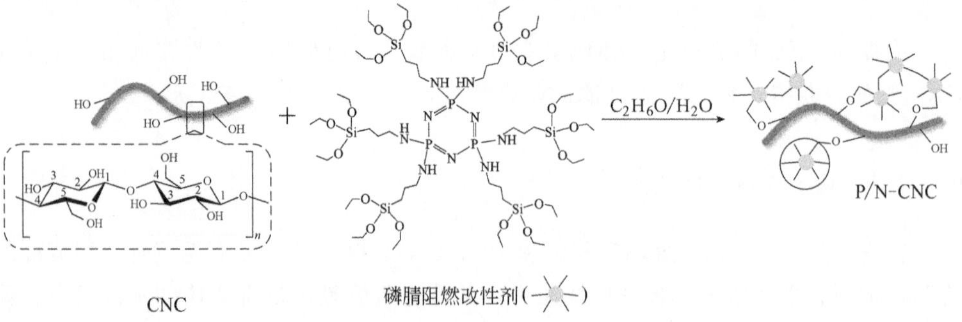

图 6.2   P/N-CNC 的合成路线图

6.1.1.2 P/N-CNC 的结构与性能

为了验证磷腈阻燃改性剂被成功合成，首先对其进行红外测试。如图 6.3 所示，通过与六氯环三磷腈以及 KH550 的红外光谱曲线对比发现，磷腈阻燃改性剂在 $606cm^{-1}$ 和 $523cm^{-1}$ 处 P—Cl 键的峰消失，说明六氯环三磷腈上的 Cl 原子被完全取代。且该曲线在 $1085cm^{-1}$ 左右处新出现了 P—N 峰，这是由于六氯环三磷腈上的 P—Cl 键与 KH550 中的氨基发生反应，脱去 H—Cl 的同时生成了 P—N 键。另外，还观察到该曲线上保留了六氯环三磷腈中 P=N 键的峰（$1230cm^{-1}$）、KH550 中 Si—O—C 键的峰（$1100\sim1000cm^{-1}$）和 N—H 键的峰（$3300cm^{-1}$ 左右）。

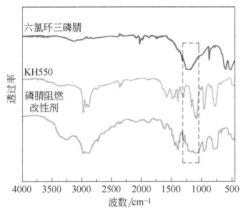

图 6.3 磷腈阻燃改性剂的红外光谱

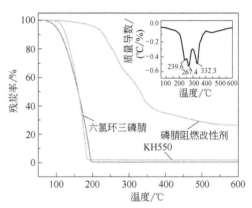

图 6.4 磷腈阻燃改性剂的 TG 和 DTG 曲线

对磷腈阻燃改性剂和其原料还进行了热重测试。如图 6.4 所示，在氮气氛围下磷腈阻燃改性剂显示出三阶分解，而六氯环三磷腈和 KH550 都仅有一个分解阶段。由表 6.1 的 TG 测试数据可知，磷腈阻燃改性剂的初始分解温度（$T_{d,5\%}$）为 181.8℃，明显高于六氯环三磷腈和 KH550 的 $T_{d,5\%}$（101.6℃ 和 119.4℃），且磷腈阻燃改性剂一阶最大分解温度（T_{max1}）达到 246.9℃，这些都说明磷腈阻燃改性剂具有良好的热稳定性。此外，六氯环三磷腈和 KH550 在 600℃ 下的残炭率分别为 0.9% 和 2.2%，而磷腈阻燃改性剂的残炭率为 26.4%，说明磷腈阻燃改性剂具有较好的成炭能力。综合以上分析，以及与参考文献 [4] 中的数据对比发现，磷腈阻燃改性剂被成功合成。

表 6.1 六氯环三磷腈、KH550 和磷腈阻燃改性剂在氮气氛围下的热失重测试数据

样品	$T_{d,5\%}$/℃	T_{max}/℃			600℃时残炭率（质量分数）/%
		T_{max1}/℃	T_{max2}/℃	T_{max3}/℃	
KH550	119.4	177.3	—	—	2.2
六氯环三磷腈	101.6	188.8	—	—	0.9
磷腈阻燃改性剂	181.8	246.9	276.8	337.2	26.8

图 6.5(a) 为磷腈阻燃改性剂的核磁共振氢谱，具体表征结果如下：0.56（d，4H，—NHCH$_2$CH$_2$CH$_2$—Si），1.21（f，18H，—OCH$_2$CH$_3$—），1.51（c，4H，—NHCH$_2$CH$_2$CH$_2$—），3.69（a，2H，—NH—），2.63（e，4H，—NHCH$_2$CH$_2$CH$_2$—），3.83（e，12H，—OCH$_2$CH$_3$—）。图 6.5(b) 为磷腈阻燃改性剂的核磁共振磷谱，15.52 处为磷腈环上 P 的化学位移，进一步验证了六氯环三磷腈上的氯被 KH550 成功取代。

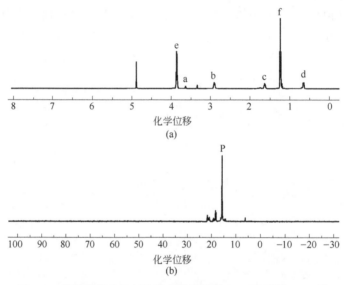

图 6.5　磷腈阻燃改性剂的核磁共振氢谱（a）和磷谱（b）图

为了能直观地观察到 CNC 经过改性后微观形貌的变化，利用透射电子显微镜（TEM）对 CNC 和 P/N-CNC 进行了观察，如图 6.6 所示。图 6.6(a) 和 6.6(b)显示 CNC 呈现棒状晶须。CNC 经过改性后，其尺寸和形貌都发生了变化。从图 6.6(b) 可以看出，改性前 CNC 的直径在 10～40nm 之间，从图 6.6(c) 可以看出，修改后 CNC 的直径在 500nm 左右。在 TEM 图像中，原子量高的元素呈深色，原子量低的元素呈浅色。因此，图 6.6(c) 和 6.6(d) 中的暗球形聚集体是阻燃改性剂，因为 P 和 Si 元素具有较高的原子量。P/N-CNC 的 TEM 图像表明，含磷腈基团的阻燃改性剂接枝到 CNC 晶须上。

为研究 P/N-CNC 的化学结构、元素组成、晶体变化以及热稳定性，采用了多种测试方法对其进行表征。图 6.7(a) 为 P/N-CNC 的红外光谱图，通过与 CNC 的红外光谱图对比，发现 O—H 键与 C—H 键峰强度的比值减小，一方面是因为 CNC 中部分羟基会与水解后的磷腈阻燃改性剂发生脱水反应，导致羟基数量减少，另一方面是因为磷腈阻燃改性剂中含 C—H 键。还观察到 P/N-CNC 曲线在 1100cm^{-1} 左右波数范围内峰变宽呈牙齿状峰型，这是因为磷腈阻燃改性剂中含 Si—O 键的典型吸收峰。综合以上分析，推断磷腈阻燃改性剂已成功接枝在 CNC 上。

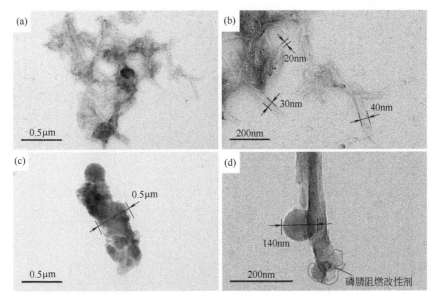

图 6.6 CNC (a)、(b) 和 P/N-CNC (c)、(d) 的 TEM 图

利用 X 射线光电子能谱对 CNC 和 P/N-CNC 的化学组成进行了分析，图 6.7 (b) 为 CNC 和 P/N-CNC 的 XPS 曲线，相应的数据列举在表 6.2 中。从图 6.7 中可以看出，在 101eV 处的峰代表 Si 2p，153eV 处的峰代表 P 2p，285eV 处的峰代表 C 1s，398eV 处的峰代表 N 1s 以及 532eV 处的峰代表 O 1s。另外，从表 6.2 中可以看出，CNC 的 C 元素和 O 元素的含量分别为 46.8% 和 53.2%，而 P/N-CNC 中除了含有 41.2% C 和 47.8% O 外，还有 3.1% N、2.5% P 和 5.4% Si，表明改性后的 CNC 中含氮、磷和硅元素。

利用 X 射线衍射仪研究了化学接枝后 CNC 晶体结构的变化 [图 6.7(c)]。CNC 在 2θ 分别为 14.6°、16.5°、22.6° 以及 34.4° 处出现了四个典型的衍射峰，分别对应于 I 型纤维素的 (101)、($10\bar{1}$)、(002) 以及 (040) 晶面[5]。从 P/N-CNC 的 XRD 曲线上能清楚地看到，它在 2θ 分别为 14.6°、16.5°、22.6° 和 34.2° 处的峰与 CNC 的典型衍射峰几乎一样，且相对强度无明显变化。但该曲线在 $2\theta = 11.5°$ 处出现了一个新的衍射峰，这可能是由磷腈阻燃改性剂的晶体结构引起的[6]，表明磷腈阻燃改性剂成功地接枝到 CNC 表面。

通过热失重分析仪对 CNC 改性前后的热稳定性进行了评估，如图 6.7(d) 所示。在氮气氛围下，CNC 和 P/N-CNC 都显示出二阶分解。由表 6.3 的热重测试数据可知，P/N-CNC 的初始分解温度（$T_{d,5\%}$）为 272.1℃，明显高于 CNC 的 $T_{d,5\%}$（202.4℃），且 P/N-CNC 的最大分解温度 T_{max1} 和 T_{max2}（340.9℃ 和 413.2℃）均高于 CNC（272.2℃ 和 373.5℃），说明经过磷腈阻燃改性剂表面处理后的 CNC 具有更好的热稳定性，这是由于磷腈阻燃改性剂本身就具有较好的热稳定性，且改性剂中含硅有利于提高 CNC 的热稳定性。此外，从表 6.3 中还可以了解到 P/N-CNC 在 700℃下的残炭率为 55.8%，与 CNC 相比（24.9%），残炭率提高了一倍以上，表明改性后的 CNC 具有优异的成炭能力。

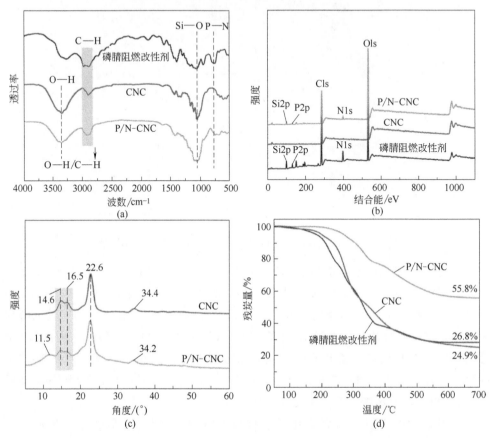

图 6.7　P/N-CNC 的 FTIR 谱图（a）、XPS 谱图（b）、XRD 谱图（c）以及 TG 曲线（d）

表 6.2　磷腈阻燃改性剂、CNC 和 P/N-CNC 的化学元素组成

样品	C(质量分数)/%	O(质量分数)/%	N(质量分数)/%	P(质量分数)/%	Si(质量分数)/%
磷腈阻燃改性剂	36.3	25.4	9.0	7.8	21.5
CNC	46.8	53.2	—	—	—
P/N-CNC	41.2	47.8	3.1	2.5	5.4

表 6.3　磷腈阻燃改性剂、CNC 和 P/N-CNC 的热失重测试数据

样品	$T_{d,5\%}$/℃	T_{max}/℃		700℃时的残炭率（质量分数）/%
		T_{max1}/℃	T_{max2}/℃	
磷腈阻燃改性剂	181.8	246.9	337.2	26.8
CNC	202.4	272.2	373.5	24.9
P/N-CNC	272.1	340.9	413.2	55.8

6.1.2　含三嗪基团的纤维素纳米晶（C/N-CNC）

与普通尺寸纤维素相比，CNC 具有高强度、高刚度、高长径比等优点，加入 PLA 中易形成均匀的微观结构，有利于提高复合材料的力学性能。然而 CNC 初始分解温度较低。为了解决该问题，在 6.1.1 节中将磷腈阻燃改性剂化学接枝在 CNC 上，成功制备了一种含磷腈基团的阻燃纤维素纳米晶（P/N-CNC），极大地提高了 CNC 的热稳定性和成炭能力。利用相同思路，本节中以三聚氯氰、硅烷偶联剂 KH550 为原料，设计并合成一种含三嗪基团的阻燃改性剂，将其用于 CNC 的表面改性，获得一种含三嗪基团的阻燃纤维素纳米晶（C/N-CNC）。

6.1.2.1　C/N-CNC 的合成

首先，将 6.64g 三聚氯氰和 75mL 1,4-二噁烷先置于装有温度计、回流冷凝管和机械搅拌器的 250mL 三口烧瓶中，并将烧瓶放置在带有冰块的水浴锅中，使混合物的温度保持在（0±5）℃。与此同时，将 7.95g 硅烷偶联剂 KH550、7.28g 三乙胺和 15mL 1,4-二噁烷预先混合，配成混合液 1。将混合液 1 置于恒压滴液漏斗中，待烧瓶内溶液的温度稳定保持在（0±5）℃时，以 3 滴/s 的速度向烧瓶中加入混合液。滴加完毕后，在此温度下反应 3h（氮气氛围）。

待上述反应结束后，撤去冰袋并将水浴锅换成油浴锅，然后让瓶内溶液的温度升高至 50℃。在此温度下，通过恒压滴液漏斗将混合液 2（含 7.95g 硅烷偶联剂 KH550、7.28g 三乙胺和 15mL 1,4-二噁烷）以 3 滴/s 的速度加到烧瓶中。滴加完毕后，在 50℃下继续反应 3h（氮气氛围）。

待上述反应结束后，调整加热器温度，让瓶内溶液的温度升高至 90℃。在此温度下，通过恒压滴液漏斗将混合液 3（含 7.95g 硅烷偶联剂 KH550、7.28g 三乙胺和 15mL 1,4-二噁烷）以 3 滴/s 的速度加到烧瓶中。滴加完毕后，在 90℃下继续反应 3h（氮气氛围）。

反应结束后，待温度冷却至室温，取出瓶内的初步产物，并通过抽滤的方式除掉固体杂质，留下液体。然后，对液体进行减压蒸馏，得到最终产物即三嗪阻燃改性剂，其合成路线如图 6.8 所示。

将 5.5g CNC 和 40mL 蒸馏水预先混合并超声 30min，然后将混合物置于装有温度计、回流冷凝管以及机械搅拌器的 250mL 三口烧瓶中。通入氮气，并逐渐升温至 80℃。随后，以 3 滴/s 的速度，通过恒压滴液漏斗向烧瓶中缓慢滴加由 11.4g 三嗪阻燃改性剂和 50mL 无水乙醇组成的混合液。滴加完毕后，在 80℃下反应 18h。将得到的混合物通过抽滤的方式去除液体，留下固体。在 100℃下，将固

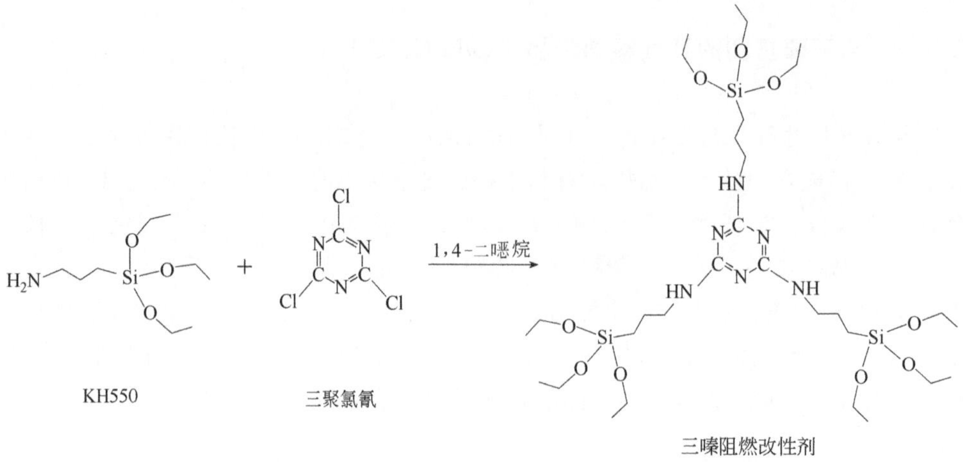

KH550　　　　　　三聚氯氰　　　　　　　　　1,4-二噁烷　　　　　　　　　三嗪阻燃改性剂

图 6.8　三嗪阻燃改性剂的合成路线

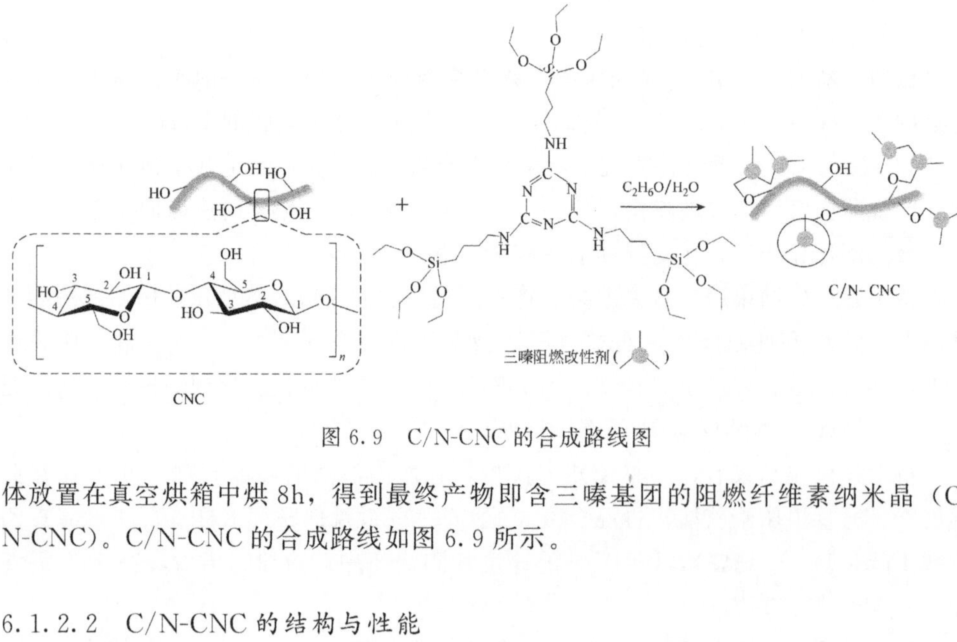

CNC　　　　　　　　　三嗪阻燃改性剂（　）　　　　　C/N-CNC

图 6.9　C/N-CNC 的合成路线图

体放置在真空烘箱中烘 8h，得到最终产物即含三嗪基团的阻燃纤维素纳米晶（C/N-CNC）。C/N-CNC 的合成路线如图 6.9 所示。

6.1.2.2　C/N-CNC 的结构与性能

为验证三嗪阻燃改性剂被成功合成，对其进行了红外测试。如图 6.10 所示，通过与原料的红外光谱曲线对比发现，三嗪阻燃改性剂包含以下主要特征峰：C—H 伸缩振动峰（$2982 \sim 2870 \text{cm}^{-1}$）和 Si—O—C 的振动吸收峰（$1160 \sim 1050 \text{cm}^{-1}$）。另外，还观察到三嗪阻燃改性剂的曲线在 1510cm^{-1} 附近处出现了较宽的峰，这是由于三聚氯氰上 C =N 键的特征峰与 KH550 的 N—H 键的特征峰发生叠加效应。另外，在 847cm^{-1} 处 C—Cl 键的吸收峰消失，说明三聚氯氰上的 Cl 原子被完全取代，三嗪阻燃改性剂被成功合成。

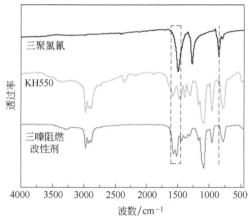

图 6.10　三嗪阻燃改性剂的红外光谱图

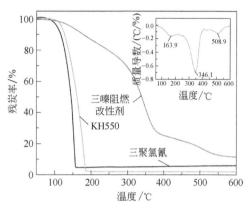

图 6.11　三嗪阻燃改性剂的 TG 和 DTG 曲线

对三嗪阻燃改性剂和其原料还进行了热失重测试。如图 6.11 所示，在氮气氛围下三嗪阻燃改性剂显示出三阶分解，而三聚氯氰和 KH550 都仅有一个分解阶段。由表 6.4 中的测试数据可知，三嗪阻燃改性剂的 $T_{d,5\%}$ 为 145.5℃，明显高于三聚氯氰和 KH550 的 $T_{d,5\%}$（106.4℃和 119.4℃）。由表 6.4 可知，三聚氯氰和 KH550 在 600℃下的残炭率分别为 6.1% 和 2.2%，而三嗪阻燃改性剂的残炭率为 11.7%。

表 6.4　三聚氯氰、KH550 和三嗪阻燃改性剂在氮气氛围下的热失重测试数据

样品	$T_{d,5\%}$/℃	T_{max}/℃			600℃时的残炭率（质量分数）/%
		T_{max1}	T_{max2}	T_{max3}	
三聚氯氰	106.4	151.6	—	—	6.1
KH550	119.4	177.3	—	—	2.2
三嗪阻燃改性剂	145.5	163.9	346.1	508.9	11.7

为研究 C/N-CNC 的化学结构、元素组成、晶体变化以及热稳定性，采用了多种测试方法对其进行表征。图 6.12（a）为 C/N-CNC 的红外光谱图，通过与 CNC 的红外光谱图对比发现，C/N-CNC 在 3300cm^{-1} 附近的峰强度变弱，而在 2977~2882cm^{-1} 的特征峰变强。这是因为 CNC 中的部分羟基会与水解后的三嗪阻燃改性剂发生脱水反应，从而导致羟基数量减少，峰变弱。而改性剂上含—CH$_2$ 基团，因此对应的特征峰变强。另外，还观察到 C/N-CNC 曲线在 1100cm^{-1} 左右波数范围内的峰变宽，以及在 1600~1500 cm^{-1} 范围内出现了新的吸收峰，这是由三嗪阻燃改性剂引起的。综合以上分析，推断三嗪阻燃改性剂已成功接枝在 CNC 上。

利用 X 射线光电子能谱测试对 CNC 和 C/N-CNC 的化学组成进行了分析，图 6.12（b）为 CNC 和 C/N-CNC 的 XPS 曲线，相应的数据列举在表 6.5 中。从图

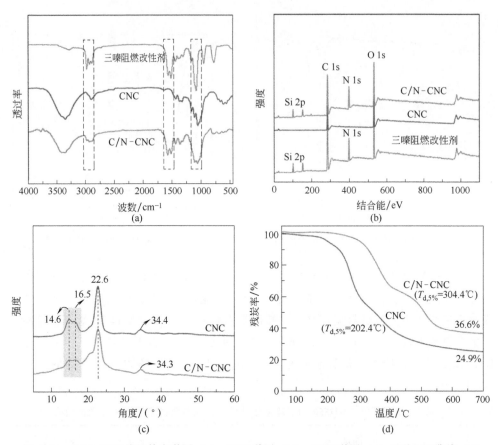

图 6.12 C/N-CNC 的红外光谱图 (a)、XPS 谱图 (b)、XRD 谱图 (c) 以及 TG 曲线 (d)

6.12(b) 中可以看出,在 101eV 处的峰代表 Si 2p,285eV 处的峰代表 C 1s、398eV 处的峰代表 N 1s 以及 532eV 处的峰分别代表 O 1s。通过对比表 6.5 中 CNC 和 C/N-CNC 化学组成发现,CNC 中不含 N 和 Si。而 C/N-CNC 中除了含 39.8% C 和 23.8% O 外,还有 17.2% N 和 19.2% Si,这是由于三嗪阻燃改性剂中含 N 和 Si。

表 6.5 三嗪阻燃改性剂、CNC 和 C/N-CNC 的化学组成

样品	C 质量分数/%	O 质量分数/%	N 质量分数/%	Si 质量分数/%
三嗪阻燃改性剂	43.6	23.7	13.4	19.2
CNC	46.8	53.2	—	—
C/N-CNC	39.8	23.8	17.2	19.2

利用 X 射线衍射仪测试研究了化学接枝后 CNC 的晶体结构变化 [图 6.12(c)]。CNC 在 2θ 分别为 14.6°、16.5°、22.6° 和 34.4° 处出现了四个典型的衍射峰,分别对应于 I 型纤维素的 (101)、($10\bar{1}$)、(002) 和 (040) 晶面。从 C/N-CNC 的

XRD 曲线上能清楚地看到，它在 2θ 分别为 14.6°、16.5°、22.6°和 34.3°处的这四个衍射峰与 CNC 的衍射峰几乎一样，且相对强度无明显变化。

通过热失重测试对 CNC 改性前后的热稳定性进行了评估，如图 6.12(d) 所示。在氮气氛围下，CNC 和 C/N-CNC 都显示出二阶分解。由表 6.6 的热重测试数据可知，C/N-CNC 的 $T_{d,5\%}$ 为 304.4℃，明显高于 CNC 的 $T_{d,5\%}$（202.4℃），且 C/N-CNC 的 T_{max1} 和 T_{max2}（359.4℃ 和 509.8℃）均高于 CNC（272.2℃ 和 373.5℃），说明经过三嗪阻燃改性剂表面处理后的 CNC 具有更好的热稳定性，这可能是因为改性剂中含硅，有利于提高 CNC 的热稳定性。此外，从表 6.6 中还可以了解到 C/N-CNC 在 700℃下的残炭率为 36.6%，与未改性的 CNC 相比，残炭率提高了 47.0%，表明改性后的 CNC 具有良好的成炭能力。

表 6.6　CNC 和 C/N-CNC 的热失重测试数据

样品	$T_{d,5\%}$/℃	T_{max}/℃		700℃时的残炭率（质量分数）/%
		T_{max1}/℃	T_{max2}/℃	
CNC	202.4	272.2	373.5	24.9
C/N-CNC	304.4	359.4	509.8	36.6

6.1.3　小结

本节以六氯环三磷腈、硅烷偶联剂 KH-550、三聚氰氯以及纤维素纳米晶为主要原料，设计并合成了磷腈阻燃纤维素纳米晶和三嗪阻燃纤维素纳米晶，采用傅里叶红外光谱、核磁共振氢谱和磷谱、X 射线光电子能谱、X 射线衍射、透射电镜以及热失重分析等测试对所合成的两种阻燃纤维素纳米晶的化学结构、元素组成、晶体变化、微观形貌以及热稳定性进行表征。研究结果表明：改性后 CNC 的初始分解温度、最大分解温度以及在 700℃时的残炭率均显著提高。其中，P/N-CNC 的成炭能力更好，C/N-CNC 的热稳定性更好。

6.2 P/N-CNC 阻燃聚乳酸体系

6.2.1　P/N-CNC 阻燃聚乳酸复合材料的制备

将提前干燥好的 P/N-CNC、CNC、APP 以及 PLA 按表 6.7 中的配方比例预先混合，然后一起加入转矩流变仪中。在温度为 185℃、扭矩为 50r/min 条件下熔融共混 7min，得到 PLA 复合材料共混物。将其模压成型，其中压机的参数设置如下：预热 6min，排气 5 次（每次 0.5s），在 10MPa 下保压 5min，冷却 10min。由于不同的测试对样品要求不同，最后需要用制样机将其制成标准测试样条。

表 6.7　PLA 及其复合材料的配方

样品	PLA 质量分数/%	APP 质量分数/%	CNC 质量分数/%	P/N-CNC 质量分数/%
纯 PLA	100	0	0	0
PLA/10APP	90	10	0	0
PLA/7APP/3CNC	90	7	3	0
PLA/7APP/3P/N-CNC	90	7	0	3

6.2.2　P/N-CNC 阻燃聚乳酸复合材料的阻燃性能

6.2.2.1　极限氧指数和垂直燃烧测试结果

通过极限氧指数和垂直燃烧测试来评价 APP、CNC 以及 P/N-CNC 对 PLA 材料阻燃性能的影响，测试结果如表 6.8 所示。从表 6.8 中可以看到，纯 PLA 的 LOI 值仅为 20.1%，且垂直测试中无级别。而含阻燃剂的 PLA 复合材料的 LOI 值均明显高于纯 PLA 的 LOI 值，其中 PLA/7APP/3P/N-CNC 的 LOI 值最高，为 28.1%，与 PLA/7APP/3CNC（25.2%）相比，提高了 11.5%。这可能是由于作为炭源的 P/N-CNC 的成炭性能得到提高，在燃烧过程作为酸源的 APP 能更好地发挥协同效应。由表 6.8 可知，所有含阻燃剂的 PLA 复合材料的燃烧时间都很短，且两次燃烧时间加起来都不超过 10s，其中 PLA/7APP/3P/N-CNC 的总燃烧时间最短，仅有 2.1s。在垂直燃烧测试中观察到，PLA/7APP/3P/N-CNC 的滴落物不引燃脱脂棉 [如图 6.13(c) 所示]，达到了 UL 94 V-0 级，而 PLA/7APP/3CNC 的滴落物引燃了脱脂棉，仅达到 UL 94 V-2 级 [如图 6.13(b) 所示]。另外，从图 6.13(b) 和 6.13(c) 中还能看到，含 CNC 的 PLA 复合材料中有很多黑点，而含 P/N-CNC 的 PLA 复合材料中无该现象。通过了解纤维素的热降解过程可知，纤维素在低温条件下会发生物理和化学两种脱水，不仅脱去纤维素中的结晶水，还能生成水和脱水纤维素。且随着温度不断地升高，纤维素还会发生热分解和炭化反应，生成液体产物焦油和含炭中间产物[7]。因此，在温度为 185℃ 的加工条件下，CNC 部分发生了炭化，说明未改性的 CNC 无法满足 PLA 材料的加工温度要求。而 CNC 经过改性后，热稳定性能显著提升，能达到 PLA 复合材料加工温度的要求，因此未发生炭化现象。综上所述，利用磷腈阻燃改性剂改性 CNC，极大地提高了

CNC 在 PLA 中的阻燃效果。

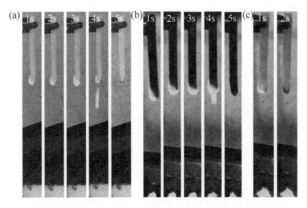

图 6.13　PLA/APP 体系样条在垂直燃烧测试中的燃烧数码照片
(a) PLA/10APP；(b) PLA/7APP/3CNC；(c) PLA/7APP/3P/N-CNC

表 6.8　PLA 复合材料的极限氧指数和垂直燃烧测试结果

样品	LOI/%	垂直燃烧试验			
		燃烧时间		UL 94	是否滴落
		t_1/s	t_2/s		
纯 PLA	20.1	48.3	—	NR	是
PLA/10APP	24.6	4.8	0.9	V-0	是
PLA/7APP/3CNC	25.2	4.3	0.7	V-2	是
PLA/7APP/3P/N-CNC	28.1	1.8	0.3	V-0	是

6.2.2.2　锥形量热测试结果

锥形量热仪能够模拟材料的真实燃烧行为，被广泛用于研究高分子材料的燃烧行为[8]。为了进一步探索 APP 与 P/N-CNC 结合对 PLA 阻燃性能的影响，进行了锥形量热试验。在图 6.14 中可以看到样品的热释放速率曲线和残炭率曲线。具体试验数据见表 6.9。如图 6.14(a) 所示，纯 PLA 在点火后燃烧迅速，在较短的时间内达到峰值，pk-HRR 值为 561 kW/m²，最终 THR 值为 84.7MJ/m²。在 PLA 中加入 APP 后，PLA 的 pk-HRR 和 THR 值降低。与纯 PLA 相比，PLA/10APP 的 pk-HRR 和 THR 值分别降低了 28.9% 和 9.0%，说明 APP 可以抑制 PLA 的燃烧。当向 PLA/APP 体系中加入 3% CNC 或 P/N-CNC 时，PLA/7APP/3CNC 和 PLA/7APP/3P/N-CNC 的 pk-HRR 值均低于 PLA/10APP。PLA/7APP/3P/N-CNC 的 pk-HRR 值为 266 kW/m²，在所有复合材料中最低。而 PLA/7APP/3CNC 的 THR 值低于 PLA/7APP/3P/N-CNC。

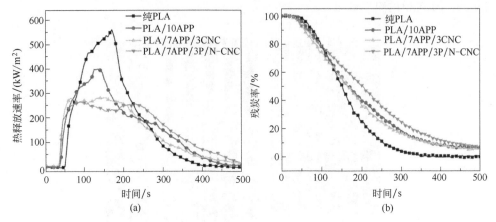

图 6.14　PLA 及其复合材料的热释放速率（a）和残炭率（b）的曲线

表 6.9　PLA 及其复合材料的锥形量热测试数据

样品	TTI /s	pk-HRR/ (kW/m²)	THR/ (MJ/m²)	av-EHC/ (MJ/kg)	TSR/ (m²/m²)	av-CO/ (kg/kg)	av-CO₂/ (kg/kg)	最终残炭率 (质量分数)/%
纯 PLA	44	561	84.7	20.0	50	0.0148	2.0325	0.1
PLA/10APP	31	399	77.1	18.4	280	0.0285	1.8192	6.5
PLA/7APP/3CNC	27	282	70.0	18.3	238	0.0279	1.8422	5.2
PLA/7APP/3P/N-CNC	28	266	77.6	18.1	324	0.0307	1.7792	6.8

从表 6.9 中可以发现纯 PLA 的 TSR 只有 $50m^2/m^2$。添加 10% APP 后，材料的 TSR 升高至 $280m^2/m^2$。与 PLA/10APP 相比，PLA/7APP/3CNC 的 TSR 值下降了 15.0%，而 PLA/7APP/3P/N-CNC 的 TSR 值上升了 15.7%，说明 CNC 经过改性后并不能抑制烟的产生。另外，与 PLA/7APP/3CNC 相比，PLA/7APP/3P/N-CNC 中 CO 的平均含量增加，而 CO_2 的平均含量降低，说明不完全燃烧物质增加，这与最终残炭率增加的趋势一致。

从图 6.14(b) 中可以看出，纯 PLA 燃烧后，几乎没有残炭生成。添加 10% 的 APP 后，PLA 复合材料的残炭率为 6.5%。用 3% CNC 代替 3% APP 后，材料的残炭率有所下降，说明未改性 CNC 的成炭能力较差。与 PLA/7APP/3CNC 相比，PLA/7APP/3P/N-CNC 具有更多的残炭，甚至超过 PLA/10APP。PLA/7APP/3P/N-CNC 的最终残炭率为 6.8%。这一结果与图 6.14(b) 中的曲线一致，PLA/7APP/3P/N-CNC 的质量损失率最低，残炭率最高，说明 P/N-CNC 对凝聚相具有阻燃作用。

从表 6.9 中还发现，含阻燃剂的 PLA 复合材料的点燃时间比纯 PLA 材料短。这是因为 APP、CNC 和 P/N-CNC 作为阻燃剂，通常在 PLA 之前分解，导致材料 TTI 缩短。添加阻燃剂后，PLA 的平均有效燃烧热明显降低，而 PLA/10APP、PLA/7APP/3CNC 和 PLA/7APP/3P/N-CNC 的 av-EHC 差异不大。结果表明，CNC 和 P/

N-CNC 在气相中阻燃效果不大。APP 在燃烧过程中释放了大量惰性气体，起到了气相稀释的主要作用。

综上所述，APP 与 P/N-CNC 在抑制 PLA 基体峰值放热速率和质量损失方面的协同阻燃效果优于 APP 与 CNC。这是因为 P/N-CNC 与 APP 经含磷腈基团的阻燃改性剂处理后，缩合相的协同阻燃效果得到了增强。

6.2.2.3　残炭分析

为了进一步研究 P/N-CNC 和 APP 在 PLA 中的阻燃机理，对锥形量热仪测试后样品的表面形貌进行了详细分析。在图 6.15(a) 中，PLA/10APP 的炭层很薄，有明显的裂纹。PLA/7APP/CNC 残炭分布不均匀，而 PLA/7APP/3P/N-CNC 残炭分布均匀完整。另外，可以看出 PLA/7APP/3P/N-CNC 燃烧后残炭比 PLA/7APP/CNC 多，而且在焦层表面没有明显的孔。结果表明，添加 P/N-CNC 的 APP 能有效促进炭层的形成。

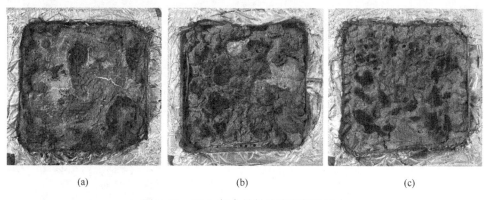

(a)　　　　　　　　　(b)　　　　　　　　　(c)

图 6.15　PLA 复合材料的残炭数码照片

(a) PLA/10APP；(b) PLA/7APP/3CNC；(c) PLA/7APP/3P/N-CNC

利用扫描电镜对 PLA 阻燃复合材料残炭的微观形貌进行了观察，利用能量色散 X 射线（EDX）测定了残炭中的相对元素含量。在图 6.16 中，(a)、(b)、(c) 为残炭外表面的 SEM 图像，(d)、(e)、(f) 为残炭内表面的 SEM 图像。如图 6.16(a) 所示，PLA/10APP 的残炭外表面呈现典型的膨胀型残炭层形态，但存在明显的孔洞。内表面的残炭如图 6.16(d) 所示，也可以看到残留了很多空隙或孔洞，这是由于 APP 分解的稀释气体的释放。从图 6.16(e) 中可以清楚地看到，PLA/7APP/3CNC 的残炭内表面呈纤维状残炭（箭头所示）。这意味着 CNC 不仅为炭层提供了炭源，而且还起到了炭层骨架的作用。从图 6.16(f) 中可以清楚地看到，PLA/7APP/3P/N-CNC 也显示了纤维状炭，这来源于 CNC。然而，与 PLA/7APP/CNC 不同的是，PLA/7APP/P/N-CNC 的碳骨架上有许多白色颗粒，这是硅元素 [图 6.16(j)]。同时，纤维碳骨架上有许多小尺寸的闭孔炭泡沫。此外，PLA/7APP/P/N-CNC 的外表面比 PLA/7APP/3CNC 更紧凑和完整。元素分析结果表明，除硅外，更多的氮被锁定在炭渣中，说明部分含磷腈的改性剂仍保留在炭渣中，增强了凝聚相的阻燃性。

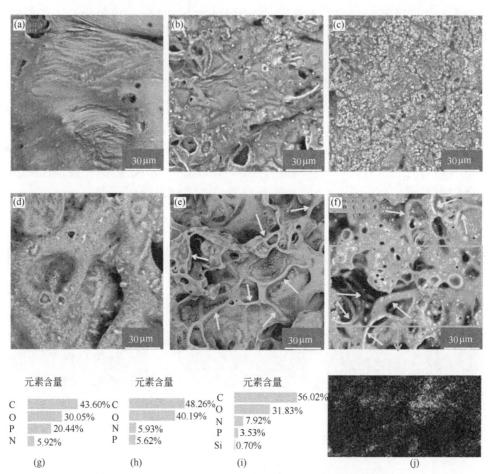

图 6.16　PLA 复合材料残炭的内表面（a、b、c）和外表面
（d、e、f）SEM 图、相应的化学成分（g、h、i）和 EDX 图（j）
（a）、（d）、（g）PLA/10APP；（b）、（e）、（h）PLA/7APP/3CNC；
（c）、（f）、（i）PLA/7APP/3M-CNC（放大倍率 2000）

6.2.3　P/N-CNC 阻燃聚乳酸复合材料的热性能

6.2.3.1　热稳定性

在两种不同的氛围下对纯 PLA 和 PLA 复合材料进行了热失重测试，其测试曲线如图 6.17 所示，且相应的测试数据见表 6.10。从图 6.17 中可以观察到，样品在空气氛围下的热降解过程和在氮气氛围下的相似，均只有一个热降解过程。在氮气氛围下纯 PLA 表现出较高的热稳定性，其初始分解温度为 355℃，且在 700℃ 时仅有少量残炭生成。添加 APP 后，PLA/10APP 的初始分解温度均明显低于纯 PLA，这是由于 APP 在低温时部分会发生分解。进一步加入 CNC 或 P/N-CNC 后，材料的初始分解温度进一步降低，这是因为 CNC 和 P/N-CNC 的热稳定性较差。在氮气氛围下，PLA/7APP/3P/N-CNC 的 $T_{d,5\%}$ 和在 700℃ 下的残炭率分别为 340℃ 和 10.2%，都比 PLA/7APP/3CNC 的略高，这是因为改性后 CNC 的初始分解温度和成炭能力得到提高。由表 6.10 可知，PLA/7APP/3P/N-CNC 的最大分解温度 T_{max} 与 PLA/7APP/3CNC 的一样，说明 P/N-CNC 的加入对材料的 T_{max} 无影响。PLA/7APP/3P/N-CNC 在 700℃ 下的残炭率为 10.2%，说明 P/N-CNC 的加入能进一步促进 PLA 基体成炭，有利于提高复合材料的阻燃性能。值得注意的是，在空气氛围下 PLA/7APP/3P/N-CNC 在 700℃ 下的残炭率没 PLA/10APP 的高，可能是因为 P/N-CNC 在空气氛围下的自身分解更多。

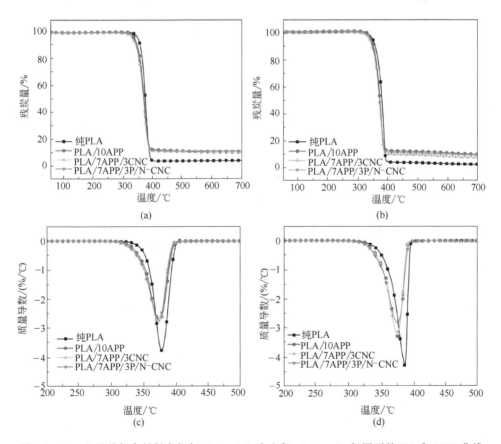

图 6.17　PLA 及其复合材料在氮气（a）、（c）和空气（b）、（d）氛围下的 TG 和 DTG 曲线

表 6. 10　PLA 及其复合材料在氮气和空气氛围下的热失重测试数据

气氛	样品	$T_{d.5\%}$/℃	T_{max}/℃	700℃时的残炭率(质量分数)/%
氮气	纯 PLA	355	378	2.9
	PLA/10APP	344	375	9.2
	PLA/7APP/3CNC	337	374	9.2
	PLA/7APP/3P/N-CNC	340	374	10.2
空气	纯 PLA	349	386	2.2
	PLA/10APP	344	375	9.5
	PLA/7APP/3CNC	339	374	7.1
	PLA/7APP/3P/N-CNC	341	374	9.2

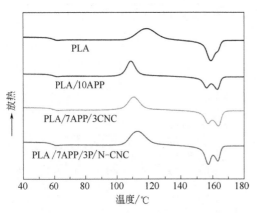

图 6.18　PLA 及其复合材料的 DSC 曲线

6.2.3.2　熔融和结晶行为

第二次加热得到的 PLA 复合材料的 DSC 曲线如图 6.18 所示，相关的测试数据如熔点、玻璃化转变温度、冷结晶焓、熔融焓和相对结晶度被列在表 6.11 中，其中 X_c 是根据式（4.4）计算得出[11]。

图 6.18 为纯 PLA 与 PLA 复合材料的 DSC 曲线，具体测试数据列在表 6.11 中。由表 6.11 可知，纯 PLA 的 T_m 和 T_g 分别为 158.9℃和 61.3℃。当 10%APP 加入 PLA 中后，发现该复合材料有两个熔融峰，分别在 156.1℃和 163.1℃处，且结晶度从 1.29%升高到 2.97%。当 7%APP 和 3%CNC 加入 PLA 中后，发现该材料也有两个熔融峰，对应的温度分别是 156.9℃和 163.7℃。与 PLA/10APP 相比，PLA/7APP/3CNC 的结晶度提高了 73%，这是由于 CNC 是高度结晶的纳米纤维素。从表 6.11 中还能看出，PLA/7APP/3P/N-CNC 的第一个熔点为 157.1℃，第二个熔点为 163.3℃。与 PLA/7APP/3CNC 相比，PLA/7APP/3P/N-CNC 的 T_g 降低至 60.9℃且结晶度降低至 1.08%，这可能是由于 CNC 经过磷腈阻燃剂改性后，结晶度大幅度下降。

表 6.11　**PLA 及其复合材料的 DSC 测试数据**

样品	$T_g/℃$	$T_{m1}/℃$	$T_{m2}/℃$	$\Delta H_m/(J/g)$	$\Delta H_c/(J/g)$	$X_c/\%$
纯 PLA	61.3	158.9	—	38.8	37.6	1.29
PLA/10APP	61.6	156.1	163.1	29.2	26.7	2.97
PLA/7APP/3CNC	61.5	156.9	163.7	35.2	30.9	5.14
PLA/7APP/3P/N-CNC	60.9	157.1	163.3	39.6	38.7	1.08

6.2.4　P/N-CNC 阻燃聚乳酸复合材料的力学性能

越来越多的应用领域要求 PLA 复合材料既要有良好的力学性能，又要有良好的阻燃性能[12]。然而，大多数阻燃剂会降低材料的力学性能。如图 6.19（样品编号同表 6.12）所示，在 PLA 中添加阻燃剂 APP 可以显著降低材料的拉伸强度。从图 6.19 中可以看出，与 PLA/10APP 相比，PLA/7APP/3CNC 的拉伸强度为 35.8MPa，下降了 5.5%。这是因为 CNC 的热稳定性不好，部分 CNC 在加工过程中分解，导致材料的力学性能下降。如表 6.12 所示，与 PLA/7APP/3CNC 相比，PLA/7APP/3P/N-CNC 的拉伸强度从 35.8MPa 增加到 38.4MPa，冲击强度从 8.6kJ/m² 增加

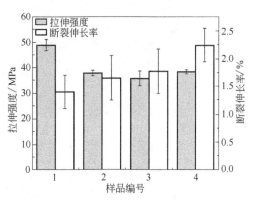

图 6.19　PLA 及其复合材料的力学性能图

到 $10.2kJ/m^2$，断裂伸长率从 1.7% 增加到 2.2%。值得注意的是，PLA/7APP/3P/N-CNC 断裂伸长率最高。

总体而言，PLA/7APP/3P/N-CNC 在阻燃 PLA 复合材料中具有最好的力学性能。这一方面是因为通过接枝阻燃剂提高了 CNC 的热稳定性，避免了材料在加工过程中分解。另一方面，CNC 利用了大纵横比的优势，提高了材料的力学性能。这些结果表明，CNC 接枝处理可以使材料具有优异的阻燃性能，同时提高了材料的力学性能。

表 6.12　**PLA 及其复合材料的力学性能测试数据**

编号	样品	拉伸强度/MPa	冲击强度/(kJ/m²)	断裂伸长率/%
1	纯 PLA	48.9±2.2	13.9±0.2	1.4±0.3
2	PLA/10APP	37.9±1.1	14.0±0.1	1.6±0.4
3	PLA/7APP/3CNC	35.8±2.9	8.6±0.3	1.7±0.4
4	PLA/7APP/3P/N-CNC	38.4±0.8	10.2±0.2	2.2±0.3

力学性能测试结果表明，阻燃改性剂与磷腈在 CNC 上接枝后，PLA 复合材料的力学性能得到了改善。为了进一步研究提高材料力学性能的机理，采用扫描电镜对冲击试验后材料截面的微观组织进行了观察。从图 6.20 中可以看出，加入阻燃剂后，冲击截面呈海岛状结构，阻燃剂以分散相存在。从图 6.20(b) 中可以看出，PLA/10APP 的截面不均匀，有一定的丝状结构（箭头），说明 PLA/10APP 具有良好的韧性。通过对比图 6.20(c) 和图 6.20(d)，可以发现 PLA/7APP/3CNC 中阻燃剂分散不均匀，而 PLA/7APP/3P/N-CNC 截面粗糙，分散相均匀，进一步证明 PLA/7APP/3P/N-CNC 比 PLA/7APP/3CNC 具有更好的韧性。这是由于阻燃剂在 PLA 复合材料中的分散均匀。

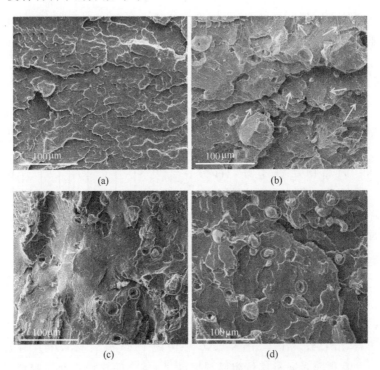

图 6.20　PLA 及其复合材料在冲击试验后断面的 SEM 图（放大倍率为 1000）
(a) 纯 PLA；(b) PLA/10APP；(c) PLA/7APP/3CNC；(d) PLA/7APP/3P/N-CNC

6.2.5　小结

本节将 P/N-CNC 与 APP 复配，用于阻燃 PLA。极限氧指数和垂直燃烧试验结果表明，APP 与 P/N-CNC 结合使用有利于提高 PLA 的 LOI 值和 UL 94 等级。锥形量热测试结果表明，APP 和 P/N-CNC 协同阻燃对 PLA 基体热释放速率和质量损失的抑制效果优于 APP 和 CNC。PLA/7APP/3CNC 的 pk-HRR 值为 266

kW/m^2, 低于 PLA/7APP/3P/N-CNC 的 282 kW/m^2。与 PLA/7APP/3CNC 相比, PLA/7APP/3P/N-CNC 的拉伸强度从 35.8MPa 提高到 38.4MPa, 冲击强度从 8.6kJ/m^2 提高到 10.2kJ/m^2, 断裂伸长率从 1.7% 提高到 2.2%。

6.3 P/N-CNC 与含磷阻燃剂复配阻燃聚乳酸体系

在 6.1 和 6.2 节中合成出了一种含磷腈基团的阻燃纤维素纳米晶 (P/N-CNC), 并将其与 APP 复配, 用于阻燃 PLA。研究发现, 改性后的 CNC 具有优异的成炭能力, 且初始分解温度较高, 能满足 PLA 的加工要求。此外, 还发现 P/N-CNC 与 APP 构建的阻燃体系在 PLA 中的阻燃效果优异, 且材料的力学性能得到改善。为了进一步探究含 P/N-CNC 与含磷阻燃剂对 PLA 的影响, 本章将 P/N-CNC 分别与 APP、三聚氰胺聚磷酸盐 (MPP)、次磷酸铝 (AHP) 以及焦磷酸哌嗪 (PPAP) 复配, 用于阻燃 PLA, 并探究 P/N-CNC 新型复配体系对 PLA 材料热稳定性、阻燃性能和力学性能的影响。

6.3.1 聚乳酸复合材料的制备

提前将 P/N-CNC、APP、MPP、AHP、PPAP 以及 PLA 在 80℃下真空干燥 8h, 并按配方表 6.13 将阻燃剂和 PLA 预先混合。然后将混合好的物料加入转矩流变仪中熔融共混 7min, 得到 PLA 复合材料共混物, 其中加工温度为 185℃, 扭矩为 50r/min。再将其模压成型, 压机的参数设置如下: 预热 6min, 排气 5 次 (每次 0.5s), 在 10MPa 下保压 5min, 冷却 10min。由于不同的测试对样品要求不同, 最后需要用制样机将其制成标准测试样条。

表 6.13 PLA 复合材料的配方　　　　　　　　单位:% (质量分数)

样品	PLA	APP	MPP	AHP	PPAP	P/N-CNC
PLA/7APP/3P/N-CNC	90	7	0	0	0	3
PLA/7MPP/3P/N-CNC	90	0	7	0	0	3
PLA/7AHP/3P/N-CNC	90	0	0	7	0	3
PLA/7PPAP/3P/N-CNC	90	0	0	0	7	3

6.3.2 聚乳酸复合材料的阻燃性能

6.3.2.1 极限氧指数和垂直燃烧测试结果

PLA 复合材料的极限氧指数和垂直燃烧测试结果如表 6.14 和图 6.21 所示。

由表 6.14 可知，PLA/7APP/3P/N-CNC 的 LOI 值高达 28.1%，属于难燃材料[13]。而 PLA/7MPP/3P/N-CNC、PLA/7AHP/3P/N-CNC 和 PLA/7PPAP/3P/N-CNC 的 LOI 值在 22%～24% 之间，属于可燃材料。由表 6.14 可知，含 APP 的 PLA/P/N-CNC 体系的燃烧时间很短，且两次燃烧时间加起来在 10s 以内，而在 PLA/P/N-CNC 体系中加入 MPP 或 AHP 或 PPAP 后，材料的 t_1 和 t_2 明显增加。另外，从图 6.21 中能直观地看到 PLA/7APP/3P/N-CNC 的滴落物不引燃脱脂棉，因此达到了 UL 94 V-0 级，而其他三组样品在燃烧过程中的滴落物都能引燃脱脂棉，且都被评为 UL 94 V-2 级。以上结果分析说明，相比于另外三种含磷阻燃剂，APP 与 P/N-CNC 的复配使用有利于提高 PLA 的 LOI 值以及 UL 94 等级。

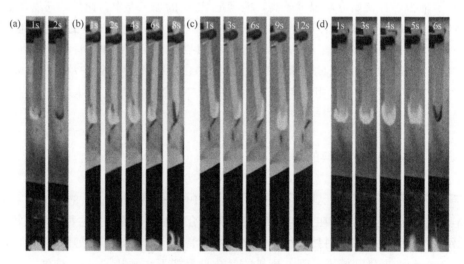

图 6.21　PLA/P/N-CNC 体系样条在垂直燃烧测试中的燃烧数码照片

(a) PLA/7APP/3P/N-CNC；(b) PLA/7MPP/3P/N-CNC；(c) PLA/7AHP/3P/N-CNC；

(d) PLA/7PPAP/3P/N-CNC

表 6.14　PLA 复合材料的极限氧指数和垂直燃烧测试结果

样品	LOI/%	垂直燃烧试验			
		燃烧时间		UL 94 级别	是否滴落
		t_1/s	t_2/s		
PLA/7APP/3P/N-CNC	28.1	1.8	0.3	V-0	是
PLA/7MPP/3P/N-CNC	22.4	8.1	2.2	V-2	是
PLA/7AHP/3P/N-CNC	22.7	11.7	3.1	V-2	是
PLA/7PPAP/3P/N-CNC	23.7	5.9	5.8	V-2	是

6.3.2.2　锥形量热测试结果

为进一步探究这四种含磷阻燃剂对 PLA/P/N-CNC 体系阻燃性能的影响，对样品进行了锥形量热试验，具体的测试数据如表 6.15 所示。HRR 常用来评价材料潜在的火灾风险系数，其值越大表明火灾风险系数越高[14]。图 6.22(a) 为样品的 HRR 曲线，从图中能直接地看到 PLA/7APP/3P/N-CNC 在点燃后快速燃烧，在 140s 左右达到热释放速率峰值，且由表 6.15 可知，此时 PLA/7APP/3P/N-CNC 的 pk-HRR 高达 $414kW/m^2$。另外，从表 6.15 中还能知道，相比于其他 PLA 复合材料，PLA/7AHP/3P/N-CNC 的 pk-HRR（$327kW/m^2$）最低，说明 AHP 相较于 APP、MPP 和 PPAP 在降低基体的燃烧强度上效果更好。由图 6.22(b) 和表 6.15 可知，这四组样品最终的 THR 值很接近，其中 PLA/7APP/3P/N-CNC 的 THR 最低，为 $75.9MJ/m^2$，与 PLA/7AHP/3P/N-CNC（$81.2MJ/m^2$）相比，降低了 6.5%，这说明 APP 能有效抑制材料在燃烧过程中释放热量。从表 6.15 中还可以看到，所有样品的平均有效燃烧热几乎一样，都在 18MJ/kg 左右。另外，它们的点燃时间仅相差 2s 左右。

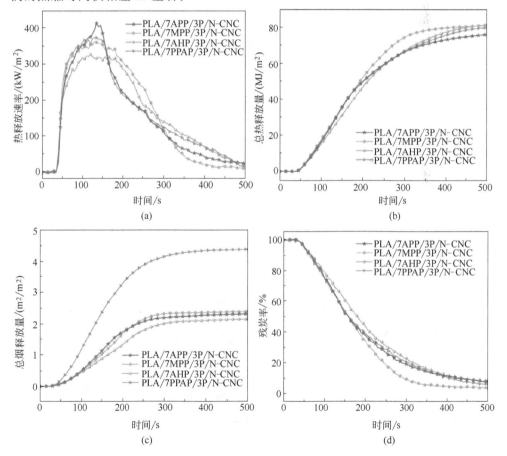

图 6.22　PLA 复合材料的热释放速率（a）、总热释放量（b）和
总烟释放量（c）以及残炭率（d）的曲线

表 6.15　PLA 复合材料的锥形量热测试数据

样品	TTI /s	pk-HRR/ (kW/m²)	av-HRR/ (kW/m²)	THR/ (MJ/m²)	av-EHC/ (MJ/kg)	TSR/ (m²/m²)	最终残炭率 (质量分数)/%
PLA/7APP/3P/N-CNC	33	414	163	75.9	18.1	261	7.5
PLA/7MPP/3P/N-CNC	32	363	173	80.8	18.4	267	3.8
PLA/7AHP/3P/N-CNC	31	327	174	81.2	18.8	239	7.8
PLA/7PPAP/3P/N-CNC	32	373	171	79.6	18.2	494	5.9

由图 6.22(c)、图 6.22(d) 和表 6.15 可知，PLA/7MPP/3P/N-CNC 燃烧速度很快，其最终残炭率仅为 3.8%。而 PLA/7AHP/3P/N-CNC 的燃烧速率相对来说最慢，且最终残炭率最高，达到了 7.8%，说明 AHP 在凝聚相的阻燃效果要优于其他三种含磷阻燃剂。此外，与 PLA/7PPAP/3P/N-CNC（494m²/m²）相比，PLA/7APP/3P/N-CNC、PLA/7MPP/3P/N-CNC 和 PLA/7AHP/3P/N-CNC 的 TSR 值分别降低了 47.2%、45.9% 和 51.6%。综合以上数据结果分析，表明 AHP 的加入可以明显降低 PLA 复合材料的燃烧速率和总烟释放量，并提高材料的最终残炭率。

6.3.2.3　残炭分析

经锥形量热试验后的 PLA 复合材料的残炭数码照片如图 6.23 所示。从图 6.23(a)、(e) 和图 6.23(d)、(h) 中可以看到，PLA/7APP/3P/N-CNC 和 PLA/7PPAP/3P/N-CNC 残炭在外围堆积，呈现出分布不均匀的形貌。其中，PLA/7MPP/3P/N-CNC 炭层有明显的膨胀高度，主要是由于 MPP 在受热过程中持续释放出不燃性气体，而 PLA/7APP/3P/N-CNC 残炭表面有少量破裂的孔洞且炭层膨

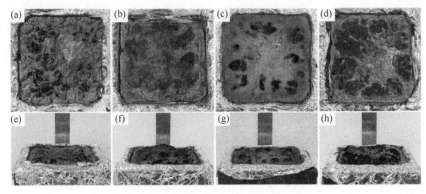

图 6.23　PLA 复合材料的残炭数码照片

(a)、(e) PLA/7APP/3P/N-CNC；(b)、(f) PLA/7MPP/3P/N-CNC；(c)、(g) PLA/7AHP/3P/N-CNC；(d)、(h) PLA/7PPAP/3P/N-CNC

胀高度较小。如图 6.23(b)、(f) 所示，PLA/7MPP/3P/N-CNC 炭层有明显的膨胀高度，且表面连续无裂纹。再结合表 6.15 中该样品的残炭率仅为 3.8%，推断出该材料燃烧后生成的残炭密度较小。如图 6.23(c)、(g) 所示，PLA/7AHP/3P/N-CNC 残炭表面致密光滑，但存在较大的裂缝。

残炭在提高 PLA 材料的阻燃性能方面起着重要的作用[15]。为探究残炭的微观结构及其对材料阻燃性能的影响，通过扫描电子显微镜观察了经锥形量热试验后样品残炭的微观形貌，如图 6.24 所示。从图 6.24(a) 中可以看到，PLA/7APP/3P/N-CNC 的炭膜很薄，且完整地包裹在颗粒表面，说明 APP 在气相中发挥了较好的阻燃作用。对比图 6.24(b) 和图 6.24(c) 发现，PLA/7MPP/3P/N-CNC 和 PLA/7AHP/3P/N-CNC 的残炭都呈现出大量不规则球形炭膜聚集形貌，其中 PLA/7AHP/3P/N-CNC 的聚集体更小更紧凑，有利于保护基体，但其表面有较为明显的孔洞，使得炭层的屏障保护能力下降。如图 6.24(d) 所示，PLA/7PPAP/3P/N-CNC 残炭表面从整体上看比较完整，在 1000 倍的放大倍数下呈较厚的炭膜形貌且无明显裂缝或孔洞，能有效隔绝可燃性气体并阻止火焰蔓延。但该炭膜表面有很多褶皱，可能是由于在材料燃烧过程中炭层不够坚固，导致吹起的炭膜发生塌陷。

图 6.24　PLA 复合材料残炭的 SEM 图（放大倍率为 1000）
(a) PLA/7APP/3P/N-CNC；(b) PLA/7MPP/3P/N-CNC；
(c) PLA/7AHP/3P/N-CNC；(d) PLA/7PPAP/3P/N-CNC

6.3.3　聚乳酸复合材料的热性能

6.3.3.1　热稳定性

在氮气和空气氛围下对 PLA 复合材料进行了热失重测试，其测试曲线如图 6.25 所示，且相应的测试数据见表 6.16。从图 6.25 中可以观察到，样品无论在氮气氛围下还是空气氛围下，均只有一阶分解阶段。由表 6.16 可知，无论在氮气氛围下还是空气氛围下，PLA/7AHP/3P/N-CNC 的 $T_{d,5\%}$ 和 T_{max} 都比与其他 PLA 复合材料要高。这可能是由于 AHP 的热稳定性比较好，不容易分解。另外，从表中还发现 PLA/7APP/3P/N-CNC 和 PLA/7AHP/3P/N-CNC 在 700℃ 下的残炭率几乎一样，且均高于 PLA/7MPP/3P/N-CNC 和 PLA/7PPAP/3P/N-CNC，说明 APP 和 AHP 的加入有利于促进基体成炭，有利于进一步提高 PLA 复合材料的阻燃性能。值得注意的是，表 6.16 中的数据显示，PLA/7APP/3P/N-CNC、PLA/7MPP/3P/N-CNC、PLA/7AHP/3P/N-CNC 和 PLA/7PPAP/3P/N-CNC 在氮气氛围下 700℃时的残炭率相较于空气氛围下，分别提高了 10.9%、14.8%、7.4% 和 15.1%，这可能是由于材料在氮气氛围下分解不完全。综合以上测试结果分析，说明 AHP 的加入能明显提高 PLA 复合材料的热稳定性。

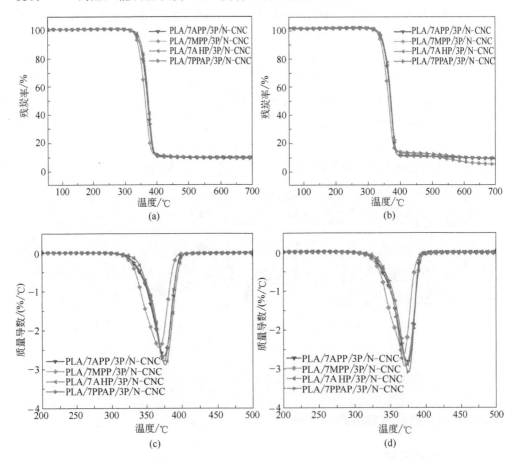

图 6.25　PLA 复合材料在氮气（a）、（c）和空气（b）、（d）氛围下的 TG 和 DTG 曲线

表 6.16　**PLA 复合材料在氮气和空气氛围下的热失重测试数据**

气氛	样品	$T_{d,5\%}$/℃	T_{max}/℃	700℃时的残炭率(质量分数)/%
氮气	PLA/7APP/3P/N-CNC	340	374	10.2
	PLA/7MPP/3P/N-CNC	336	368	9.3
	PLA/7AHP/3P/N-CNC	346	377	10.1
	PLA/7PPAP/3P/N-CNC	340	374	9.9

续表

气氛	样品	$T_{d,5\%}$/℃	T_{max}/℃	700℃时的残炭率(质量分数)/%
空气	PLA/7APP/3P/N-CNC	341	374	9.2
	PLA/7MPP/3P/N-CNC	336	369	8.1
	PLA/7AHP/3P/N-CNC	344	372	9.4
	PLA/7PPAP/3P/N-CNC	341	376	8.6

6.3.3.2　熔融和结晶行为

第二次加热得到的 PLA 复合材料的 DSC 曲线如图 6.26 所示，相关的测试数据如熔点、玻璃化转变温度、冷结晶焓、熔融焓和相对结晶度被列在表 6.17 中，其中 X_c 根据公式（4.4）计算得出。

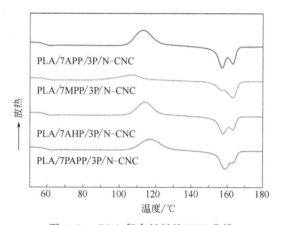

图 6.26　PLA 复合材料的 DSC 曲线

表 6.17　PLA 复合材料的 DSC 测试数据

样品	T_g/℃	T_{m1}/℃	T_{m2}/℃	ΔH_c/(J/g)	ΔH_m/(J/g)	X_c/%
PLA/7APP/3P/N-CNC	60.9	157.1	163.3	39.6	38.7	1.08
PLA/7MPP/3P/N-CNC	61.9	163.2	—	30.2	16.5	16.37
PLA/7AHP/3P/N-CNC	61.7	157.7	163.6	32.4	30.1	2.75
PLA/7PPAP/3P/N-CNC	61.8	158.9	—	33.2	31.4	2.15

从图 6.26 中可以看到，PLA/7APP/3P/N-CNC 和 PLA/7AHP/3P/N-CNC 的曲线上分别有两个明显的熔融峰，而 PLA/7MPP/3P/N-CNC 和 PLA/7PPAP/3P/N-CNC 的曲线上有一个较为明显的熔融峰，另一个熔融峰的强度较弱。由表 6.17 可知，PLA/7APP/3P/N-CNC 的 T_g 最低，仅为 60.9℃。而另外三种 PLA 复合材

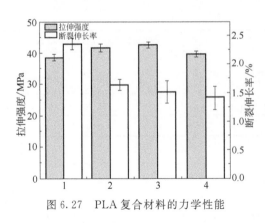

图 6.27　PLA 复合材料的力学性能

料的玻璃化转变温度相近，在 61.5～62.0℃之间。但它们的相对结晶度相差较大，分别为 16.37%、2.75% 和 2.15%。

6.3.4　聚乳酸复合材料的力学性能

对 PLA 复合材料进行力学性能测试，在相同实验条件下，对每组样品进行五根标准样条测试，根据公式

(6.1) 计算得到表 6.18 中数据。图 6.27 是 PLA 复合材料的拉伸强度和断裂伸长率柱状图（样品编号同表 6.18）。从图 6.27 中能直观地看到，PLA/7APP/3P/N-CNC 的断裂伸长率最高，达到了 2.2%，而 PLA/7AHP/3P/N-CNC 的拉伸强度和冲击强度最大。从表 6.18 中可知，PLA/7AHP/3P/N-CNC 的拉伸强度、断裂伸长率和冲击强度分别为 42.54MPa、1.51% 和 11.5kJ/m^2。综合以上分析，表明 AHP 与对 PLA/P/N-CNC 体系具有增强效果。

表 6.18　PLA 复合材料的力学性能测试数据

编号	样品	拉伸强度/MPa	冲击强度/(kJ/m^2)	断裂伸长率/%
1	PLA/7APP/3P/N-CNC	38.44±0.9	10.2±0.1	2.2±0.1
2	PLA/7MPP/3P/N-CNC	41.56±1.2	10.8±0.2	1.6±0.1
3	PLA/7AHP/3P/N-CNC	42.54±0.8	11.5±0.2	1.5±0.3
4	PLA/7PPAP/3P/N-CNC	39.51±0.9	11.3±0.3	1.4±0.3

$$S=\sqrt{\frac{\sum(X_1-X_2)^2}{n-1}} \qquad (6.1)$$

式中，S 为标准偏差值，X_1 为单个测定值，X_2 为一组测定值的算术平均值；n 为一组测定个数。

为了进一步分析阻燃剂的添加对基体力学性能的影响，用扫描电子显微镜观察了样品经过冲击试验后断面的微观形貌。从图 6.28 中可以看到，PLA/7AHP/3P/N-CNC 的冲击断面上有很多白色小颗粒，而 PLA/7APP/3P/N-CNC 的断面上有很多较大块状颗粒附着在表面，这些颗粒都是阻燃剂。对比图 6.28（a）与图 6.28（c）发现，PLA/7AHP/3P/N-CNC 的断面更加粗糙，说明两相的结合力更好，进一步验证 PLA/7AHP/3P/N-CNC 的力学性能比较好。

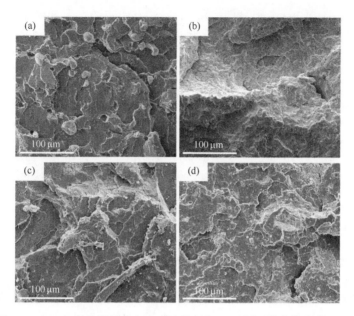

图 6.28　PLA 复合材料冲击试验后断面的 SEM 图（放大倍率为 1000）

（a）PLA/7APP/3P/N-CNC；（b）PLA/7MPP/3P/N-CNC；（c）PLA/7AHP/3P/N-CNC；

（d）PLA/7PPAP/3P/N-CNC

6.3.5　小结

本章将 APP、MPP、AHP 以及 PPAP 按相同比例分别与 P/N-CNC 复配，加入 PLA 中，并通过熔融共混的方式制备了 PLA/7APP/3P/N-CNC、PLA/7MPP/3P/N-CNC、PLA/7AHP/3P/N-CNC 以及 PLA/7PPAP/3P/N-CNC 这四种阻燃 PLA 复合材料，并探究了 P/N-CNC 新型复配体系对 PLA 材料热稳定性、阻燃性能和力学性能的影响。研究结果表明：在四种含磷阻燃剂中，APP 在极限氧指数测试和垂直燃烧测试中的效果最好，PLA/7APP/3P/N-CNC 的 LOI 值高达 28.1%，且达到 UL 94 V-0 级。值得注意的是，AHP 在锥形量热测试中能显著降低材料的热释放速率峰值，说明 AHP 在降低基体的燃烧强度上效果更好。另外 AHP 还能提高材料的热稳定性和力学性能，PLA/7AHP/3P/N-CNC 的 pk-HRR 值为 $327kW/m^2$，在氮气和空气氛围下的初始分解温度分别为 346℃ 和 344℃，拉伸强度和断裂伸长率分别为 42.54MPa 和 11.5%。

参考文献

[1]　Xu K M，Shi Z J，Lyu J H，et al. Effects of hydrothermal pretreatment on nano-mechanical

property of switchgrass cell wall and on energy consumption of isolated lignin-coated cellulose nanofibrils by mechanical grinding [J]. Industrial Crops and Products, 2020, 149: 112317.

[2] Feng J B, Sun Y Q, Song P G, et al. Fire-resistant, strong, and green polymer nanocomposites based on poly (lactic acid) and core-shell nanofibrous flame retardants [J]. ACS Sustainable Chemistry & Engineering, 2017, 5 (9): 7894-7904.

[3] Yin W D, Chen L, Lu F Z, et al. Mechanically robust, flame-retardant poly (lactic acid) biocomposites via combining cellulose nanofibers and ammonium polyphosphate [J]. ACS Omega, 2018, 3 (5): 5615-5626.

[4] Chen Y J, Li L S, Wang W, et al. Preparation and characterization of surface-modified ammonium polyphosphate and its effect on the flame retardancy of rigid polyurethane foam [J]. Journal of Applied Polymer Science, 2017, 134 (40): 45369.

[5] Feng J B, Sun Y Q, Song P G, et al. Fire-resistant, strong, and green polymer nanocomposites based on poly (lactic acid) and core-shell nanofibrous flame retardants [J]. ACS Sustainable Chemistry & Engineering, 2017, 5 (9): 7894-7904.

[6] 简海峰, 权英, 陈浩, 等. 六氯环三磷腈的制备研究 [J]. 化工科技, 2010, 18 (2): 14-17.

[7] Guo Y C, He S, Zuo X H, et al. Incorporation of cellulose with adsorbed phosphates into poly (lactic acid) for enhanced mechanical and flame retardant properties [J]. Polymer Degradation and Stability, 2017, 144: 24-32.

[8] Qian Y, Wei P, Jiang P, et al. Aluminated mesoporous silica as novel high-effective flame retardant in polylactide [J]. Composites Science & Technology, 2013, 82 (15): 1-7.

[9] Liu R, Wang X. Synthesis, characterization, thermal properties and flame retardancy of a novel nonflammable phosphazene-based epoxy resin [J]. Polymer Degradation & Stability, 2009, 94 (4): 617-624.

[10] Tang G, Huang X, Ding H, et al. Combustion properties and thermal degradation behaviors of biobased polylactide composites filled with calcium hypophosphite [J]. Rsc Advances, 2014, 4 (18): 8985-8993.

[11] Jing J, Zhang Y, Tang X L, et al. Layer by layer deposition of polyethylenimine and biobased polyphosphate on ammonium polyphosphate: A novel hybrid for simultaneously improving the flame retardancy and toughness of polylactic acid [J]. Polymer, 2017, 108: 361-371.

[12] Chen Y J, Wang W, Qiu Y, et al. Terminal group effects of phosphazene-triazine bi-group flame retardant additives in flame retardant polylactic acid composites [J]. Polymer Degradation & Stability, 2017, 140: 166-175.

[13] Tang G, Huang X, Ding H, et al. Combustion properties and thermal degradation behaviors of biobased polylactide composites filled with calcium hypophosphite [J]. Rsc Advances, 2014, 4 (18): 8985-8993.

[14] Bourbigot S, Fontaine G, Gallos A, et al. Reactive extrusion of pla and of pla/carbon nanotubes nanocomposite: Processing, characterization and flame retardancy [J]. Polymers for Advanced Technologies, 2011, 22 (1): 30-37.

[15] Wang X, Xing W, Wang B, et al. Comparative study on the effect of beta-cyclodextrin and polypseudorotaxane as carbon sources on the thermal stability and flame retardance of polylactic acid [J]. Industrial & Engineering Chemistry Research, 2013, 52 (9): 3287-3294.